许建国动物疫病防治技能大师工作室建设成果
新疆“天山英才”培养计划“三农”骨干人才项目建设成果

乡村振兴 · 高素质农民培训教材

村级动物防疫员

许建国　季珉珉　丑武江　主编
施远翔　李建玲　牛彦兵　主审

中国轻工业出版社

图书在版编目（CIP）数据

村级动物防疫员 / 许建国，季珉珉，丑武江主编
. — 北京：中国轻工业出版社，2024. 10
ISBN 978-7-5184-4657-5

Ⅰ. ①村… Ⅱ. ①许… ②季… ③丑… Ⅲ. ①动物防
疫 Ⅳ. ①S851. 3

中国国家版本馆 CIP 数据核字（2023）第 218993 号

责任编辑：贾　磊　　责任终审：白　洁
文字编辑：田超男　　责任校对：晋　洁　　封面设计：锋尚设计
策划编辑：贾　磊　　版式设计：王超男　　责任监印：张　可

出版发行：中国轻工业出版社（北京鲁谷东街 5 号，邮编：100040）
印　　刷：三河市国英印务有限公司
经　　销：各地新华书店
版　　次：2024 年 10 月第 1 版第 1 次印刷
开　　本：720×1000　1/16　印张：15
字　　数：285 千字
书　　号：ISBN 978-7-5184-4657-5　定价：38. 00 元
邮购电话：010-85119873
发行电话：010-85119832　010-85119912
网　　址：http：//www. chlip. com. cn
Email：club@ chlip. com. cn

230380J4X101ZBW

本书编写人员

主　编

许建国（新疆农业职业技术大学）
季珉珉（新疆苏东农牧科技有限公司）
丑武江（新疆农业职业技术大学）

副主编

王　涛（乌鲁木齐市动物疫病控制与诊断中心）
彭华刚（新疆乌鲁木齐市米东区畜牧兽医站）
赵春山（新疆乌鲁木齐市米东区畜牧兽医站）
王炜烨（新疆乌鲁木齐市水磨沟区畜牧兽医站）

参　编

李　威（新疆维吾尔自治区动物卫生监督所）
宋显明（新疆农业职业技术大学）
范玉娟（乌鲁木齐市乡村振兴指导服务中心）
马　祥（新疆苏东农牧科技有限公司）
陈　懿（新疆乌鲁木齐市米东区畜牧兽医站）
逯晓龙（新疆维吾尔自治区动物卫生监督所）
张晓莉（新疆苏东农牧科技有限公司）
唐　鹏（新疆苏东农牧科技有限公司）
王学顺（新疆苏东农牧科技有限公司）
李海斌（新疆乌鲁木齐市水磨沟区农产品质量安全检测中心）
王云峰（塔城地区动物疾病控制与诊断中心）

主　审

施远翔（新疆维吾尔自治区动物卫生监督所）
李建玲（乌鲁木齐市动物疫病控制与诊断中心）
牛彦兵（新疆农业职业技术大学）

前　言

党的二十大报告提出：“全面推进乡村振兴。全面建设社会主义现代化国家，最艰巨最繁重的任务仍然在农村。坚持农业农村优先发展，坚持城乡融合发展，畅通城乡要素流动。加快建设农业强国，扎实推动乡村产业、人才、文化、生态、组织振兴。”实施乡村振兴战略，发展现代农业，根本出路在科技，关键在人才，只有破解人才瓶颈，让越来越多的农民在生产上有能力、在经营上有办法、在精神上有追求，成为真正的高素质农民，乡村发展才会生机勃勃。要破解人才瓶颈就要大力发展新型职业教育，用职业教育赋能乡村振兴，培训出具有科学素养、职业技能、经营能力的高素质农民。

根据《中华人民共和国动物防疫法》《国务院办公厅关于政府向社会力量购买服务的指导意见》《农业部关于推进兽医社会化服务发展的指导意见》以及农业农村部《“十四五”全国畜牧兽医行业发展规划》等规定，各省、自治区、直辖市均陆续开展了兽医社会化服务。开展兽医社会化服务就是要切实转变动物防疫工作方式，优化防疫队伍，推进简政放权、放管结合、优化服务，提高防控动物疫病和保障社会公共卫生安全的能力，促进畜牧业安全健康持续发展。在开展这项工作的过程中需要对村级动物防疫员进行培训，从法律法规、政策形式、服务理念、专业技能等方面进行系统培训，从思想上、技能上提升村级动物防疫员的综合素质，为此，特组织相关人员编写《村级动物防疫员》高素质农民培训教材，旨在培养懂技术、会经营、能管理的农村实用人才，提高农村劳动力的综合素质和创业能力，加快农村经济社会的快速发展。村级动物防疫员是社会和市场迫切需要的热门行业，具有工农相结合，理论与实践相结合，实用性、操作性强的特点。

《村级动物防疫员》高素质农民培训教材，主要介绍了兽医社会化服务之村级动物防疫员概述、动物防疫相关法律法规、动物的接近与保定、动物防疫消毒技术、动物给药与驱虫技术、预防接种技术、国家重大动物疫病免疫技术、疫情巡查与报告、样品的采集与送检、病死动物及病害动物产品的无害化处理、常见动物疫病的防控技术共十一个项目。

本教材的编写采取校企合作的方式，专门聘请临床一线的执业兽医师参与编写，力求使教材可达到学以致用的效果。本教材编写分工如下：项目一由新疆农业职业技术大学丑武江编写；项目二和项目十一由新疆农业职业技术大学许建国编写；项目三由新疆苏东农牧科技有限公司季珉珉编写；项目四由新疆乌鲁木齐市米东区畜牧兽医站彭华刚和赵春山、新疆乌鲁木齐市水磨沟区畜牧兽医站王炜烨共同编写；项目五由乌鲁木齐市动物疫病控制与诊断中心王涛和新疆农业职业技术大学宋显明编写；项目六由新疆苏东农牧科技有限公司马祥和王学顺共同编写；项目七由新疆维吾尔自治区动物卫生监督所李威和塔城地区动物疾病控制与诊断中心王云峰编写；项目八由乌鲁木齐市乡村振兴指导服务中心范玉娟和新疆乌鲁木齐市水磨沟区农产品质量安全检测中心李海斌编写；项目九由新疆乌鲁木齐市米东区畜牧兽医站陈懿和新疆苏东农牧科技有限公司唐鹏共同编写；项目十由新疆维吾尔自治区动物卫生监督所逯晓龙和新疆苏东农牧科技有限公司张晓莉共同编写。全书由许建国统稿。

本教材为“许建国动物疫病防治技能大师工作室”组织编写的高素质农民培训教材，新疆维吾尔自治区动物卫生监督所施远翔农业技术推广研究员、乌鲁木齐市动物疫病控制与诊断中心李建玲农业技术推广研究员和新疆农业职业技术大学牛彦兵副教授对本教材进行了认真审定，并提出了宝贵意见，在此表示衷心的感谢。

本教材获得新疆维吾尔自治区“三农”骨干人才培养项目资助（项目编号：2022SNGGCY020）。

本教材可供村级动物防疫员、乡村兽医、养殖场从业人员等培训使用。

由于编者水平所限，书中难免存在疏漏和错误之处，恳请同行及专家批评指正。

编者

2024 年 7 月

目　录

项目一　兽医社会化服务之村级动物防疫员概述

认知与解读

党的十九大报告提出实施乡村振兴战略，健全农业社会化服务体系，对兽医工作提出了更高要求。党的二十大报告强调要全面推进乡村振兴，加快建设农业强国。农业部于 2017 年年底开始在全国推进兽医社会化服务，推进兽医社会化服务发展既是落实党的十九大精神、加快转变政府职能、改善公共服务的根本要求，又是深化兽医领域供给侧结构性改革、创新兽医服务供给方式的着力点，有利于整合运用社会资源，形成全社会共同参与的兽医工作新模式；有利于提高我国兽医服务能力水平，进一步满足养殖业转型升级对专业化、组织化兽医服务的迫切需求，巩固乡村振兴的产业基础。本项目是对兽医社会化服务与村级动物防疫员的基本概述。

任务一　兽医社会化服务概述

任务概况

本任务主要介绍了兽医社会化服务的概念、背景及发展趋势。

必备知识

（一）兽医社会化服务的概念

兽医社会化服务是农业社会化服务的重要组成部分，是兽医服务的重要实现形式，也就是指具备条件的兽医社会化组织，通过契约的形式，为畜牧生产企业、政府部门等市场主体和机构提供有偿服务。兽医社会化服务组织需具备以下条件：主体合法、运作规范、效能匹配、服务专业等，具备履行契约的基本设施设备、资金实力、人员条件、技术保障等。兽医社会化服务中的"兽医"不是狭义的兽医概念，而是一个广义的概念，主要包括但不限于以下几个方面：动物疫病防控与诊疗、流行病学调查、动物疫病监测与风险分析、病死动物无害化处理、畜产品质量安全监测、动物疫病风险管控、兽医新技术培训与推广等。兽医社会化服务组织既面向市场主体，也面向政府。兽医社会化服务组织将成为一股新的力量，在保障"四个安全"（指"共同安全、综合安全、合作安全、可持续安全"）上发挥重要作用，也将成为推动畜牧产业发展的重要力量。

（二）兽医社会化服务的背景

2013 年国务院办公厅印发《关于政府向社会力量购买服务的指导意见》，随后原农业部在粮食、棉花、畜牧、水产等主产区以及工作基础条件较好的辽宁、吉林、江苏、浙江、安徽、湖南、四川、新疆等 8 个省区，各选择 2~3 个县市集中力量开展政府购买农业公益性服务机制创新试点工作，各单位积极创新动物防疫社会化服务及运行管理机制。随着我国公共服务领域供给侧改革的深入，创新政府公共服务供给方式、引入市场竞争机制、减少政府对市场的直接干预已成为一个方向。兽医社会化服务顺应当前兽医管理体制改革的要求，已经成为当前动物防疫体系建设的重要方向。

国家农业农村部积极推进兽医社会化服务发展，鼓励和引导社会力量积极参与动物疫病防控工作，先后制定印发了《农业部关于推进兽医社会化服务发展的指导意见》《农业农村部办公厅关于做好 2018 年兽医社会化服务推进工作的通知》《农业农村部办公厅关于加快推进第三方兽医检测机构等社会力量参与生猪生产恢复发展和动物防疫工作的通知》等政策文件，鼓励社会力量参与检疫技术性辅助工作。2021 年修订的《中华人民共和国动物防疫法》也明确规定，国家鼓励社会力量参与动物防疫工作。各地通过政策引导、经费支持、条件保障、培训宣传等途径，积极培育市场服务主体，建立健全服务体系，有力推动了兽医社会化服务发展。

兽医社会化服务是兽医公益性服务的重要内容，并将逐步成为兽医服务市场化的主导力量和畜牧业发展的重要推动力。长期以来我国兽医工作偏重于强化公共管理和公益性服务，忽视了兽医社会化服务主体的培育，以致其服务体系发展严重滞后。加快整合社会资源，引导社会投资，发展兽医社会化服务体系，向各类市场主体提供更精细、更专业、更高效的高层次兽医服务已经成为普遍共识。

近十年来，我国畜牧业经历了一轮快速发展，并还将持续发展。突出表现为养殖方式实现了由散养向规模饲养转变、生产方式实现了由粗放式向集约式转变、发展方式实现了由数量扩张向质效提升转变。规模适度、质量安全、生态友好正在成为现代畜牧业的基本特征。在这一发展规律的作用下，畜牧业的品种培育、生产管理、疫病防控、质量管理等各环节的分工越来越精细化和专业化，为兽医社会化服务提供了生存的土壤。兽医社会化服务的发展背景已经形成。

（三）兽医社会化服务的发展趋势

农业农村部正在完善兽医社会化服务体系，培育多元兽医社会化服务组织，积极推进兽医社会化服务，建立完善的兽医社会化服务相关制度和标准。

近年来，一些大型养殖企业、第三方兽医检测机构等积极开拓兽医社会化服务业务，面向社会提供疫病预防、实验室检测、诊疗、技术咨询等服务。有的成立专业化公司提供综合型服务，开展生猪调运检测、畜禽产品质量核验等经营性活动，同时承接强制免疫、动物疫病监测和流行病学调查等政府购买兽医公益性服务项目。有的第三方兽医检测机构探索开展“互联网+兽医服务”，通过 APP 搭建智慧兽医服务平台，实现远程问诊、线上下单送检等，为需求者提供疫病诊断、基因测序、免疫效果评价等第三方服务。农业农村部大力支持社会力量参与动物检疫工作，鼓励各地通过多种方式，加快发展主体多元化、模式多样化、内容专业化的社会化服务组织，配合政府开展好畜牧源头检疫检验工作。

任务二　村级动物防疫员概述

任务概况

本任务主要介绍了村级动物防疫员的概念、应具备的条件及其职责。

必备知识

（一）村级动物防疫员的概念

村级动物防疫员是动物疫病防控体系的基础，是指经第三方兽医社会化服务组织或行业主管部门审核同意并聘用，在规定区域内从事动物强制免疫、畜禽标识加挂、免疫档案建立、动物疫情报告、畜禽统计、协助产地检疫、协助养殖业保险、技术推广等工作的人员。由于兽医社会化服务还没有在我国全部覆盖，所以村级动物防疫员直管部门还未统一，有的是行业主管部门，有的是第三方兽医社会化服务组织。

（二）村级动物防疫员具备的条件

（1）拥护党的路线、方针、政策，遵纪守法，作风正派，爱岗敬业，有较强的事业心和责任心，热爱动物防疫工作，工作认真负责。

（2）具备初中以上文化程度；具有一定的信息化平台操作能力。

（3）熟悉动物防疫相关法律法规，掌握重大动物疫病防治技术规范；熟悉本地畜禽养殖情况，有一定的群众基础，具备一定的动物饲养和动物防疫专业技术知识和实际操作能力。

（4）身体健康，未超法定退休年龄，具有独立从事动物防疫工作的能力；特殊情况年龄可适当放宽。

（5）经第三方兽医社会化服务组织或行业主管部门岗位培训，考试合格，并取得相应资格证书。

国家对村级动物防疫员没有统一的管理办法，各省、市、自治区相继出台了辖区内的《村级动物防疫员管理办法》，故各地对村级动物防疫员应具备的条件要求还有一定的差异，但基本条件大致相同。

（三）村级动物防疫员的职责

1. 宣传行业法规、养殖政策与扶持现代畜牧产业

宣传畜牧兽医有关法律、法规、方针、政策等。加大对现代畜牧产业的服务和协助政府部门的监管工作，及时掌握辖区内规模养殖企业的建设和发展进程。

2. 开展动物免疫工作

按行业主管部门的规定和要求，实施计划免疫或强制免疫注射，并做好牲畜耳标或电子标识佩戴工作；及时填写免疫档案和进行动物防疫信息的采集和上报，监督畜禽养殖场建立养殖档案。

3. 协助实施动物产地检疫工作

按照行业主管部门规定和要求，协助实施产地检疫，查验免疫情况，并将查验情况及时上报乡（镇）畜牧站，由乡（镇）畜牧站出具产地检疫证明等。

4. 调入畜禽落地监管工作

外地引进动物要及时向乡（镇）畜牧站上报，并做好隔离观察，如实记录隔离观察日志。

5. 动物疫情报告工作

协助开展动物疫情普查和动物疫病流行病学调查。发现疑似动物疫情，按规定程序及时上报，并实施相应的防控措施，调查相关情况。

6. 实施消毒工作

积极指导和帮助养殖场（户）做好日常性消毒工作，并结合春、秋两季进行免疫注射，进行圈舍消毒。

7. 协助病死动物及病害动物产品的无害化处理工作

定期实施畜禽死亡情况调查、相关资料报送，对发现的死亡畜禽及时报告，协助做好病死动物及病害动物产品的无害化处理等。

8. 畜禽饲养统计工作

对责任区内养殖场（户）饲养的各类畜禽建档登记，随时掌握责任区内畜禽养殖现状及流动情况，做好统计和报送。

9. 畜禽粪污的综合利用

负责辖区内养殖场（户）养殖废弃物的监管工作，坚决杜绝畜禽废弃物随意堆放，确保美丽乡村建设。

10. 畜牧兽医技术推广工作

按照行业主管部门要求，开展畜禽饲养管理、良种推广、疫病防治咨询，以及一般性动物疾病诊疗等技术推广、服务工作。

11. 日常巡查工作

定期对责任区进行日常性全面巡查，发现畜禽养殖环节违法行为等问题及时上报，并协助行业主管部门做好畜禽养殖场（户）监管和疫病监测采样工作。

12. 协助开展养殖业保险工作

协助保险机构对养殖场（户）投保牲畜进行免疫认定、健康确认、登记造册、收取保费、加挂标识和饲养管理指导；对死亡牲畜的耳标号或电子标识进行核实；填写《投保动物无害化处理证明》等。

有的第三方兽医社会化服务组织，为了提高村级动物防疫员的收入，其所属的村级动物防疫员经过培训、考核合格后还承担本地区动物诊疗、品种改良、人工配种、兽药及饲草料销售等经营性服务的工作。

任务思考

（1）试述兽医社会化服务组织的发展前景。

（2）简述村级动物防疫员应具备的条件。

项目二　动物防疫相关法律法规

认知与解读

动物防疫是综合运用多种手段，发动全社会力量，依照动物疫病发生、发展和消亡的科学规律，对动物从引种、饲养、经营、销售、运输、屠宰到动物产品加工、经营、贮藏、运输、销售等各个环节严格实施预防、控制、净化、消灭和检疫的措施，保障动物健康及其产品安全的一项系统性工作。法律法规是开展动物防疫工作的准绳和基本遵循，在动物防疫过程中有法可依、有法可施可以保护养殖业可持续发展，维护公共卫生安全，保护人的身心健康。本项目主要介绍《中华人民共和国动物防疫法》《重大动物疫情应急条例》《国家突发重大动物疫情应急预案》《畜禽标识和养殖档案管理办法》等法律法规。

任务一　中华人民共和国动物防疫法

任务概况

本任务主要介绍了《中华人民共和国动物防疫法》概述，《中华人民共和国动物防疫法》中的动物疫病的预防、动物疫病的控制、病死动物和病害动物产品无害化处理、动物防疫的监督管理、动物防疫的保障措施等内容和违反《中华人民共和国动物防疫法》的法律责任。

必备知识

（一）《中华人民共和国动物防疫法》概述

1. 历史沿革

《中华人民共和国动物防疫法》于 1997 年 7 月 3 日第八届全国人民代表大

会常务委员会第二十六次会议通过，2007 年 8 月 30 日第十届全国人民代表大会常务委员会第二十九次会议第一次修订。2021 年 1 月 22 日第十三届全国人民代表大会常务委员会第二十五次会议第二次修订，由 10 章 85 条修订为 12 章 113 条，向构建科学合理健全的动物防疫法律制度迈进一大步。第二次修订后的《中华人民共和国动物防疫法》2021 年 1 月 22 日由中华人民共和国主席令第六十九号公布，自 2021 年 5 月 1 日起施行。

2007 年第一次修订是基于 2004 年的高致病性禽流感阻击战和 2005 年国务院发布的《国务院关于推进兽医管理体制改革的若干意见》进行的，这次重大动物疫情防控实践以及国务院文件的出台，确立了行政管理、监督执法和技术支撑的动物防疫机构设置框架，国务院和省市县三级地方人民政府均设立了兽医主管部门，县级兽医主管部门可以向乡镇派驻站点、人员，在乡村建立村级动物防疫员队伍具体承担强制免疫注射工作。

2021 年第二次修订是由于我国畜牧业转型升级的步伐不断加快，生产组织方式和经营模式创新发展，对动物防疫工作的要求逐步提高；饲养畜禽和消费畜禽产品的体量持续攀升，生猪常年饲养量约占全球的一半，肉类和禽蛋产量稳居世界第一，而生产单元以分散的小规模饲养经营场户为主体的局面尚未得到根本改变，庞大的饲养规模与相对落后的生产方式之间的矛盾给动物防疫工作带来了巨大压力，对法律保障和支持力度的需求更加迫切。此外，境外重大动物疫情频发并传入我国，动物疫病防控形势始终严峻。同时这次修订也是基于政府机构改革、农业综合行政执法改革、非洲猪瘟疫情和新冠肺炎疫情基础上进行的。

2. 立法目的和适用范围

立法目的在于加强动物防疫活动的管理，预防、控制、净化、消灭动物疫病，促进养殖业发展，防控人兽共患传染病，保障公共卫生安全和人体健康。本法适用范围是在中国领域内的动物防疫及其监督管理活动，其中进出境动物、动物产品的检疫，按照《中华人民共和国进出境动植物检疫法》进行。

3. 适用对象

（1）动物　动物指家畜家禽和人工饲养、合法捕获的其他动物。

家畜包括猪、牛、羊、马、驴、骡、骆驼、鹿、兔、犬等；家禽包括鸡、鸭、鹅、鸽等；人工饲养、捕获的其他动物包括各种实验动物、特种经济动物、观赏动物、演艺动物、伴侣动物、水生动物以及人工驯养繁殖的野生动物。

（2）动物产品　动物产品指供人食用、饲料用、药用、农用或工业用的动物源性产品。

其包括动物的肉、生皮、原毛、绒、脏器、脂、血液、精液、卵、胚胎、骨、蹄、头、角、筋以及可能传播动物疫病的奶、蛋等。

（3）动物疫病　动物疫病指动物传染病，包括寄生虫病。

动物传染病指感染病原体使动物产生具有一定潜伏期和临床症状并具有传播性的动物疫病。寄生虫病指由动物性寄生物（统称寄生虫）引起的动物疾病。

（4）动物防疫　动物防疫指动物疫病的预防、控制、诊疗、净化、消灭和动物、动物产品的检疫，以及病死动物、病害动物产品的无害化处理。

4. 动物防疫工作的方针

国家对动物防疫实行预防为主，预防与控制、净化、消灭相结合的方针。

5. 动物防疫管理体制

国务院农业农村主管部门主管全国的动物防疫工作。县级以上地方人民政府农业农村主管部门主管本行政区域内的动物防疫工作。县级以上人民政府其他部门在各自的职责范围内做好动物防疫工作。军队动物卫生监督职能部门负责现役动物及饲养自用动物的防疫工作。

6. 动物防疫工作的职责和义务

（1）政府部门　县级以上人民政府对动物防疫工作实行统一领导，采取有效措施稳定基层机构队伍，加强动物防疫队伍建设，建立健全动物防疫体系，制定并组织实施动物疫病防治规划。乡级人民政府、城市街道办事处组织群众做好本辖区内的动物疫病预防与控制工作，村民委员会、居民委员会予以协助。

县级以上人民政府卫生健康主管部门和本级人民政府农业农村、野生动物保护等主管部门应当建立人兽共患传染病防治的协作机制。国务院农业农村主管部门和海关总署等部门应当建立防止境外动物疫病输入的协作机制。

（2）动物卫生监督机构　县级以上地方人民政府的动物卫生监督机构依照《中华人民共和国动物防疫法》规定，负责动物、动物产品的检疫工作。

（3）动物疫病预防控制机构　县级以上人民政府按照国务院的规定，根据统筹规划、合理布局、综合设置的原则建立动物疫病预防控制机构，承担动物疫病的监测、检测、诊断、流行病学调查、疫情报告以及其他预防、控制等技术工作；承担动物疫病净化、消灭的技术工作。

（4）有关单位和个人在动物疫病预防中的义务　从事动物饲养、屠宰、经营、隔离、运输以及动物产品生产、经营、加工、贮藏等活动的单位和个人，依照《中华人民共和国动物防疫法》和国务院农业农村主管部门的规定，做好免疫、消毒、检测、隔离、净化、消灭、无害化处理等动物防疫工作，并承担相关责任。

7. 动物防疫科研与国际交流合作

国家支持和鼓励开展动物疫病的科学研究以及国际合作与交流，推广先进适用的科学研究成果，提高动物疫病防治的科学技术水平。国家鼓励社会力量参与动物防治工作。各级人民政府采取措施，支持单位和个人参与动物疫病防治的宣传教育、疫情报告、志愿服务和捐赠等活动。各级人民政府及有关部门、新闻媒体，应当加强对动物防疫法律法规和动物防疫知识的宣传。

8. 对在动物防疫工作、动物防疫科学研究中做出成绩和贡献的单位和个人给予奖励

对在动物防疫工作、相关科学研究、动物疫情扑灭中做出贡献的单位和个人，各级人民政府及有关部门按照国家有关规定给予表彰、奖励。有关单位应当依法为动物防疫人员缴纳工伤保险费。对因参与动物防疫工作致病、致残、死亡的人员，按照国家有关规定给予补助或者抚恤。

(二) 动物疫病的预防

1. 动物疫病状况风险评估和动物疫病预防、控制技术规范

(1) 风险评估制度　国家建立动物疫病风险评估制度。风险评估指人们在进行动物及动物产品生产和其他相关经营活动过程中，对动物或动物产品感染致病微生物及其扩散增加的可能性进行评价和估计（分析、估计、界定），即对未来形势可能发展方向和程度的判断。国务院农业农村主管部门对动物疫病状况进行风险评估，根据评估结果制定相应的动物疫病预防、控制措施。

(2) 制定动物疫病预防、控制技术规范　国务院农业农村主管部门根据国内外动物疫情以及保护养殖业生产和人体健康的需要，及时会同国务院卫生健康等有关部门对动物疫病进行风险评估，并制定、公布动物疫病预防、控制、净化、消灭措施和技术规范。省、自治区、直辖市人民政府农业农村主管部门会同本级人民政府卫生健康等有关部门开展本行政区域内的动物疫病风险评估，并落实动物疫病预防、控制、净化、消灭措施。预防、控制技术规范主要包括动物疫病的描述、诊断、监测、疫情报告、疫情处理、预防与控制等内容。

目前，我国已制定和公布的规范可分为两类：一是单项技术规范，包括诊断技术、免疫技术、检疫技术、消毒技术、疫情判定等规范；二是综合性技术规范。

2. 动物疫病强制免疫计划的制定

国家对严重危害养殖业生产和人体健康的动物疫病实施强制免疫。国务院农业农村主管部门确定强制免疫的动物疫病病种和区域。

省、自治区、直辖市人民政府农业农村主管部门制定本行政区域的强制免

疫计划；根据本行政区域内动物疫病流行情况增加实施强制免疫的动物疫病病种和区域，报本级人民政府批准后执行，并报国务院农业农村主管部门备案。

3. 动物疫病强制免疫计划的实施

（1）强制免疫的组织实施　县级以上地方人民政府农业农村主管部门负责组织实施动物疫病强制免疫计划，并对饲养动物的单位和个人履行强制免疫义务的情况进行监督检查。乡级人民政府、街道办事处组织本辖区饲养动物的单位和个人做好强制免疫工作，协助做好监督检查；村民委员会、居民委员会协助做好相关工作。县级以上地方人民政府农业农村主管部门应当定期对本行政区域的强制免疫计划实施情况和效果进行评估，并向社会公布评估结果。

（2）饲养动物的单位和个人应当履行的义务　饲养动物的单位和个人应当依法履行动物疫病强制免疫义务，按照强制免疫计划和技术规范，对动物实施免疫接种。

（3）建立免疫档案和实施畜禽标识可追溯管理制度　经强制免疫的动物，应当按照国家有关规定建立免疫档案，加施畜禽标识，保证可追溯。

（4）预防接种疫苗的质量标准　用于预防接种的疫苗必须符合国家质量标准。

（5）强制免疫接种动物未达到免疫质量要求的处理　实施强制免疫接种的动物未达到免疫质量要求，实施补充免疫接种后仍不符合免疫质量要求的，有关单位和个人应当按照国家有关规定处理。

4. 动物疫病的监测

（1）县级以上人民政府的职责　县级以上人民政府建立健全动物疫情监测网络，加强动物疫情监测。

（2）国家和省级农业农村主管部门制定动物疫病监测计划　国务院农业农村主管部门会同国务院有关部门制定国家动物疫病监测计划。省、自治区、直辖市人民政府农业农村主管部门根据国家动物疫病监测计划，制定本行政区域的动物疫病监测计划。

（3）动物疫病预防控制机构的职责　动物疫病预防控制机构应当按照国务院农业农村主管部门的规定和动物疫病监测计划，对动物疫病的发生、流行等情况进行监测。

（4）行政相对人的义务　从事动物饲养、屠宰、经营、隔离、运输以及动物产品生产、经营、加工、贮藏、无害化处理等活动的单位和个人不得拒绝或者阻碍。

5. 动物疫情的预警

国务院农业农村主管部门和省、自治区、直辖市人民政府农业农村主管部门根据对动物疫病发生、流行趋势的预测，及时发出动物疫情预警。地方各级人民政府接到动物疫情预警后，应当及时采取预防、控制措施。动物疫情划分为特别重大（Ⅰ级）、重大（Ⅱ级）、较大（Ⅲ级）和一般（Ⅳ级）四级，相应级别的疫情预警依次用红色、橙色、黄色和蓝色表示特别严重、严重、较重和一般四个预警级别。

陆路边境省、自治区人民政府根据动物疫病防控需要，合理设置动物疫病监测站点，健全监测工作机制，防范境外动物疫病传入。科技、海关等部门按照本法和有关法律法规的规定做好动物疫病监测预警工作，并定期与农业农村主管部门互通情况，紧急情况及时通报。县级以上人民政府应当完善野生动物疫源疫病监测体系和工作机制，根据需要合理布局监测站点；野生动物保护、农业农村主管部门按照职责分工做好野生动物疫源疫病监测等工作，并定期互通情况，紧急情况及时通报。

6. 无规定动物疫病区的建立

国家支持地方建立无规定动物疫病区，鼓励动物饲养场建设无规定动物疫病生物安全隔离区。对符合国务院农业农村主管部门规定标准的无规定动物疫病区和无规定动物疫病生物安全隔离区，国务院农业农村主管部门验收合格予以公布，并对其维持情况进行监督检查。省、自治区、直辖市人民政府制定并组织实施本行政区域的无规定动物疫病区建设方案。国务院农业农村主管部门指导跨省、自治区、直辖市无规定动物疫病区建设。国务院农业农村主管部门根据行政区划、养殖屠宰产业布局、风险评估情况等对动物疫病实施分区防控，可以采取禁止或者限制特定动物、动物产品跨区域调运等措施。

7. 种用、乳用动物健康的标准

种用、乳用动物应当符合国务院农业农村主管部门规定的健康标准。饲养种用、乳用动物的单位和个人，应当按照国务院农业农村主管部门的要求，定期开展动物疫病检测；检测不合格的，应当按照国家有关规定处理。

8. 动物防疫合格证的申办程序

（1）具备的条件　动物饲养场和隔离场所、动物屠宰加工场所以及动物和动物产品无害化处理场所，应当符合下列的动物防疫条件：场所的位置与居民生活区、生活饮用水源地、学校、医院等公共场所的距离符合国务院农业农村主管部门规定的标准；生产经营区域封闭隔离，工程设计和有关流程符合动物防疫要求；有与其规模相适应的污水、污物处理设施，病死动物、病害动物产品无害化处理设施设备或者冷藏冷冻设施设备，以及清洗消毒设施设备；有与其规模相适应的执业兽医或者动物防疫技术人员；有完善的隔离消毒、购销台账、日常巡查等动物防疫制度；具备国务院农业农村主管部门规定的其他动物防疫条件。

动物和动物产品无害化处理场所除具备以上条件外，还应当具有病原检测设备、检测能力和符合动物防疫要求的专用运输车辆。

经营动物、动物产品的集贸市场应当具备国务院农业农村主管部门规定的动物防疫条件，并接受农业农村主管部门的监督检查，具体办法由国务院农业农村主管部门制定。县级以上地方人民政府根据本地情况，决定在城市特定区域禁止家畜家禽活体交易。

（2）申请　开办动物饲养场和隔离场所，动物屠宰加工场所以及动物和动物产品无害化处理场所，应当向县级以上地方人民政府农业农村主管部门提出申请，并附相关材料。

（3）审核　受理申请的农业农村主管部门应当依照《中华人民共和国动物防疫法》和《中华人民共和国行政许可法》的规定进行审查。经审查合格的，发给动物防疫条件合格证；不合格的，应当通知申请人并说明理由。动物防疫条件合格证应当载明申请人的名称（姓名）、场（厂）址、动物（动物产品）种类等事项。

9. 相关物品动物防疫要求和处理的规定

动物、动物产品的运载工具、垫料、包装物、容器等应当符合国务院农业农村主管部门规定的动物防疫要求。染疫动物及其排泄物、染疫动物产品，运载工具中的动物排泄物以及垫料、包装物、容器等等被污染的物品，应当按照国家有关规定处理，不得随意处置。

10. 病原微生物实验室活动的管理

采集、保存、运输动物病料或者病原微生物以及从事病原微生物研究、教学、检测、诊断等活动，应当遵守国家有关病原微生物实验室管理的规定。

11. 动物疫病区域化的管理及其净化、消灭规划的制定与实施

国务院农业农村主管部门制定并组织实施动物疫病净化、消灭规划。县级以上地方人民政府根据动物疫病净化、消灭规划，制定并组织实施本行政区域的动物疫病净化、消灭计划。动物疫病预防控制机构按照动物疫病净化、消灭规划、计划，开展动物疫病净化技术指导、培训，对动物疫病净化效果进行监测、评估。国家推进动物疫病净化，鼓励和支持饲养动物的单位和个人开展动物疫病净化。饲养动物的单位和个人达到国务院农业农村主管部门规定的净化标准的，由省级以上人民政府农业农村主管部门予以公布。

12. 禁止经营有关动物、动物产品的管理

禁止屠宰、经营、运输下列动物和生产、经营、加工、贮藏、运输下列动物产品（因实施集中无害化处理需要暂存、运输动物和动物产品并按照规定采取防疫措施的除外）：封锁疫区内与所发生动物疫病有关的；疫区内易感染的；依法应当检疫而未经检疫或者检疫不合格的；染疫或者疑似染疫的；病死或者死因不明的；其他不符合国务院农业农村主管部门有关动物防疫规定的。

13. 单位和个人饲养犬只的防疫管理

单位和个人饲养犬只，应当按照规定定期免疫接种狂犬病疫苗，凭动物诊疗机构出具的免疫证明向所在地养犬登记机关申请登记。携带犬只出户的，应当按照规定佩戴犬牌并采取系犬绳等措施，防止犬只伤人、疫病传播。街道办事处、乡级人民政府组织协调居民委员会、村民委员会，做好本辖区流浪犬、猫的控制和处置，防止疫病传播。县级人民政府和乡级人民政府、街道办事处应当结合本地实际，做好农村地区饲养犬只的防疫管理工作。饲养犬只防疫管理的具体办法，由省、自治区、直辖市制定。

（三）动物疫情报告、通报和公布

1. 动物疫情的报告

（1）动物疫情责任报告人　从事动物疫情监测、检测、检验检疫、研究、诊疗以及动物饲养、屠宰、经营、隔离、运输等活动的单位和个人。

（2）动物疫情责任报告人的报告时机　发现动物染疫或者疑似染疫时及时报告。

（3）动物疫情责任报告人的报告方式　发现时立即向当地农业农村主管部门或者动物疫病预防控制机构报告。

（4）采取控制措施和按国家程序上报　动物疫情责任报告人在报告的同时应迅速采取隔离等控制措施，防止动物疫情扩散。其他单位和个人发现动物染疫或者疑似染疫的，应当及时报告。接到动物疫情报告的单位，应当及时采取临时隔离控制等必要措施，防止延误防控时机，并及时按照国家规定的程序上报。

2. 动物疫情认定的权限

动物疫情由县级以上人民政府农业农村主管部门认定；其中重大动物疫情由省、自治区、直辖市人民政府农业农村主管部门认定，必要时报国务院农业农村主管部门认定。

重大动物疫情是指一、二、三类动物疫病突然发生，迅速传播，给养殖业生产安全造成严重威胁、危害，以及可能对公众身体健康与生命安全造成危害的情形。在重大动物疫情报告期间，必要时，所在地县级以上地方人民政府可以作出封锁决定并采取扑杀、销毁等措施。

3. 动物疫情的通报

国务院农业农村主管部门应当及时向国务院卫生健康等有关部门和军队有关部门以及省、自治区、直辖市人民政府农业农村主管部门通报重大动物疫情的发生和处理情况。海关发现进出境动物和动物产品染疫或者疑似染疫的，应当及时处置并向农业农村主管部门通报。县级以上人民政府野生动物保护主管部门发现野生动物染疫或者疑似染疫的，应当及时处置并向本级人民政府农业农村主管部门通报。国务院农业农村主管部门应当依照我国缔结或者参加的条约、协定，及时向有关国际组织或者贸易方通报重大动物疫情的发生和处理情况。

发生人兽共患传染病疫情时，县级以上人民政府农业农村主管部门与本级人民政府卫生健康、野生动物保护等主管部门应当及时相互通报。发生人兽共患传染病时，卫生健康主管部门应当对疫区易感染的人群进行监测，并应当依照《中华人民共和国传染病防治法》的规定及时公布疫情，采取相应的预防、控制措施。患有人兽共患传染病的人员不得直接从事动物疫病监测、检测、检验检疫、诊疗以及易感染动物的饲养、屠宰、经营、隔离、运输等活动。

4. 动物疫情的公布

国务院农业农村主管部门向社会及时公布全国动物疫情，也可以根据需要授权省、自治区、直辖市人民政府农业农村主管部门公布本行政区域内的动物疫情。其他单位和个人不得发布动物疫情。

5. 动物疫情报告中的禁止性行为

任何单位和个人不得瞒报、谎报、迟报、漏报动物疫情，不得授意他人瞒报、谎报、迟报动物疫情，不得阻碍他人报告动物疫情。

（四）动物疫病控制

1. 一类动物疫病控制的措施

发生一类动物疫病或二、三类动物疫病呈暴发性流行时，应当采取下列措施。

（1）划定疫点、疫区、受威胁区和调查疫源　所在地县级以上地方人民政府农业农村主管部门应当立即派人到现场，划定疫点、疫区、受威胁区，调查疫源。

（2）发布封锁令　当地县级以上地方人民政府接到农业农村主管部门的报告后应对疫区实行封锁。疫区范围涉及两个以上行政区域的，由有关行政区域共同的上一级人民政府对疫区实行封锁，或者由各有关行政区域的上一级人民政府共同对疫区实行封锁。必要时，上级人民政府可以责成下级人民政府对疫区实行封锁。

（3）具体强制性措施　县级以上地方人民政府应当立即组织有关部门和单位采取封锁、隔离、扑杀、销毁、消毒、无害化处理、紧急免疫接种等强制性措施。

（4）其他强制性措施　在封锁期间，禁止染疫、疑似染疫和易感染的动物、动物产品流出疫区，禁止非疫区的易感染动物进入疫区，并根据需要对出入疫区的人员、运输工具及有关物品采取消毒和其他限制性措施。

2. 二类动物疫病控制的措施

发生二类动物疫病时，应当采取下列控制和扑灭措施。

(1) 划定疫点、疫区和受威胁区　所在地县级以上地方人民政府农业农村主管部门应当划定疫点、疫区、受威胁区。

(2) 控制、扑灭措施　县级以上地方人民政府根据需要组织有关部门和单位采取隔离、扑杀、销毁、消毒、无害化处理、紧急免疫接种、限制易感染的动物和动物产品及有关物品出入等措施。

3. 疫点、疫区、受威胁区的撤销和疫区封锁的解除

疫点、疫区、受威胁区的撤销和疫区封锁的解除，按照国务院农业农村主管部门规定的标准和程序评估后，由原决定机关决定并宣布。

4. 三类动物疫病控制和扑灭措施

发生三类动物疫病时，所在地县级、乡级人民政府应当按照国务院农业农村主管部门的规定组织防治。

5. 相关部门及行政相对人的义务

(1) 相关部门的义务　发生动物疫情时，航空、铁路、道路、水路等运输部门应当优先组织运送防疫人员和物资。

(2) 行政相对人的义务　疫区内有关单位和个人，应当遵守县级以上人民政府及其农业农村主管部门依法作出的有关控制动物疫病的规定。任何单位和个人不得藏匿、转移、盗掘已被依法隔离、封存、处理的动物和动物产品。

6. 重大动物疫情应急的处理

国务院农业农村主管部门根据动物疫病的性质、特点和可能造成的社会危害，制定国家重大动物疫情应急预案报国务院批准，并按照不同动物疫病病种、流行特点及危害程度，分别制定实施方案。县级以上地方人民政府根据上级重大动物疫情应急预案和本地区的实际情况，制定本行政区域的重大动物疫情应急预案，报上一级人民政府农业农村主管部门备案，并抄送上一级人民政府应急管理部门。县级以上地方人民政府农业农村主管部门按照不同动物疫病病种、流行特点及危害程度，分别制定实施方案。重大动物疫情应急预案及实施方案根据疫情状况及时调整。

发生重大动物疫情时，国务院农业农村主管部门负责划定动物疫病风险区，禁止或者限制特定动物、动物产品由高风险区向低风险区调运。发生重大动物疫情的，依照法律和国务院的规定以及应急预案采取应急处置措施。

（五）动物和动物产品检疫

1. 动物检疫主体

动物卫生监督机构依照《中华人民共和国动物防疫法》和国务院农业农村

主管部门的规定对动物、动物产品实施检疫。动物卫生监督机构的官方兽医具体实施动物和动物产品检疫。

2. 检疫的相关管理

（1）检疫的程序　屠宰、出售或者运输动物以及出售或者运输动物产品前，货主应当按照国务院农业农村主管部门的规定向所在地动物卫生监督机构申报检疫。动物卫生监督机构接到申报后，应当及时指派官方兽医对动物、动物产品实施现场检疫；检疫合格的，出具检疫证明、加施检疫标志。实施现场检疫的官方兽医应当在检疫证明、检疫标志上签字或者盖章，并对检疫结论负责。动物饲养场、屠宰企业的执业兽医或者动物防疫技术人员，应当协助官方兽医实施检疫。

（2）流通过程中检疫证明、检疫标志的管理　屠宰、经营、运输的动物，以及用于科研、展示、演出和比赛等非食用性利用的动物，应当附有检疫证明；经营和运输的动物产品，应当附有检疫证明、检疫标志。

（3）运输动物和动物产品的检疫管理　经航空、铁路、道路、水路运输动物和动物产品的，托运人托运时应当提供检疫证明；没有检疫证明的，承运人不得承运。进出口动物和动物产品，承运人凭进口报关单证或者海关签发的检疫单证运递。从事动物运输的单位、个人以及车辆，应当向所在地县级人民政府农业农村主管部门备案，妥善保存行程路线和托运人提供的动物名称、检疫证明编号、数量等信息。具体办法由国务院农业农村主管部门制定。运载工具在装载前和卸载后应当及时清洗、消毒。

（4）动物和动物产品输入到无规定动物疫病区的检疫管理　输入到无规定动物疫病区的动物、动物产品，货主应当按照国务院农业农村主管部门的规定向无规定动物疫病区所在地动物卫生监督机构申报检疫，经检疫合格的，方可进入。

（5）跨省引进乳用动物、种用动物及其精液、胚胎、种蛋的检疫管理　省、自治区、直辖市人民政府确定并公布道路运输的动物进入本行政区域的指定通道，设置引导标志。跨省、自治区、直辖市通过道路运输动物的，应当经省、自治区、直辖市人民政府设立的指定通道入省境或者过省境。跨省、自治区、直辖市引进的种用、乳用动物到达输入地后，货主应当按照国务院农业农村主管部门的规定对引进的种用、乳用动物进行隔离观察。

（6）野生动物的检疫管理　因科研、药用、展示等特殊情形需要非食用性利用的野生动物，应当按照国家有关规定报经动物卫生监督机构检疫，检疫合格的，方可利用。人工捕获的野生动物，应当按照国家有关规定报经捕获地动物卫生监督机构检疫，检疫合格的，方可饲养、经营和运输。国务院农业农村主管部门会同国务院野生动物保护主管部门制定野生动物检疫办法。

3. 检疫不合格的动物、动物产品处理

经检疫不合格的动物、动物产品，货主应当在农业农村主管部门监督下按照国家有关规定处理，处理费用由货主承担。

（六）病死动物和病害动物产品无害化处理

1. 动物和动物产品的无害化处理制度

从事动物饲养、屠宰、经营、隔离以及动物产品生产、经营、加工、贮藏等活动的单位和个人，应当按照国家有关规定做好病死动物、病害动物产品的无害化处理，或者委托动物和动物产品无害化处理场所处理。动物和动物产品无害化处理管理办法由国务院农业农村、野生动物保护主管部门按照职责制定。

2. 从事动物、动物产品运输单位和个人的职责

从事动物、动物产品运输的单位和个人，应当配合做好病死动物和病害动物产品的无害化处理，不得在途中擅自弃置和处理有关动物和动物产品。任何单位和个人不得买卖、加工、随意弃置病死动物和病害动物产品。

3. 死亡畜禽处理的相关行政主管部门

（1）水域范围发现死亡畜禽的处理　在江河、湖泊、水库等水域发现的死亡畜禽，由所在地县级人民政府组织收集、处理并溯源。

（2）城市公共场所和乡村发现死亡畜禽的处理　在城市公共场所和乡村发现的死亡畜禽，由所在地街道办事处、乡级人民政府组织收集、处理并溯源。

（3）野外环境发现死亡野生动物的处理　在野外环境发现的死亡野生动物，由所在地野生动物保护主管部门收集、处理。

4. 动物和动物产品无害化处理规划及机制的建立

省、自治区、直辖市人民政府制定动物和动物产品集中无害化处理场所建设规划，建立政府主导、市场运作的无害化处理机制。

5. 病死动物无害化处理补助流程的制定及实施

各级财政对病死动物无害化处理提供补助。具体补助标准和办法由县级以上人民政府财政部门会同本级人民政府农业农村、野生动物保护等有关部门制定。

（七）动物诊疗

1. 动物诊疗机构从事经营活动的条件

动物诊疗机构包括动物医院、动物诊所以及其他提供动物诊疗服务的机构。从事动物诊疗活动的机构，应当具备下列条件：有与动物诊疗活动相适应并符合动物防疫条件的场所；有与动物诊疗活动相适应的执业兽医；有与动物

诊疗活动相适应的兽医器械和设备；有完善的管理制度。

2. 动物诊疗许可证的申办

从事动物诊疗活动的机构，应当向县级以上地方人民政府农业农村主管部门申请动物诊疗许可证。受理申请的农业农村主管部门应当依照《中华人民共和国动物防疫法》和《中华人民共和国行政许可法》的规定进行审查。经审查合格的，发给动物诊疗许可证；不合格的，应当通知申请人并说明理由。

3. 动物诊疗许可证包含内容和变更

（1）动物诊疗许可证包含的内容　动物诊疗许可证应当载明诊疗机构名称、诊疗活动范围、从业地点和法定代表人（负责人）等事项。

（2）动物诊疗许可证变更　动物诊疗许可证载明事项变更的，应当申请变更或者换发动物诊疗许可证。

4. 动物诊疗机构的防疫要求

动物诊疗机构应当按照国务院农业农村主管部门的规定，做好诊疗活动中的卫生安全防护、消毒、隔离和诊疗废弃物处置等工作。

5. 动物诊疗活动过程中的执业规范

从事动物诊疗活动，应当遵守有关动物诊疗的操作技术规范，使用符合国家规定的兽药和兽医器械。兽药和兽医器械的具体管理办法由国务院规定。

（八）兽医管理

1. 官方兽医的管理

（1）官方兽医的任命　国家实行官方兽医任命制度。官方兽医应当具备国务院农业农村主管部门规定的条件，由省、自治区、直辖市人民政府农业农村主管部门按照程序确认，由所在地县级以上人民政府农业农村主管部门任命。具体办法由国务院农业农村主管部门制定。

海关的官方兽医应当具备规定的条件，由海关总署任命。具体办法由海关总署会同国务院农业农村主管部门制定。

（2）官方兽医的职责　官方兽医依法履行动物、动物产品检疫职责，任何单位和个人不得拒绝或者阻碍。

（3）官方兽医的培训与考核　县级以上人民政府农业农村主管部门制定官方兽医培训计划，提供培训条件，定期对官方兽医进行培训和考核。

2. 执业兽医的管理

（1）执业兽医资格的获取　国家实行执业兽医资格考试制度。具有兽医相关专业大学专科以上学历的人员或者符合条件的乡村兽医，通过执业兽医资格考试的，由省、自治区、直辖市人民政府农业农村主管部门颁发执业兽医资格证书。执业兽医资格考试办法由国务院农业农村主管部门商国务院人力资源主管部门制定。

(2) 执业兽医的备案 取得执业兽医资格后从事动物诊疗等经营活动的，应当向所在地县级人民政府农业农村主管部门备案。

(3) 执业兽医的职责 执业兽医开具兽医处方应当亲自诊断，并对诊断结论负责。执业兽医应当按照所在地人民政府和农业农村主管部门的要求，参加动物疫病预防、控制和动物疫情扑灭等活动。

(4) 执业兽医的继续教育 国家鼓励执业兽医接受继续教育。执业兽医所在机构应当支持执业兽医参加继续教育。

3. 乡村兽医的管理

乡村兽医可以在乡村从事动物诊疗活动。具体管理办法由国务院农业农村主管部门制定。乡村兽医应当按照所在地人民政府和农业农村主管部门的要求，参加动物疫病预防、控制和动物疫情扑灭等活动。

4. 兽医行业协会的职责

兽医行业协会提供兽医信息、技术、培训等服务，维护成员合法权益，按照章程建立健全行业规范和奖惩机制，加强行业自律，推动行业诚信建设，宣传动物防疫和兽医知识。

(九) 动物防疫的监督管理

1. 动物防疫监督主体和监督内容

(1) 动物防疫监督的主体 动物防疫监督的主体是县级以上地方人民政府农业农村主管部门。县级人民政府农业农村主管部门应当派人在所在地依法设立的检查站对跨省调运的动物和动物产品进行监督检查。

(2) 监督管理的内容 监督管理的内容包括对动物饲养、屠宰、经营、隔离、运输以及动物产品生产、经营、加工、贮藏、运输等活动中的动物防疫实施监督管理。

2. 动物卫生监督检查措施

(1) 监督检查措施 县级以上地方人民政府农业农村主管部门执行监督检查任务，可以采取下列措施，有关单位和个人不得拒绝或者阻碍：对动物、动物产品按照规定采样、留验、抽检；对染疫或者疑似染疫的动物、动物产品及相关物品进行隔离、查封、扣押和处理；对依法应当检疫而未经检疫的动物产品，具备补检条件的实施补检，不具备补检条件的予以没收销毁；查验检疫证明、检疫标志和畜禽标识；进入有关场所调查取证，查阅、复制与动物防疫有关的资料。

(2) 派驻官方兽医 县级以上地方人民政府农业农村主管部门根据动物疫病预防、控制需要，经当地县级以上地方人民政府批准，可以在车站、港口、机场等相关场所派驻官方兽医或者工作人员。

3. 规范官方兽医执法行为

（1）执法人员执行动物防疫监督检查任务，应当出示行政执法证件，佩戴统一标志。

根据规定农业农村主管部门的官方兽医可以执行下列监督检查任务：对动物、动物产品经营单位进行监督检查；对动物在饲养和流通中的环节进行监督检查；对《中华人民共和国动物防疫法》所界定的动物产品生产、流通中的环节进行监督检查；对动物屠宰，依照《中华人民共和国动物防疫法》实施检疫、监督；对动物饲养场、养殖小区与动物屠宰、经营、隔离场所，动物产品生产、经营、加工、贮藏场所，以及动物和动物产品无害化处理场所的动物防疫条件，进行监督检查；对动物诊疗单位的诊疗条件以及动物卫生安全防护、消毒、隔离和诊疗废弃物处置的情况进行监督检查；对有关单位和个人执行国家动物病种的强制免疫的落实情况进行监督检查。

根据《中华人民共和国行政处罚法》和农业农村部《农业行政处罚程序规定》的规定，农业农村主管部门的官方兽医在执行监督管理任务时还必须做到：风纪严明，秉公执法，坚持以事实为根据，以法律为准绳；尊重当事人的合法权益，对索取的资料、查阅的资料要保守秘密；采样、处罚、没收须出具凭证，完善手续；不以权谋私、索要钱财、弄虚作假；不无故拖延或者拒绝办案；文明执法、礼貌待人、遵纪守法。

（2）县级以上人民政府农业农村主管部门及其工作人员不得从事与动物防疫有关的经营性活动，进行监督检查不得收取任何费用。

4. 检疫证明、检疫标志和畜禽标识的管理

禁止转让、伪造或者变造检疫证明、检疫标志或者畜禽标识。禁止持有、使用伪造或者变造的检疫证明、检疫标志或者畜禽标识。检疫证明、检疫标志的管理办法，由国务院农业农村主管部门制定。

（十）动物防疫的保障措施

1. 动物防疫规划

县级以上人民政府应当将动物防疫工作纳入本级国民经济和社会发展规划及年度计划。国家鼓励和支持动物防疫领域新技术、新设备、新产品等技术创新研究开发。

2. 基层动物防疫体系

县级人民政府应当为动物卫生监督机构配备与动物、动物产品检疫工作相适应的官方兽医，保障检疫工作条件。县级人民政府农业农村主管部门可以根据动物防疫工作需要，向乡、镇或者特定区域派驻兽医机构或者工作人员。

3. 动物防疫经费的保障

县级以上人民政府按照本级政府职责，将动物疫病的监测、预防、控制、净化、消灭，动物、动物产品的检疫和病死动物的无害化处理，以及监督管理所需经费纳入本级财政预算。

4. 应急物资的储备

县级以上人民政府应当储备动物疫情应急处理工作所需的防疫物资。

物资储备包括药品、医疗器械和其他物资（隔离、卫生防护用品、消毒设备）储备。

5. 动物防疫的相关补偿

对在动物疫病预防、控制、净化、消灭过程中强制扑杀的动物、销毁的动物产品和相关物品，县级以上人民政府应当给予补偿。具体补偿标准和办法由国务院财政部门会同有关部门制定。

6. 卫生防护和医疗保健措施

对从事动物疫病预防、检疫、监督检查、现场处理疫情以及在工作中接触动物疫病病原体的人员，有关单位按照国家规定，采取有效的卫生防护、医疗保健措施，给予畜牧兽医医疗卫生津贴等相关待遇。

（十一）违反《中华人民共和国动物防疫法》的法律责任

1. 行政管理部门的违法行为

（1）地方各级人民政府及其工作人员的违法行为　地方各级人民政府及其工作人员未依照《中华人民共和国动物防疫法》规定履行职责的，对直接负责的主管人员和其他直接责任人员依法给予处分。

（2）县级以上人民政府农业农村主管部门及其工作人员的违法行为　违反规定，有下列行为之一的，由本级人民政府责令改正，通报批评；对直接负责的主管人员和其他直接责任人员依法给予处分：未及时采取预防、控制、扑灭等措施的；对不符合条件的颁发动物防疫条件合格证、动物诊疗许可证，或者对符合条件的拒不颁发动物防疫条件合格证、动物诊疗许可证的；其他未依照《中华人民共和国动物防疫法》规定履行职责的行为。

（3）动物卫生监督机构及其工作人员的违法行为　违反规定，有下列行为之一的，由本级人民政府或者农业农村主管部门责令改正，通报批评；对直接负责的主管人员和其他直接责任人员依法给予处分：对未经现场检疫或者检疫不合格的动物、动物产品出具检疫证明、加施检疫标志，或者对检疫合格的动物、动物产品拒不出具检疫证明、加施检疫标志的；对附有检疫证明、检疫标志的动物、动物产品重复检疫的；从事与动物防疫有关的经营性活动，或者违法收取费用的；其他未依照《中华人民共和国动物防疫法》规定履行职责的行为。

（4）动物疫病预防控制机构及其工作人员的违法行为　违反规定，有下列行为之一的，由本级人民政府或者农业农村主管部门责令改正，通报批评；对直接负责的主管人员和其他直接责任人员依法给予处分：未履行动物疫病监测、检测、评估职责或者伪造监测、检测、评估结果的；发生动物疫情时未及时进行诊断、调查的；接到染疫或者疑似染疫报告后，未及时按照国家规定采取措施、上报的；其他未依照《中华人民共和国动物防疫法》规定履行职责的行为。

（5）地方各级人民政府、有关部门及其工作人员关于动物疫情报告的违法行为　地方各级人民政府、有关部门及其工作人员瞒报、谎报、迟报、漏报或者授意他人瞒报、谎报、迟报动物疫情，或者阻碍他人报告动物疫情的，由上级人民政府或者有关部门责令改正，通报批评；对直接负责的主管人员和其他直接责任人员依法给予处分。

2. 行政相对人的违法行为

（1）不按规定强制免疫、检测和处理以及对运载工具不按规定清洗、消毒的违法行为　违反规定的，由县级以上地方人民政府农业农村主管部门责令改正，可以处一千元以下罚款；逾期不改正的，处一千元以上五千元以下罚款由县级以上地方人民政府农业农村主管部门委托动物诊疗机构、无害化处理场所等代作处理，所需处理费用由违法行为人承担：对饲养的动物未按照动物疫病强制免疫计划或者免疫技术规范实施免疫接种的；对饲养的种用、乳用动物未按照国务院农业农村主管部门的要求定期开展疫病检测，或者经检测不合格而未按照规定处理的；动物、动物产品的运载工具在装载前和卸载后没有及时清洗、消毒的；未按规定对饲养的犬只定期进行狂犬病免疫接种的。

（2）不按规定建立免疫档案、加施畜禽标识的违法行为　对经强制免疫的动物未按照国务院农业农村主管部门规定建立免疫档案、加施畜禽标识的，依照《中华人民共和国畜牧法》的有关规定处罚。

（3）不按规定处置动物、动物产品的运输工具等物品的违法行为　动物、动物产品的运载工具、垫料、包装物、容器等不符合国务院农业农村主管部门规定的动物防疫要求的，由县级以上地方人民政府农业农村主管部门责令改正，可以处五千元以下罚款；情节严重的，处五千元以上五万元以下罚款。

（4）不按规定处置染疫动物、动物产品和污染物品的违法行为　未按照国务院农业农村主管部门规定处置染疫动物及其排泄物、染疫动物产品或者被染疫动物、动物产品污染的运载工具、垫料、包装物、容器等的，由县级以上地方人民政府农业农村主管部门责令限期处理；逾期不处理的，由县级以上地方人民政府农业农村主管部门委托有关单位代为处理，所需处理费用由违法行为人承担，处五千元以上五万元以下罚款。造成环境污染或者生态破坏的，依照环境保护有关法律法规进行处罚。

（5）患有人兽共患传染病的人员从事动物诊疗以及易感染动物的饲养、屠宰、经营、隔离、运输等活动的违法行为　患有人兽共患传染病的人员，直接从事动物疫病监测、检测、检验检疫，动物诊疗以及易感染动物的饲养、屠宰、经营、隔离、运输等活动的，由县级以上地方人民政府农业农村主管部门责令改正；拒不改正的，处一千元以上一万元以下罚款；情节严重的，处一万元以上五万元以下罚款。

（6）非法屠宰、经营、运输动物或者生产、经营、加工、贮藏、运输动物产品的违法行为　屠宰、经营、运输动物或者生产、经营、加工、贮藏、运输封锁疫区内与所发生动物疫病有关的、疫区内易感染的、检疫不合格的、染疫或者疑似染疫的、病死或者死因不明的、其他不符合国务院农业农村主管部门有关动物防疫规定的动物产品，由县级以上地方人民政府农业农村主管部门责令改正、采取补救措施，没收违法所得、动物和动物产品，并处同类检疫合格动物、动物产品货值金额十五倍以上三十倍以下罚款；同类检疫合格动物、动物产品货值金额不足一万元的，并处十万元以上十五万元以下罚款。违法行为人及其法定代表人、直接负责的主管人员和其他直接责任人员，自处罚决定作出之日起五年内不得从事相关活动；构成犯罪的，终身不得从事屠宰、经营、运输动物或者生产、经营、加工、贮藏、运输动物产品等相关活动。

（7）未取得动物防疫条件合格证、非法引进动物和动物产品以及非法向无规定动物疫病区输入动物和动物产品等违法行为　违反规定，有下列行为之一的，由县级以上地方人民政府农业农村主管部门责令改正，处三千元以上三万元以下罚款；情节严重的，责令停业整顿，并处三万元以上十万元以下罚款：开办动物饲养场和隔离场所、动物屠宰加工场所以及动物和动物产品无害化处理场所，未取得动物防疫条件合格证的；经营动物、动物产品的集贸市场不具备国务院农业农村主管部门规定的防疫条件的；跨省、自治区、直辖市引进乳用、种用动物到达输入地后未按规定进行隔离观察的；未经检疫合格，向无规定动物疫病区输入动物、动物产品的；未经备案从事动物运输的；未按规定保存行程路线和托运人提供的动物名称、检疫证明编号、数量等相关信息的；未按规定处置或者随意弃置病死动物和病害动物产品的。

（8）动物饲养场和隔离场所、动物屠宰加工场所以及动物和动物产品无害化处理场所，生产经营条件发生变化，不再符合《中华人民共和国动物防疫法》规定的动物防疫条件继续从事相关活动的违法行为　动物饲养场和隔离场所、动物屠宰加工场所以及动物和动物产品无害化处理场所，生产经营条件发生变化，不再符合《中华人民共和国动物防疫法》规定的动物防疫条件继续从事相关活动的，由县级以上地方人民政府农业农村主管部门给予警告，责令限期改正；逾期仍达不到规定条件的，吊销动物防疫条件合格证，并通报市场监督管理部门依法处理。

（9）未附有检疫证明相关的违法行为　屠宰、经营、运输的动物未附有检疫证明，经营和运输的动物产品未附有检疫证明、检疫标志的，由县级以上地方人民政府农业农村主管部门责令改正，处同类检疫合格动物、动物产品货值金额一倍以下罚款；对货主以外的承运人处运输费用三倍以上五倍以下罚款，情节严重的，处五倍以上十倍以下罚款。违反规定的，用于科研、展示、演出和比赛等非食用性利用的动物未附有检疫证明的，由县级以上地方人民政府农业农村主管部门责令改正，处三千元以上一万元以下罚款。

（10）将禁止或者限制调运的动物、动物产品由动物疫病高风险区调入低风险区的违法行为　将禁止或者限制调运的动物、动物产品由动物疫病高风险区调入低风险区的，由县级以上地方人民政府农业农村主管部门没收运输费用、违法运输的动物和动物产品，并处运输费用一倍以上五倍以下罚款。

（11）通过道路跨省、自治区、直辖市运输动物，未经省、自治区、直辖市人民政府设立的指定通道入省境或者过省境的违法行为　通过道路跨省、自治区、直辖市运输动物，未经省、自治区、直辖市人民政府设立的指定通道入省境或者过省境的，由县级以上地方人民政府农业农村主管部门对运输人处五千元以上一万元以下罚款；情节严重的，处一万元以上五万元以下罚款。

（12）转让、伪造或者变造检疫证明、检疫标志或者畜禽标识的违法行为　转让、伪造或者变造检疫证明、检疫标志或者畜禽标识的，由县级以上地方人民政府农业农村主管部门没收违法所得，收缴检疫证明、检疫标志或者畜禽标识，并处五千元以上五万元以下罚款。持有、使用伪造或者变造的检疫证明、检疫标志或者畜禽标识的，由县级以上人民政府农业农村主管部门收缴检疫证明、检疫标志、畜禽标识和对应的动物、动物产品，并处三千元以上三万元以下罚款。

（13）不遵守有关规定控制和扑灭动物疫病、干扰有关动物和动物产品的处理以及非法发布动物疫情的违法行为　违反规定，有下列行为之一的，由县级以上地方人民政府农业农村主管部门责令改正，处三千元以上三万元以下罚款：不遵守县级以上人民政府及其农业农村主管部门依法作出的有关控制动物疫病规定的；藏匿、转移、盗掘已被依法隔离、封存、处理的动物和动物产品的；擅自发布动物疫情的。

（14）未取得动物诊疗许可证从事动物诊疗活动的违法行为　未取得动物诊疗许可证从事动物诊疗活动的，由县级以上地方人民政府农业农村主管部门责令停止诊疗活动，没收违法所得，并处违法所得一倍以上三倍以下罚款；违法所得不足三万元的，并处三千元以上三万元以下罚款。

（15）动物诊疗机构违反规定造成动物疫病扩散的违法行为 动物诊疗机构未按照规定实施卫生安全防护、消毒、隔离和处置诊疗废弃物的，由县级以上地方人民政府农业农村主管部门责令改正，处一千元以上一万元以下罚款；造成动物疫病扩散的，处一万元以上五万元以下罚款；情节严重的，由发证机关吊销动物诊疗许可证。

（16）执业兽医未经备案从事动物诊疗活动的违法行为 未经执业兽医备案从事经营性动物诊疗活动的，由县级以上地方人民政府农业农村主管部门责令停止动物诊疗活动，没收违法所得，并处三千元以上三万元以下罚款；对其所在动物诊疗机构处一万元以上五万元以下罚款。

执业兽医有下列行为之一的，由县级以上地方人民政府农业农村主管部门给予警告，责令暂停六个月以上一年以下动物诊疗活动；情节严重的，吊销执业兽医资格证书：违反有关动物诊疗的操作技术规范，造成或者可能造成动物疫病传播、流行的；使用不符合国家规定的兽药和兽医器械的；未按照当地人民政府或者农业农村主管部门要求参加动物疫病预防、控制和动物疫情扑灭活动的。

（17）生产经营兽医器械,产品质量不符合要求的违法行为 生产经营兽医器械，产品质量不符合要求的，由县级以上地方人民政府农业农村主管部门责令限期整改；情节严重的，责令停业整顿，并处二万元以上十万元以下罚款。

（18）从事动物疫病研究与诊疗和动物饲养、屠宰、经营、隔离、运输，以及动物产品生产、经营、加工、贮藏、无害化处理等活动的单位和个人的违法行为 从事动物疫病研究、诊疗和动物饲养、屠宰、经营、隔离、运输，以及动物产品生产、经营、加工、贮藏、无害化处理等活动的单位和个人，有下列行为之一的，由县级以上地方人民政府农业农村主管部门责令改正，可以处一万元以下罚款；拒不改正的，处一万元以上五万元以下罚款，并可以责令停业整顿：发现动物染疫、疑似染疫未报告，或者未采取隔离等控制措施的；不如实提供与动物防疫有关资料的；拒绝或者阻碍农业农村主管部门进行监督检查的；拒绝或者阻碍动物疫病预防控制机构进行动物疫病监测、检测、评估的；拒绝或者阻碍官方兽医依法履行职责的。

3. 刑事、民事法律责任

违反规定，构成犯罪的，依法追究刑事责任。违反规定，给他人人身、财产造成损害的，依法承担民事责任。

任务二　重大动物疫情应急条例

任务概况

本任务主要介绍了《重大动物疫情应急条例》概述及该条例中的重大动物疫情应急准备、监测、报告、公布、应急处理内容和违反《重大动物疫情应急条例》的法律责任。

必备知识

(一)《重大动物疫情应急条例》概述

1. 编制目的和指导方针

为了迅速控制、扑灭重大动物疫情，保障养殖业生产安全，保护公众身体健康与生命安全，维护正常的社会秩序而制定。

重大动物疫情应急工作应当坚持加强领导、密切配合，依靠科学、依法防治，群防群控、果断处置的方针，及时发现，快速反应，严格处理，减少损失。

2. 重大动物疫情应急工作的行政管理

（1）管理原则　重大动物疫情应急工作按照属地管理的原则，实行政府统一领导、部门分工负责，逐级建立责任制。

（2）各部门职责　县级以上人民政府兽医主管部门具体负责组织重大动物疫情的监测、调查、控制、扑灭等应急工作。县级以上人民政府林业主管部门、兽医主管部门按照职责分工，加强对陆生野生动物疫源疫病的监测。县级以上人民政府其他有关部门在各自的职责范围内，做好重大动物疫情的应急工作。

3. 重大动物疫情通报制度

出入境检验检疫机关应当及时收集境外重大动物疫情信息，加强进出境动物及其产品的检验检疫工作，防止动物疫病传入和传出。农业农村主管部门要及时向出入境检验检疫机关通报国内重大动物疫情。

4. 重大动物疫情科学研究和国际交流

国家鼓励、支持开展重大动物疫情监测、预防、应急处理等有关技术的科学研究和国际交流与合作。

5. 重大动物疫情应急工作的表彰和奖励

县级以上人民政府应当对参加重大动物疫情应急处理的人员给予适当补

助，对作出贡献的人员给予表彰和奖励。

6. 重大动物疫情应急工作的社会监督

对不履行或者不按照规定履行重大动物疫情应急处理职责的行为，任何单位和个人有权检举控告。

（二）重大动物疫情应急准备

1. 应急预案制度

重大动物疫情应急预案及其实施方案应当根据疫情的发展变化和实施情况，及时修改、完善。

（1）制定全国重大动物疫情应急预案及实施方案　国务院兽医主管部门应当制定全国重大动物疫情应急预案，报国务院批准，并按照不同动物疫病病种及其流行特点和危害程度，分别制定实施方案，报国务院备案。

（2）制定地方重大动物疫情应急预案及实施方案　县级以上地方人民政府根据本地区的实际情况，制定本行政区域的重大动物疫情应急预案，报上一级人民政府兽医主管部门备案。县级以上地方人民政府兽医主管部门，应当按照不同动物疫病病种及其流行特点和危害程度，分别制定实施方案。

2. 重大动物疫情应急预案的内容

重大动物疫情应急预案的内容包括应急指挥部的职责、组成以及成员单位的分工；重大动物疫情的监测、信息收集、报告和通报；动物疫病的确认、重大动物疫情的分级和相应的应急处理工作方案；重大动物疫情疫源的追踪和流行病学调查分析；预防、控制、扑灭重大动物疫情所需资金的来源、物资和技术的储备与调度；重大动物疫情应急处理设施和专业队伍建设。

3. 应急物资的储备

国务院有关部门和县级以上地方人民政府及其有关部门，应当根据重大动物疫情应急预案的要求，确保应急处理所需的疫苗、药品、设施设备和防护用品等物资的储备。

4. 动物疫情监测网络和预防控制体系

县级以上人民政府应当建立和完善重大动物疫情监测网络和预防控制体系，加强动物防疫基础设施和乡镇动物防疫组织建设，并保证其正常运行，提高对重大动物疫情的应急处理能力。

5. 应急预备队

（1）应急预备队的成立　县级以上地方人民政府根据重大动物疫情应急需要，可以成立应急预备队。

（2）应急预备队的任务　在重大动物疫情应急指挥部的指挥下，具体承担疫情的控制和扑灭任务。

（3）应急预备队的组成　应急预备队由当地兽医行政管理人员、动物防疫工作人员、有关专家、执业兽医等组成；必要时，可以组织动员社会上有一定专业知识的人员参加。公安机关、中国人民武装警察部队应当依法协助其执行任务。

（4）应急预备队的培训与演练　应急预备队应当定期进行技术培训和应急演练。

6. 重大动物疫情应急知识和重大动物疫病科普知识的宣传

县级以上人民政府及其兽医主管部门应当加强对重大动物疫情应急知识和重大动物疫病科普知识的宣传，增强全社会的重大动物疫情防范意识。

（三）重大动物疫情监测、报告和公布

1. 重大动物疫情的监测

动物防疫监督机构负责重大动物疫情的监测，饲养、经营动物和生产、经营动物产品的单位和个人应当配合，不得拒绝和阻碍。

2. 重大动物疫情的报告

（1）报告义务人　从事动物隔离、疫情监测、疫病研究与诊疗、检验检疫以及动物饲养、屠宰加工、运输、经营等活动的有关单位和个人。

（2）报告时机　发现动物出现群体发病或者死亡的，应当立即向所在地的县（市）动物防疫监督机构报告。

（3）接受报告的主体　疫情发生地的县（市）动物防疫监督机构。

（4）逐级报告制度

①县（市）动物防疫监督机构接到报告后，应当立即赶赴现场调查核实。初步认为属于重大动物疫情的，应当在 2h 内将情况逐级报省、自治区、直辖市动物防疫监督机构，并同时报所在地人民政府兽医主管部门；兽医主管部门应当及时通报同级卫生主管部门。

②省、自治区、直辖市动物防疫监督机构应当在接到报告后 1h 内，向省、自治区、直辖市人民政府兽医主管部门和国务院兽医主管部门所属的动物防疫监督机构报告。

③省、自治区、直辖市人民政府兽医主管部门应当在接到报告后 1h 内报本级人民政府和国务院兽医主管部门。

④重大动物疫情发生后，省、自治区、直辖市人民政府和国务院兽医主管部门应当在 4h 内向国务院报告。

（5）重大动物疫情报告的内容　疫情发生的时间、地点；染疫、疑似染疫动物种类和数量、同群动物数量、免疫情况、死亡数量、临床症状、病理变化、诊断情况；流行病学和疫源追踪情况；已采取的控制措施；疫情报告的单

位、负责人、报告人及联系方式。

(6) 重大动物疫情报告期间的隔离控制措施　在重大动物疫情报告期间，有关动物防疫监督机构应当立即采取临时隔离控制措施；必要时，当地县级以上地方人民政府可以作出封锁决定并采取扑杀、销毁等措施。有关单位和个人应当执行。

(7) 报告的禁止性规定　有关单位和个人对重大动物疫情不得瞒报、谎报、迟报，不得授意他人瞒报、谎报、迟报，不得阻碍他人报告。

3. 重大动物疫情的认定

重大动物疫情由省、自治区、直辖市人民政府兽医主管部门认定；必要时，由国务院兽医主管部门认定。

4. 重大动物疫情的公布

重大动物疫情由国务院兽医主管部门按照国家规定的程序，及时准确公布；其他任何单位和个人不得公布重大动物疫情。

5. 重大动物疫病病原的管理

重大动物疫病应当由动物防疫监督机构采集病料，未经国务院农业农村主管部门或者省、自治区、直辖市人民政府农业农村主管部门批准，其他单位和个人不得擅自采集病料。从事重大动物疫病病原分离的，应当遵守国家有关生物安全管理规定，防止病原扩散。

6. 重大动物疫情的通报

国务院兽医主管部门应当及时向国务院有关部门和军队有关部门以及各省、自治区、直辖市人民政府兽医主管部门通报重大动物疫情的发生和处理情况。

7. 发生重大动物疫情时卫生主管部门的职责

发生重大动物疫情可能感染人群时，卫生主管部门应当对疫区内易受感染的人群进行监测，并采取相应的预防、控制措施。卫生主管部门和兽医主管部门应当及时相互通报情况。

(四) 重大动物疫情应急处理

1. 重大动物疫情应急指挥部

(1) 设立重大动物疫情应急指挥部　重大动物疫情发生后，国务院和有关地方人民政府设立的重大动物疫情应急指挥部统一领导、指挥重大动物疫情应急工作。

(2) 重大动物疫情应急指挥部的权限　重大动物疫情应急指挥部根据应急处理需要，有权紧急调集人员、物资、运输工具以及相关设施、设备。单位和个人的物资、运输工具以及相关设施、设备被征集使用的，有关人民政府应当及时归还并给予合理补偿。重大动物疫情应急处理中设置临时动物检疫消毒站以及采取隔离、扑杀、销毁、消毒、紧急免疫接种等控制、扑灭措施的，由有关重大动物疫情应急指挥部决定，有关单位和个人必须服从；拒不服从的，由公安机关协助执行。

2. 重大动物疫情分级管理

国家对重大动物疫情应急处理实行分级管理，按照应急预案确定的疫情等级，由有关人民政府采取相应的应急控制措施。

3. 发生重大动物疫情时各相关部门的职责

（1）县级以上地方人民政府农业农村主管部门的职责　重大动物疫情发生地的人民政府和毗邻地区的人民政府应当通力合作，相互配合，做好重大动物疫情的控制、扑灭工作。

①疫情发生时的职责：重大动物疫情发生后，县级以上地方人民政府兽医主管部门应当立即划定疫点、疫区和受威胁区，调查疫源，向本级人民政府提出启动重大动物疫情应急指挥系统、应急预案和对疫区实行封锁的建议，有关人民政府应当立即作出决定。划分范围应当按照不同动物疫病病种及其流行特点和危害程度划定，具体标准由国务院兽医主管部门制定。

②疫情应急处理中的职责：重大动物疫情发生后，县级以上人民政府兽医主管部门应当及时提出疫点、疫区、受威胁区的处理方案，加强疫情监测、流行病学调查、疫源追踪工作，对染疫和疑似染疫动物及其同群动物和其他易感染动物的扑杀、销毁进行技术指导，并组织实施检验检疫、消毒、无害化处理和紧急免疫接种。

（2）县级以上人民政府有关部门的职责　重大动物疫情应急处理中，县级以上人民政府有关部门应当在各自的职责范围内，做好重大动物疫情应急所需的物资紧急调度和运输、应急经费安排、疫区群众救济、人的疫病防治、肉食品供应、动物及其产品市场监管、出入境检验检疫和社会治安维护等工作。

（3）军队的职责　中国人民解放军、中国人民武装警察部队应当支持配合驻地人民政府做好重大动物疫情的应急工作。

（4）乡镇人民政府、村民委员会、居民委员会的职责　重大动物疫情应急处理中，乡镇人民政府、村民委员会、居民委员会应当组织力量，向村民、居民宣传动物疫病防治的相关知识，协助做好疫情信息的收集、报告和各项应急处理措施的落实工作。

4. 应急处理措施

（1）对疫点采取的措施　扑杀并销毁染疫动物和易感染的动物及其产品；对病死的动物、动物排泄物、被污染饲料、垫料、污水进行无害化处理；对被污染的物品、用具、动物圈舍、场地进行严格消毒。

（2）对疫区采取的措施　在疫区周围设置警示标志，在出入疫区的交通路口设置临时动物检疫消毒站，对出入的人员和车辆进行消毒；扑杀并销毁染疫和疑似染疫动物及其同群动物，销毁染疫和疑似染疫的动物产品，对其他易感染的动物实行圈养或者在指定地点放养，役用动物限制在疫区内使役；对易感染的动物进行监测，并按照国务院兽医主管部门的规定实施紧急免疫接种，必要时对易感染的动物进行扑杀；关闭动物及动物产品交易市场，禁止动物进出疫区和动物产品运出疫区；对动物圈舍、动物排泄物、垫料、污水和其他可能受污染的物品、场地，进行消毒或者无害化处理。

（3）对受威胁区采取的措施　对易感染的动物进行监测；对易感染的动物根据需要实施紧急免疫接种。

（4）人员防护和技术指导　有关人民政府及其有关部门对参加重大动物疫情应急处理的人员，应当采取必要的卫生防护和技术指导等措施。

5. 应急工作的终止

自疫区内最后一头（只）发病动物及其同群动物处理完毕起，经过一个潜伏期以上的监测，未出现新的病例的，彻底消毒后，经上一级动物防疫监督机构验收合格，由原发布封锁令的人民政府宣布解除封锁，撤销疫区；由原批准机关撤销在该疫区设立的临时动物检疫消毒站。

6. 补偿和经费保障

国家对疫区、受威胁区内易感染的动物免费实施紧急免疫接种；对因采取扑杀、销毁等措施给当事人造成的已经证实的损失，给予合理补偿。紧急免疫接种和补偿所需费用，由中央财政和地方财政分担。县级以上人民政府应当将重大动物疫情确认、疫区封锁、扑杀及其补偿、消毒、无害化处理、疫源追踪、疫情监测以及应急物资储备等应急经费列入本级财政预算。

（五）违反《重大动物疫情应急条例》的法律责任

1. 行政主管部门的违法责任

（1）农业农村主管部门及其所属的动物防疫监督机构的违法责任　违反规定的，兽医主管部门及其所属的动物防疫监督机构有下列行为之一的，由本级人民政府或者上级人民政府有关部门责令立即改正、通报批评、给予警告；对主要负责人、负有责任的主管人员和其他责任人员，依法给予记大过、降级、撤职直至开除的行政处分；构成犯罪的，依法追究刑事责任：不履行疫情报告职责，瞒报、谎报、迟报或者授意他人瞒报、谎报、迟报，阻碍他人报告重大动物疫情的；在重大动物疫情报告期间，不采取临时隔离控制措施，导致动物疫情扩散的；不及时划定疫点、疫区和受威胁区，不及时向本级人民政府提出应急处理建议，或者不按照规定对疫点、疫区和受威胁区采取预防、控制、扑灭措施的；不向本级人民政府提出启动应急指挥系统、应急预案和对疫区的封锁建议的；对动物扑杀、销毁不进行技术指导或者指导不力，或者不组织实施检验检疫、消毒、无害化处理和紧急免疫接种的；其他不履行《重大动物疫情应急条例》规定的职责，导致动物疫病传播、流行，或者对养殖业生产安全和公众身体健康与生命安全造成严重危害的。

（2）县级以上人民政府有关部门的违法责任　违反规定的，县级以上人民政府有关部门不履行应急处理职责，不执行对疫点、疫区和受威胁区采取的措施，或者对上级人民政府有关部门的疫情调查不予配合或者阻碍、拒绝的，由本级人民政府或者上级人民政府有关部门责令立即改正、通报批评、给予警告；对主要负责人、负有责任的主管人员和其他责任人员，依法给予记大过、降级、撤职直至开除的行政处分；构成犯罪的，依法追究刑事责任。

（3）有关地方人民政府的违法责任　违反规定的，有关地方人民政府阻碍报告重大动物疫情，不履行应急处理职责，不按照规定对疫点、疫区和受威胁区采取预防、控制、扑灭措施，或者对上级人民政府有关部门的疫情调查不予配合或者阻碍、拒绝的，由上级人民政府责令立即改正、通报批评、给予警告；对政府主要领导人依法给予记大过、降级、撤职直至开除的行政处分；构成犯罪的，依法追究刑事责任。

（4）截留、挪用重大动物疫情应急经费，或者侵占、挪用应急储备物资的违法责任　各行政管理部门截留、挪用重大动物疫情应急经费，或者侵占、挪用应急储备物资的，按照《财政违法行为处罚处分条例》的规定处理；构成犯罪的，依法追究刑事责任。

2. 行政相对人的违法责任

（1）拒绝、阻碍动物疫情监测或不报告动物疫情的违法责任　违反规定的，拒绝、阻碍动物防疫监督机构进行重大动物疫情监测，或者发现动物出现群体发病或者死亡，不向当地动物防疫监督机构报告的，由动物防疫监督机构给予警告，并处2000元以上5000元以下的罚款；构成犯罪的，依法追究刑事责任。

（2）擅自采集重大动物疫病病料或分离重大动物疫病病原的违法责任　违反规定的，不符合相应条件采集重大动物疫病病料或在重大动物疫病病原分离时不遵守国家有关生物安全管理规定的，由动物防疫监督机构给予警告，并处5000元以下的罚款；构成犯罪的，依法追究刑事责任。

（3）重大动物疫情发生期间破坏社会秩序和市场秩序的违法责任　在重大动物疫情发生期间，哄抬物价、欺骗消费者，散布谣言、扰乱社会秩序和市场秩序的，由市场监督管理部门或者公安机关依法给予行政处罚；构成犯罪的，依法追究刑事责任。

任务三　国家突发重大动物疫情应急预案

任务概况

本任务主要介绍了《国家突发重大动物疫情应急预案》概述，国家突发重大动物疫情应急组织体系及职责，国家突发重大动物疫情监测、预警与报告，国家突发重大动物疫情应急响应和终止，国家突发重大动物疫情善后处理，突发重大动物疫情应急处置保障和各类具体工作预案制定。

必备知识

（一）《国家突发重大动物疫情应急预案》概述

1. 编制目的

编制目的在于及时、有效地预防、控制和扑灭突发重大动物疫情，最大程度地减轻突发重大动物疫情对畜牧业及公众健康造成的危害，保持经济持续稳定健康发展，保障人民身体健康安全。根据《中华人民共和国动物防疫法》、《中华人民共和国进出境动植物检疫法》和《国家突发公共事件总体应急预案》制定。

2. 突发重大动物疫情分级

根据突发重大动物疫情的性质、危害程度、涉及范围，将突发重大动物疫情划分为特别重大（Ⅰ级）、重大（Ⅱ级）、较大（Ⅲ级）和一般（Ⅳ级）四级。

3. 适用范围

适用于突然发生，造成或者可能造成畜牧业生产严重损失和社会公众健康严重损害的重大动物疫情的应急处理工作。

4. 相关定义与说明

（1）重大动物疫情　重大动物疫情指陆生、水生动物突然发生重大疫病，且迅速传播，导致动物发病率或者死亡率高，给养殖业生产安全造成严重危害，或者可能对人民身体健康与生命安全造成危害的，具有重要经济社会影响和公共卫生意义。

（2）我国尚未发现的动物疫病　我国尚未发现的动物疫病指疯牛病、非洲马瘟等在其他国家和地区已经发现，在我国尚未发生过的动物疫病。

（3）我国已消灭的动物疫病　我国已消灭的动物疫病指牛瘟、牛肺疫等在我国曾发生过，但已扑灭净化的动物疫病。

（4）暴发　暴发指一定区域，短时间内发生波及范围广泛、出现大量患病动物或死亡病例，其发病率远远超过常年的发病水平。

（5）疫点　患病动物所在的地点划定为疫点，疫点一般是指患病动物所在的养殖场（户）或其他有关屠宰、经营单位。

（6）疫区　以疫点为中心的一定范围内的区域划定为疫区，疫区划分时注意考虑当地的饲养环境、天然屏障（如河流、山脉）和交通等因素。

（7）受威胁区　疫区外一定范围内的区域划定为受威胁区。

5. 工作原则

（1）统一领导,分级管理　各级人民政府统一领导和指挥突发重大动物疫情应急处理工作；疫情应急处理工作实行属地管理；地方各级人民政府负责扑灭本行政区域内的突发重大动物疫情，各有关部门按照预案规定，在各自的职责范围内做好疫情应急处理的有关工作。根据突发重大动物疫情的范围、性质和危害程度，对突发重大动物疫情实行分级管理。

（2）快速反应,高效运转　各级人民政府和兽医行政管理部门要依照有关法律、法规，建立和完善突发重大动物疫情应急体系、应急反应机制和应急处置制度，提高突发重大动物疫情应急处理能力；发生突发重大动物疫情时，各级人民政府要迅速作出反应，采取果断措施，及时控制和扑灭突发重大动物疫情。

（3）预防为主,群防群控　贯彻预防为主的方针，加强防疫知识的宣传，提高全社会防范突发重大动物疫情的意识；落实各项防范措施，做好人员、技术、物资和设备的应急储备工作，并根据需要定期开展技术培训和应急演练；开展疫情监测和预警预报，对各类可能引发突发重大动物疫情的情况要及时分析、预警，做到疫情早发现、快行动、严处理。突发重大动物疫情应急处理工作要依靠群众，全民防疫，动员一切资源，做到群防群控。

6. 预案管理与更新

预案要定期评审，并根据突发重大动物疫情的形势变化和实施中发现的问题及时进行修订。

（二）国家突发重大动物疫情应急组织体系及职责

1. 应急指挥机构

农业农村部在国务院统一领导下，负责组织、协调全国突发重大动物疫情应急处理工作。县级以上地方人民政府兽医行政管理部门在本级人民政府统一领导下，负责组织、协调本行政区域内突发重大动物疫情应急处理工作。国务院和县级以上地方人民政府根据本级人民政府兽医行政管理部门的建议和实际工作需要，决定是否成立全国和地方应急指挥部。

（1）全国突发重大动物疫情应急指挥部的职责　国务院主管领导担任全国

突发重大动物疫情应急指挥部总指挥，国务院办公厅负责同志、农业农村部部长担任副总指挥，全国突发重大动物疫情应急指挥部负责对特别重大突发动物疫情应急处理的统一领导、统一指挥，作出处理突发重大动物疫情的重大决策。指挥部成员单位根据突发重大动物疫情的性质和应急处理的需要确定。指挥部下设办公室，设在农业农村部。负责按照指挥部要求，具体制定防治政策，部署扑灭重大动物疫情工作，并督促各地各有关部门按要求落实各项防治措施。

(2) 省级突发重大动物疫情应急指挥部的职责　省级突发重大动物疫情应急指挥部由省级人民政府有关部门组成，省级人民政府主管领导担任总指挥。省级突发重大动物疫情应急指挥部统一负责对本行政区域内突发重大动物疫情应急处理的指挥，作出处理本行政区域内突发重大动物疫情的决策，决定要采取的措施。

2. 日常管理机构

农业农村部负责全国突发重大动物疫情应急处理的日常管理工作。省级人民政府兽医行政管理部门负责本行政区域内突发重大动物疫情应急的协调、管理工作。市（地）级、县级人民政府兽医行政管理部门负责本行政区域内突发重大动物疫情应急处置的日常管理工作。

3. 专家委员会

农业农村部和省级人民政府兽医行政管理部门组建突发重大动物疫情专家委员会。市（地）级和县级人民政府兽医行政管理部门可根据需要，组建突发重大动物疫情应急处理专家委员会。

4. 应急处理机构

(1) 动物防疫监督机构　动物防疫监督机构主要负责突发重大动物疫情报告，现场流行病学调查，开展现场临床诊断和实验室检测，加强疫病监测，对封锁、隔离、紧急免疫、扑杀、无害化处理、消毒等措施的实施进行指导、落实和监督。

(2) 出入境检验检疫机构　出入境检验检疫机构负责加强对出入境动物及动物产品的检验检疫、疫情报告、消毒处理、流行病学调查和宣传教育等。

（三）国家突发重大动物疫情监测、预警与报告

1. 监测

国家建立突发重大动物疫情监测、报告网络体系。农业农村部和地方各级人民政府兽医行政管理部门要加强对监测工作的管理和监督，保证监测质量。

2. 预警

各级人民政府兽医行政管理部门根据动物防疫监督机构提供的监测信息，

按照重大动物疫情的发生、发展规律和特点，分析其危害程度、可能的发展趋势，及时做出相应级别的预警，依次用红色、橙色、黄色和蓝色表示特别严重、严重、较重和一般四个预警级别。

3. 报告

任何单位和个人有权向各级人民政府及其有关部门报告突发重大动物疫情及其隐患，有权向上级政府部门举报不履行或者不按照规定履行突发重大动物疫情应急处理职责的部门、单位及个人。

（1）责任报告单位和责任报告人

①责任报告单位：责任报告单位包括县级以上地方人民政府所属动物防疫监督机构；各动物疫病国家参考实验室和相关科研院校；出入境检验检疫机构；兽医行政管理部门；县级以上地方人民政府；有关动物饲养、经营和动物产品生产、经营的单位，各类动物诊疗机构等相关单位。

②责任报告人：责任报告人包括执行职务的各级动物防疫监督机构、出入境检验检疫机构的兽医人员；各类动物诊疗机构的兽医；饲养、经营动物和生产、经营动物产品的人员。

（2）报告形式　各级动物防疫监督机构应按国家有关规定报告疫情；其他责任报告单位和个人以电话或书面形式报告。

（3）报告时限和程序　发现可疑动物疫情时，必须立即向当地县（市）动物防疫监督机构报告。县（市）动物防疫监督机构接到报告后，应当立即赶赴现场诊断，必要时可请省级动物防疫监督机构派人协助进行诊断，认定为疑似重大动物疫情的，应当在2h内将疫情逐级报至省级动物防疫监督机构，并同时报所在地人民政府兽医行政管理部门。省级动物防疫监督机构应当在接到报告后1h内，向省级兽医行政管理部门和农业农村部报告。省级兽医行政管理部门应当在接到报告后的1h内报省级人民政府。特别重大、重大动物疫情发生后，省级人民政府、农业农村部应当在4h内向国务院报告。认定为疑似重大动物疫情的应立即按要求采集病料样品送省级动物防疫监督机构实验室确诊，省级动物防疫监督机构不能确诊的，送国家参考实验室确诊。确诊结果应立即报农业农村部，并抄送省级兽医行政管理部门。

（4）报告内容　疫情发生的时间、地点、发病的动物种类和品种、动物来源、临床症状、发病数量、死亡数量、是否有人员感染、已采取的控制措施、疫情报告的单位和个人、联系方式等。

（四）国家突发重大动物疫情应急响应和终止

1. 应急响应的原则

发生突发重大动物疫情时，事发地的县级、市（地）级、省级人民政府及其有关部门按照分级响应的原则作出应急响应。同时，要遵循突发重大动物疫情发生发展的客观规律，结合实际情况和预防控制工作的需要，及时调整预警和响应级别。要根据不同动物疫病的性质和特点，注重分析疫情的发展趋势，对势态和影响不断扩大的疫情，应及时升级预警和响应级别；对范围局限、不会进一步扩散的疫情，应相应降低响应级别，及时撤销预警。

突发重大动物疫情应急处理要采取边调查、边处理、边核实的方式，有效控制疫情发展。

未发生突发重大动物疫情的地方，当地人民政府兽医行政管理部门接到疫情通报后，要组织做好人员、物资等应急准备工作，采取必要的预防控制措施，防止突发重大动物疫情在本行政区域内发生，并服从上一级人民政府兽医行政管理部门的统一指挥，支援突发重大动物疫情发生地的应急处理工作。

2. 应急响应

(1) 特别重大突发动物疫情（Ⅰ级）的应急响应

确认特别重大突发动物疫情后，按程序启动《国家突发重大动物疫情应急预案》。

①县级以上地方各级人民政府：组织协调有关部门参与突发重大动物疫情的处理；根据突发重大动物疫情处理需要，调集本行政区域内各类人员、物资、交通工具和相关设施、设备参加应急处理工作；发布封锁令，对疫区实施封锁；在本行政区域内采取限制或者停止动物及动物产品交易、扑杀染疫或相关动物，临时征用房屋、场所、交通工具，封闭被动物疫病病原体污染的公共饮用水源等紧急措施；组织铁路、交通、民航、质检等部门依法在交通站点设置临时动物防疫监督检查站，对进出疫区、出入境的交通工具进行检查和消毒；按国家规定做好信息发布工作；组织乡镇、街道、社区以及居委会、村委会，开展群防群控；组织有关部门保障商品供应，平抑物价，严厉打击造谣传谣、制假售假等违法犯罪和扰乱社会治安的行为，维护社会稳定。必要时，可请求中央予以支持，保证应急处理工作顺利进行。

②兽医行政管理部门：组织动物防疫监督机构开展突发重大动物疫情的调查与处理；划定疫点、疫区、受威胁区；组织突发重大动物疫情专家委员会对突发重大动物疫情进行评估，提出启动突发重大动物疫情应急响应的级别；根据需要组织开展紧急免疫和预防用药；县级以上人民政府兽医行政管理部门负责对本行政区域内应急处理工作的督导和检查；对新发现的动物疫病，及时按照国家规定，开展有关技术标准和规范的培训工作；有针对性地开展动物防疫知识宣教，提高群众防控意识和自我防护能力；组织专家对突发重大动物疫情的处理情况进行综合评估。

③动物防疫监督机构：县级以上动物防疫监督机构做好突发重大动物疫情

的信息收集、报告与分析工作；组织疫病诊断和流行病学调查；按规定采集病料，送省级实验室或国家参考实验室确诊；承担突发重大动物疫情应急处理人员的技术培训。

④出入境检验检疫机构：境外发生重大动物疫情时，会同有关部门停止从疫区国家或地区输入相关动物及其产品，加强对来自疫区运输工具的检疫和防疫消毒，参与打击非法走私入境动物或动物产品等违法活动；境内发生重大动物疫情时，加强出口货物的查验，会同有关部门停止疫区和受威胁区的相关动物及其产品的出口；暂停使用位于疫区内的依法设立的出入境相关动物临时隔离检疫场；出入境检验检疫工作中发现重大动物疫情或者疑似重大动物疫情时，立即向当地兽医行政管理部门报告，并协助当地动物防疫监督机构做好疫情控制和扑灭工作。

（2）重大突发动物疫情（Ⅱ级）的应急响应

确认重大突发动物疫情后，按程序启动省级疫情应急响应机制。

①省级人民政府：省级人民政府根据省级人民政府兽医行政管理部门的建议，启动应急预案，统一领导和指挥本行政区域内突发重大动物疫情应急处理工作。组织有关部门和人员扑灭疫情；紧急调集各种应急处理物资、交通工具和相关设施设备；发布或督导发布封锁令，对疫区实施封锁；依法设置临时动物防疫监督检查站查堵疫源；限制或停止动物及动物产品交易、扑杀染疫或相关动物；封锁被动物疫源污染的公共饮用水源等；按国家规定做好信息发布工作；组织乡镇、街道、社区及居委会、村委会，开展群防群控；组织有关部门保障商品供应，平抑物价，维护社会稳定。必要时，可请求中央予以支持，保证应急处理工作顺利进行。

②省级人民政府兽医行政管理部门：重大突发动物疫情确认后，向农业农村部报告疫情。必要时，提出省级人民政府启动应急预案的建议。同时，迅速组织有关单位开展疫情应急处置工作。组织开展突发重大动物疫情的调查与处理；划定疫点、疫区、受威胁区；组织对突发重大动物疫情应急处理的评估；负责对本行政区域内应急处理工作的督导和检查；开展有关技术培训工作；有针对性地开展动物防疫知识宣教，提高群众防控意识和自我防护能力。

③省级以下地方人民政府：疫情发生地人民政府及有关部门在省级人民政府或省级突发重大动物疫情应急指挥部的统一指挥下，按照要求认真履行职责，落实有关控制措施。具体组织实施突发重大动物疫情应急处理工作。

④农业农村部：加强对省级兽医行政管理部门应急处理突发重大动物疫情工作的督导，根据需要组织有关专家协助疫情应急处置；并及时向有关省份通报情况。必要时，建议国务院协调有关部门给予必要的技术和物资支持。

（3）较大突发动物疫情（Ⅲ级）的应急响应

①市（地）级人民政府：市（地）级人民政府根据本级人民政府兽医行政管理部门的建议，启动应急预案，采取相应的综合应急措施。必要时，可向上级人民政府申请资金、物资和技术援助。

②市（地）级人民政府兽医行政管理部门：对较大突发动物疫情进行确认，并按照规定向当地人民政府、省级兽医行政管理部门和农业农村部报告调查处理情况。

③省级人民政府兽医行政管理部门：省级兽医行政管理部门要加强对疫情发生地疫情应急处理工作的督导，及时组织专家对地方疫情应急处理工作提供技术指导和支持，并向本省有关地区发出通报，及时采取预防控制措施，防止疫情扩散蔓延。

（4）一般突发动物疫情（Ⅳ级）的应急响应

县级地方人民政府根据本级人民政府兽医行政管理部门的建议，启动应急预案，组织有关部门开展疫情应急处置工作。县级人民政府兽医行政管理部门对一般突发重大动物疫情进行确认，并按照规定向本级人民政府和上一级兽医行政管理部门报告。市（地）级人民政府兽医行政管理部门应组织专家对疫情应急处理进行技术指导。省级人民政府兽医行政管理部门应根据需要提供技术支持。

（5）非突发重大动物疫情发生地区的应急响应

应根据发生疫情地区的疫情性质、特点、发生区域和发展趋势，分析本地区受波及的可能性和程度，重点做好以下工作：密切保持与疫情发生地的联系，及时获取相关信息；组织做好本区域应急处理所需的人员与物资准备；开展对养殖、运输、屠宰和市场环节的动物疫情监测和防控工作，防止疫病的发生、传入和扩散；开展动物防疫知识宣传，提高公众防护能力和意识；按规定做好公路、铁路、航空、水运交通的检疫监督工作。

3. 应急处理人员的安全防护

要确保参与疫情应急处理人员的安全。针对不同的重大动物疫病，特别是一些重大人兽共患病，应急处理人员还应采取特殊的防护措施。

4. 国家突发重大动物疫情应急响应的终止

（1）应急响应终止的条件

突发重大动物疫情应急响应的终止需符合以下条件：疫区内所有的动物及其产品按规定处理后，经过该疫病的至少一个最长潜伏期无新的病例出现。

（2）应急响应终止的程序

①特别重大突发动物疫情：特别重大突发动物疫情由农业农村部对疫情控制情况进行评估，提出终止应急措施的建议，按程序报批宣布。

②重大突发动物疫情：重大突发动物疫情由省级人民政府兽医行政管理部门对疫情控制情况进行评估，提出终止应急措施的建议，按程序报批宣布，并向农业农村部报告。

③较大突发动物疫情：较大突发动物疫情由市（地）级人民政府兽医行政管理部门对疫情控制情况进行评估，提出终止应急措施的建议，按程序报批宣布，并向省级人民政府兽医行政管理部门报告。

④一般突发动物疫情：一般突发动物疫情，由县级人民政府兽医行政管理部门对疫情控制情况进行评估，提出终止应急措施的建议，按程序报批宣布，并向上一级和省级人民政府兽医行政管理部门报告。

上级人民政府兽医行政管理部门及时组织专家对突发重大动物疫情应急措施终止的评估提供技术指导和支持。

（五）国家突发重大动物疫情善后处理

（1）突发重大动物疫情扑灭后，各级兽医行政管理部门应在本级政府的领导下，组织有关人员对突发重大动物疫情的处理情况进行评估，提出改进建议和应对措施。

（2）县级以上人民政府对参加突发重大动物疫情应急处理作出贡献的先进集体和个人，进行表彰；对在突发重大动物疫情应急处理工作中英勇献身的人员，按有关规定追认为烈士。

（3）对在突发重大动物疫情的预防、报告、调查、控制和处理过程中，有玩忽职守、失职、渎职等违纪违法行为的，依据有关法律法规追究当事人的责任。

（4）按照各种重大动物疫病灾害补偿的规定，确定数额等级标准，按程序进行补偿。

（5）地方各级人民政府要组织有关部门对因参与应急处理工作致病、致残、死亡的人员，按照国家有关规定，给予相应的补助和抚恤。

（6）突发重大动物疫情扑灭后，取消贸易限制及流通控制等限制性措施。根据各种重大动物疫病的特点，对疫点和疫区进行持续监测，符合要求的，方可重新引进动物，恢复畜牧业生产。

（7）发生重大动物疫情后，国务院民政部门应按《中华人民共和国公益事业捐赠法》和《救灾救济捐赠管理暂行办法》及国家有关政策规定，做好社会各界向疫区提供的救援物资及资金的接收，分配和使用工作。

（六）突发重大动物疫情应急处置保障

突发重大动物疫情发生后，县级以上地方人民政府应积极协调有关部门，做好突发重大动物疫情处理的应急保障工作。

1. 通信与信息保障

县级以上指挥部应将车载电台、对讲机等通信设备纳入紧急防疫物资储备范畴，按照规定做好储备保养工作。根据国家有关法规对紧急情况下的电话、电报、传真、通信频率等予以优先待遇。

2. 应急资源与装备保障

应急资源与装备保障包括应急队伍、交通运输、医疗卫生、治安、物资和经费保障。

3. 技术储备与保障

建立重大动物疫病防治专家委员会，负责疫病防控策略和方法的咨询，参与防控技术方案的策划、制定和执行。设置重大动物疫病的国家参考实验室，开展动物疫病诊断技术、防治药物、疫苗等的研究，作好技术和相关储备工作。

4. 培训和演习

各级兽医行政管理部门要对重大动物疫情处理预备队成员进行系统培训。在没有发生突发重大动物疫情状态下，农业农村部每年要有计划地选择部分地区举行演练，确保预备队扑灭疫情的应急能力。地方政府可根据资金和实际需要的情况，组织训练。

5. 社会公众的宣传教育

县级以上地方人民政府应组织有关部门利用广播、影视、报刊、互联网、手册等多种形式对社会公众广泛开展突发重大动物疫情应急知识的普及教育，宣传动物防疫科普知识，指导群众以科学的行为和方式对待突发重大动物疫情。要充分发挥有关社会团体在普及动物防疫应急知识、科普知识方面的作用。

（七）各类具体工作预案制定

农业农村部应制定各种不同重大动物疫病应急预案，并根据形势发展要求，及时进行修订。国务院有关部门根据《国家突发重大动物疫情应急预案》的规定，制定本部门职责范围内的具体工作方案。县级以上地方人民政府根据有关规定，结合本地区实际情况，组织制定本地区突发重大动物疫情应急预案。

任务四　畜禽标识和养殖档案管理办法

任务概况

本任务主要介绍了《畜禽标识和养殖档案管理办法》概述及本办法中的畜禽标识管理、养殖档案管理、信息管理和监督管理。

必备知识

（一）《畜禽标识和养殖档案管理办法》概述

1. 编制目的和适用范围

目的在于规范畜牧业生产经营行为，加强畜禽标识和养殖档案管理，建立畜禽及畜禽产品可追溯制度，有效防控重大动物疫病，保障畜禽产品质量安全。适用于在中华人民共和国境内畜禽及畜禽产品生产、经营、运输等活动。猪、牛、羊以外其他畜禽标识实施时间和具体措施由农业农村部另行规定。

2. 畜禽标识

畜禽标识指经农业农村部批准使用的耳标、电子标签、脚环以及其他承载畜禽信息的标识物。

3. 畜禽标识和养殖档案管理工作的行政管理

农业农村部负责全国畜禽标识和养殖档案的监督管理工作。县级以上地方人民政府畜牧兽医行政主管部门负责本行政区域内畜禽标识和养殖档案的监督管理工作。畜禽标识所需费用列入省级人民政府财政预算。

4. 原则

畜禽标识制度应遵循统一规划、分类指导、分步实施、稳步推进的原则。

（二）畜禽标识管理

1. 畜禽标识制度

畜禽标识实行一畜一标，编码应当具有唯一性。省级人民政府畜牧兽医行政主管部门应当建立畜禽标识及所需配套设备的采购、保管、发放、使用、登记、回收、销毁等制度。

2. 畜禽标识编码的组成

畜禽标识编码由畜禽种类代码、县级行政区域代码、标识顺序号共 15 位数字及专用条码组成。

猪、牛、羊的畜禽种类代码分别为 1、2、3。编码形式为×（种类代码）-××××××（县级行政区域代码）-××××××××（标识顺序号）。

3. 畜禽标识的技术规范

农业农村部制定并公布畜禽标识技术规范，生产企业生产的畜禽标识应当符合该规范规定。省级动物疫病预防控制机构统一采购畜禽标识，逐级供应。

4. 畜禽标识的申领与佩带

畜禽养殖者应当向当地县级动物疫病预防控制机构申领畜禽标识，并按照下列规定对畜禽加施畜禽标识。

（1）新出生畜禽，在出生后 30d 内加施畜禽标识；30d 内离开饲养地的，在离开饲养地前加施畜禽标识；从国外引进畜禽，在畜禽到达目的地 10d 内加施畜禽标识。

（2）猪、牛、羊在左耳中部加施畜禽标识，需要再次加施畜禽标识的，在右耳中部加施。

5. 畜禽标识的管理

畜禽标识生产企业不得向省级动物疫病预防控制机构以外的单位和个人提供畜禽标识。畜禽标识严重磨损、破损、脱落后，应当及时加施新的标识，并在养殖档案中记录新标识编码。畜禽标识不得重复使用。

6. 动物检疫时畜禽标识的查验、登记和回收

动物卫生监督机构实施产地检疫时，应当查验畜禽标识。没有加施畜禽标识的，不得出具检疫合格证明。动物卫生监督机构应当在畜禽屠宰前，查验、登记畜禽标识。畜禽屠宰经营者应当在畜禽屠宰时回收畜禽标识，由动物卫生监督机构保存、销毁。畜禽经屠宰检疫合格后，动物卫生监督机构应当在畜禽产品检疫标志中注明畜禽标识编码。

（三）养殖档案管理

1. 畜禽养殖场建立养殖档案的内容

养殖档案包括畜禽的品种、数量、繁殖记录、标识情况、来源和进出场日期；饲料、饲料添加剂等投入品和兽药的来源、名称、使用对象、时间和用量等有关情况；检疫、免疫、监测、消毒情况；畜禽发病、诊疗、死亡和无害化处理情况；畜禽养殖代码；农业农村部规定的其他内容。

2. 动物疫病预防控制机构建立畜禽防疫档案的内容

（1）畜禽养殖场　名称、地址、畜禽种类、数量、免疫日期、疫苗名称、畜禽养殖代码、畜禽标识顺序号、免疫人员以及用药记录等。

（2）畜禽散养户　户主姓名、地址、畜禽种类、数量、免疫日期、疫苗名称、畜禽标识顺序号、免疫人员以及用药记录等。

3. 畜禽养殖代码的申领

畜禽养殖场、养殖小区应当依法向所在地县级人民政府畜牧兽医行政主管部门备案，取得畜禽养殖代码。畜禽养殖代码由县级人民政府畜牧兽医行政主管部门按照备案顺序统一编号，每个畜禽养殖场、养殖小区只有一个畜禽养殖代码。畜禽养殖代码由 6 位县级行政区域代码和 4 位顺序号组成，作为养殖档案编号。

4. 种畜个体养殖档案的建立

饲养种畜应当建立个体养殖档案，注明标识编码、性别、出生日期、父系

和母系品种类型、母本的标识编码等信息。种畜调运时应当在个体养殖档案上注明调出和调入地，个体养殖档案应当随同调运。

5. 养殖档案和防疫档案保存的时限

保存时间：商品猪、禽为2年，牛为20年，羊为10年，种畜禽长期保存。

6. 养殖档案和防疫档案更新报告制度

从事畜禽经营的销售者和购买者应当向所在地县级动物疫病预防控制机构报告更新防疫档案相关内容。销售者或购买者属于养殖场的，应及时在畜禽养殖档案中登记畜禽标识编码及相关信息变化情况。

7. 养殖档案的格式

畜禽养殖场养殖档案及种畜个体养殖档案格式由农业农村部统一制定。

（四）信息管理

1. 畜禽标识、养殖档案的信息化管理和可追溯制度

国家实施畜禽标识及养殖档案信息化管理，实现畜禽及畜禽产品可追溯。

2. 畜禽标识信息管理系统的建立

农业农村部建立包括国家畜禽标识信息中央数据库在内的国家畜禽标识信息管理系统。省级人民政府畜牧兽医行政主管部门建立本行政区域畜禽标识信息数据库，并成为国家畜禽标识信息中央数据库的子数据库。县级以上人民政府畜牧兽医行政主管部门根据数据采集要求，组织畜禽养殖相关信息的录入、上传和更新工作。

（五）监督管理

1. 畜禽标识的监督管理

县级以上地方人民政府畜牧兽医行政主管部门所属动物卫生监督机构具体承担本行政区域内畜禽标识的监督管理工作。

2. 畜禽、畜禽产品的可追溯性

（1）可追溯情形　有下列情形之一的，应当对畜禽、畜禽产品实施追溯：标识与畜禽、畜禽产品不符；畜禽、畜禽产品染疫；畜禽、畜禽产品没有检疫证明；违规使用兽药及其他有毒、有害物质；发生重大动物卫生安全事件；其他应当实施追溯的情形。

（2）可追溯管理　畜禽标识和养殖档案记载的信息应当连续、完整、真实。县级以上人民政府畜牧兽医行政主管部门应当根据畜禽标识、养殖档案等信息对畜禽及畜禽产品实施追溯和处理。国外引进的畜禽在国内发生重大动物疫情，由农业农村部会同有关部门进行追溯。

3. 无畜禽标识的禁止性活动

任何单位和个人不得销售、收购、运输、屠宰应当加施标识而没有标识的畜禽。

任务思考

（1）简述《中华人民共和国动物防疫法》的两次修订的背景。

（2）简述《中华人民共和国动物防疫法》中个人在动物疫病预防中的义务。

（3）简述动物疫情报告中的禁止性行为。

（4）简述动物诊疗机构从事经营活动的条件。

（5）简述重大动物疫情应急指挥部的权限。

（6）突发重大动物疫情分为哪几级？

（7）简述畜禽标识编码的组成。

项目三　动物的接近与保定

认知与解读

动物的接近与保定是村级动物防疫员应具备的基本操作技能之一，良好的保定可保障人畜的安全，并且有利于动物防疫工作的开展。由于动物种属不同，其生物学特性各不相同，不同动物的接近与保定的方法也不同，保定时应根据条件、动物品种选择合适的保定方法。本项目主要介绍常见动物的接近与保定的方法。

任务一　动物的接近

任务概况

本任务主要介绍了常见动物的接近方法及注意事项。

必备知识

接近是指村级动物防疫员靠近欲防疫动物的过程。作为动物防疫人员，要正确接近动物，既不惊扰动物，又能保证动物防疫工作的有效开展，同时保证动物防疫人员的安全性。

（一）接近方法

（1）村级动物防疫员应以温和的呼声，先向动物发出欲要接近的信号，然后再从其前侧方徐徐接近。

（2）村级动物防疫员在接近动物时，一般应由动物主人或饲养人员在旁进行协助。接近后，可用手轻轻抚摸动物的颈侧或臀部，使其保持安静和温顺的状态，以便进行防疫工作；对猪，则可在其腹下部用手轻轻搔痒，使其安静或卧下，然后进行防疫工作。

(3) 马属动物忌与生人接近，接近时如动作粗暴，马会逃跑，甚至对人进行攻击。在接近马时，检查者首先向马发出信号，如发出“吁！吁！”或打口哨，以示有人在，使其不会受到惊吓，然后再用草引诱，让马主动向人靠近。

(二) 注意事项

(1) 接近欲防疫动物前，先熟悉各种动物的生活习性并应向动物主人了解动物的性情，有无咬、踢、抵等恶癖，并时刻注意动物的神态。若发现马竖耳、瞪眼、打响鼻、刨地，牛低头凝视，羊低头后退，猪斜视、翘鼻、发出吼声，应暂停防疫工作或采取相应措施。

(2) 由于马属动物具有后方蹴踢的防御能力，接近时不能从正后方接近马属动物；马的后肢除有向后踢的功能外，还有向前向外侧“弹”的功能，也需要注意。对于牛，严禁从后侧方接近。

(3) 对于猫和犬应防止咬伤和抓伤。

(4) 村级动物防疫员的着装应符合兽医规范要求。

(5) 对于有视力障碍的动物应从有视觉的健侧接近。

任务二　动物的保定

任务概况

本任务主要介绍了保定的目的、常用绳结的打法、常见动物的保定方法及注意事项。

必备知识

保定的目的主要在于防止动物骚动，便于进行动物疫病的免疫注射和预防性驱虫药物的投喂，同时保障人、畜的安全。保定的方法有物理保定法和化学保定法。一般兽医临床对畜禽的保定大多是物理保定法，如简易保定法、绳索保定法、柱栏保定法等；对野生动物和非常凶猛的动物可采用化学保定法。

(一) 常用绳结的打法

动物保定过程中均需要打结，保定中所有的结都要达到牢固、结实可靠、易于解脱。常用的绳结法有以下几种。

1. 单活结

一只手持绳并将绳在另一只手上绕 1 周，然后用被绳绕的手握住绳的另一端并将其经绳环处拉出即可（图 3-1）。

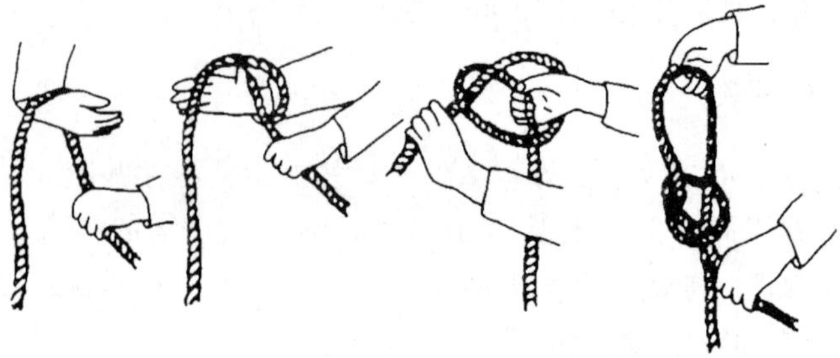

图 3-1 单活结的打法

2. 双活结

两手握绳，左手掌向上，右手掌向下，两手同时右转至两手相对为止，此时绳子形成 2 个圈；再使 2 圈并拢，左手圈通过右手圈，右手圈通过左手圈，然后两手分别向相反方向拉绳，即形成 2 个套圈（图 3-2）。

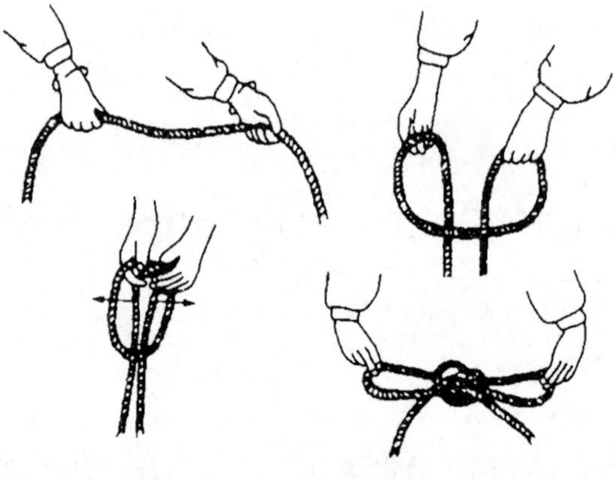

图 3-2 双活结的打法

3. 猪蹄结

猪蹄结又称猪蹄扣。一种方法是将绳端套于柱上后，再绕一圈，把两绳端压在圈的里边，一端向左，一端向右；另一种方法是两手交叉握绳，各向原来的方向移动，最后两手一转即可（图 3-3）。

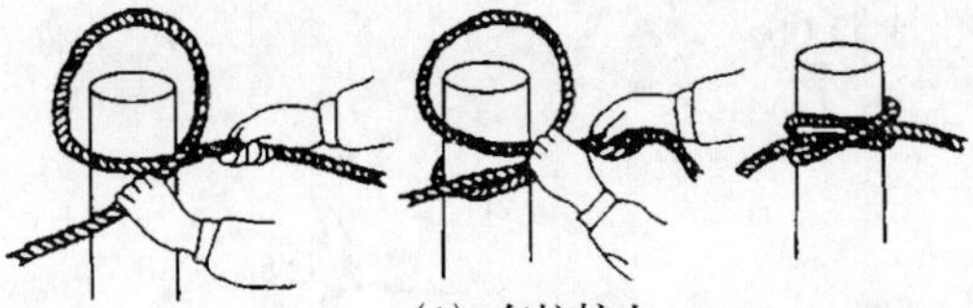

（1）在柱桩上

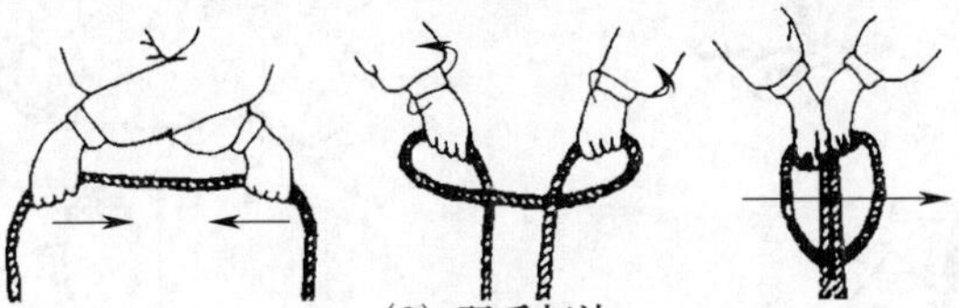

（2）双手打法

图 3-3　猪蹄结的打法

4. 拴马结

左手握持缰绳的游离端，右手握持缰绳绕过木桩，再在左手上绕成一个小圈套；将左手的小圈套从大圈套向上向右拉出，同时换右手拉缰绳的游离端；把游离端做成小套穿入左手所拉的小圈内，然后抽出左手，拉紧缰绳的近端即可（图 3-4）。

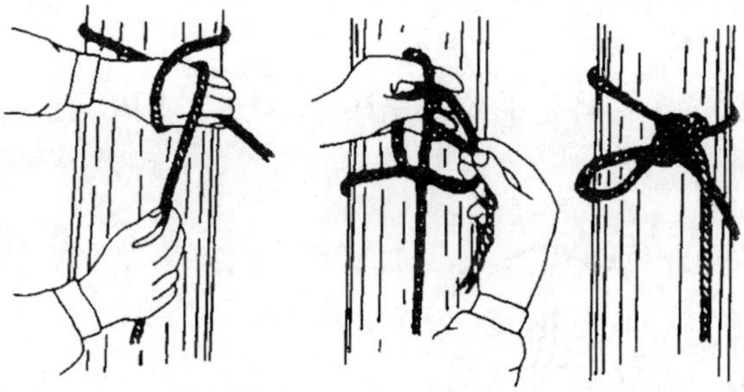

图 3-4　拴马结的打法

（二）常见动物的保定

1. 牛的保定

（1）简易保定法

①徒手保定法：保定者面对牛的头部，站于牛的一侧先用一手抓住牛角，另一手拉鼻角、鼻环或用拇指、食指和中指捏住鼻中隔加以固定（图 3-5）。

②鼻钳保定法：一手抓住笼头，另一手握牛鼻钳，将鼻钳的两钳嘴抵于两

鼻孔，并迅速夹紧鼻中隔，并固定牢靠。在松手时，不能两个把柄同时撒开，以免鼻钳甩出伤人（图 3-6）。

图 3-5　徒手保定法

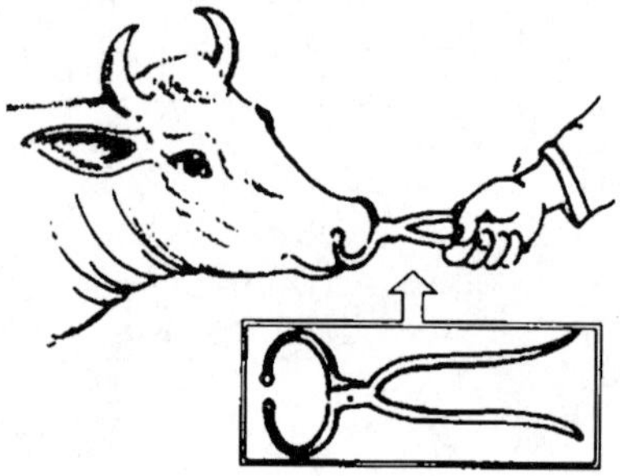

图 3-6　鼻钳保定法

③两后肢保定法：取 2～3m 长的保定绳，折成等长 2 段，于腹部形成绳套，然后慢慢滑至在两后肢飞节上方，向一侧拉紧即可。也可用一条手指粗的柔软的短绳从中间对折，在跗关节上方将两后肢胫部作“8”字形缠绕，打一活结，将两后肢固定在一起，用于恶癖牛的一般检查、静脉注射、乳房、子宫及阴道疾病的治疗。或用绳子的一端扣住一后肢跗关节上方跟腱部，另一端转向对侧相应部作“8”字形缠绕最后收绳抽紧使两后肢靠拢，绳头由一人牵住，准备随时松开（图 3-7）。

（2）柱栏保定法

①单柱颈绳保定法：将牛的颈部紧贴于单柱（或树桩），以单绳或双绳作颈部活结固定（图 3-8）。

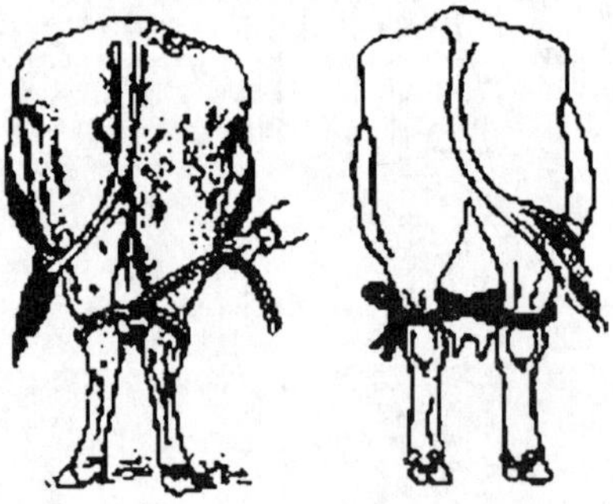

图 3-7　两后肢保定法

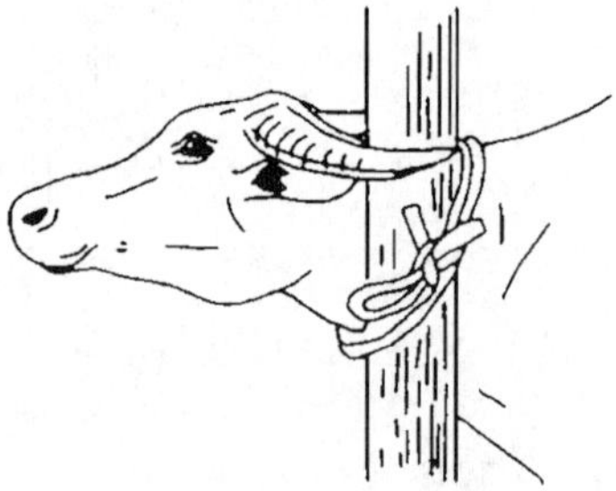

图 3-8　牛单柱颈绳保定法

②角桩保定法：将牛头前方或侧方对准木桩或树干，用绳子或牛缰绳在角根和木桩上做“8”字形反复捆缚，最后将牛的嘴端也缚于木桩上（图 3-9）。

③二柱栏保定法：将牛牵至二柱栏前柱旁，令其靠近柱栏，先将缰绳系于柱栏横梁前端的铁环上，再作颈部活结使颈部固定于前柱上；然后再用一条绳子于前柱至后柱的挂钩上作水平环绕，将牛围在前后柱之间；最后用绳在胸部和腹部作上下、左右固定，分别在鬐甲和腰上打活结。必要时可用一根长竹竿或木棒从右前方向左后方斜过腹，前端在前柱前外侧着地，后端斜向后柱挂钩下方，并在挂钩处加以固定（图 3-10）。

图 3-9　牛角桩保定法

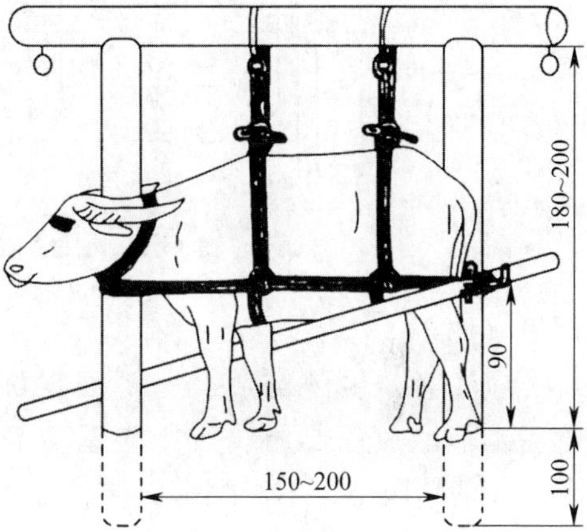

图 3-10　牛二柱栏保定法（单位：cm）

④四柱栏保定法：先将四柱栏的活动横梁按所保定的畜体高度调至胸部 1/2 水平线上，同时按该畜胸部宽度调好两横梁的间距，装系两前柱间的前带（胸带），然后牵畜入四柱栏，再装好两后柱间后带（尾带）即可保定。需要时可装背带和腹带。解除保定的顺序是，先解除背带和腹带，再解开缰绳和前带，让牛从前柱间离开（图 3-11）。

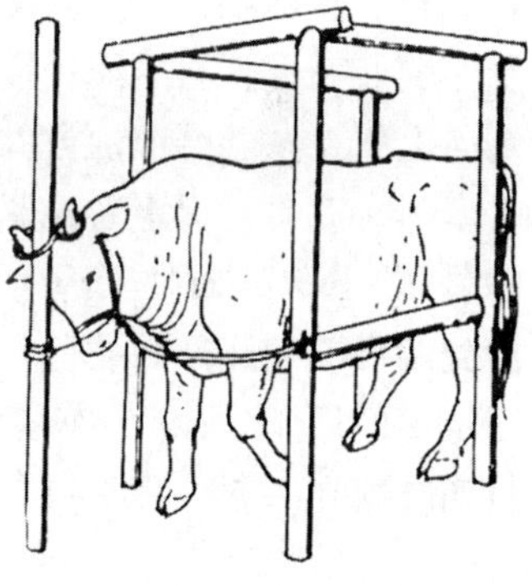

图 3-11　牛的四柱栏保定法

牛用四柱栏可用钢管制成，管直径为8～10cm（图3-12）。

（3）倒卧保定法

①背腰缠绕倒牛法：用 12～15m 长的圆绳 1 条，一端拴在牛的两角根部，将绳另一端沿非卧侧颈部外面的躯干上部向后牵引，在肩胛骨后角处环胸绕 1 圈做成绳套，继而向后引至肷部，再环腹 1 周（此套应放在乳房前方）做成第二绳套，绳子套好后，由 1 人抓住牛鼻环绳和牛角，向倒卧侧按压牛头，2~3 人用力向后牵拉绳的游离端，后肢屈曲而自行

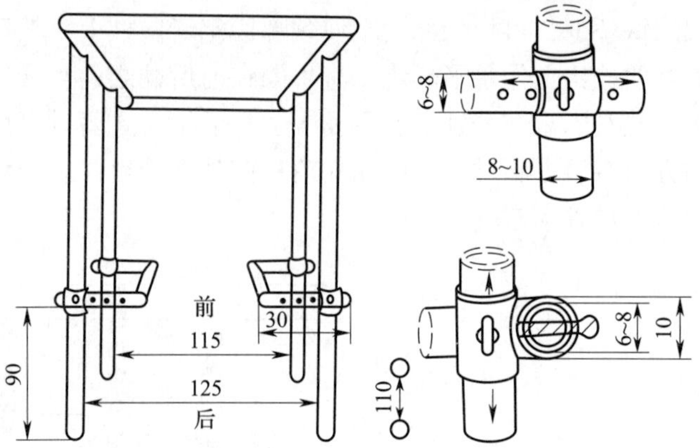

图 3-12 四柱栏及其规格（单位：cm）

卧倒（图 3-13）。

应注意，牛卧倒后，一要固定好头部；二不能放松绳端，否则牛易重新站起。一般情况下，不需捆绑四肢，必要时再行固定。

图 3-13 背腰缠绕倒牛法

②拉提前肢倒牛法：由助手保定头部（握鼻绳或鼻环）。取 10m 长的圆绳一条，折成长、短两段，于折转处做一套结并系于左前肢系部；将短绳一段经胸下至右侧并绕过背部再返回左侧；再将长绳一端向上引至左髋结节前方并经腰部回绕 1 周半打结，再引向后方，交于另一助手牵引。此时，保定者拉紧左前肢的短绳，令牛向前走一步，正当其抬左前肢的瞬间，3 人同时拉紧绳索，拉长绳端的助手速将缠在腰部的绳套顺着臀部下滑到两后肢的跖部而拉紧，牛即跪下而后倒卧，1 人迅速固定牛头，还有 1 人固定牛的后躯，最后将两后肢与左前肢捆扎在一起，需要时再固定右前肢，而将四肢缚在一起（图 3-14）。

图 3-14 拉提前肢倒牛法

2. 马的保定

（1）简易保定法

①鼻捻保定法：一只手（通常用右手）抓住笼头，将鼻捻子的绳套套于另一只手（通常用左手）上，并夹于指间，该手自鼻梁向下轻轻抚摸至上唇时，迅速有力地抓住马的上唇，将绳套套于唇上（图 3-15），此时抓笼头的一只手离开笼头，并迅速向一方捻转把柄，直至拧紧，放松左手，保定者双手持把柄和缰绳面向前站于马的左侧，与马左肩齐平。

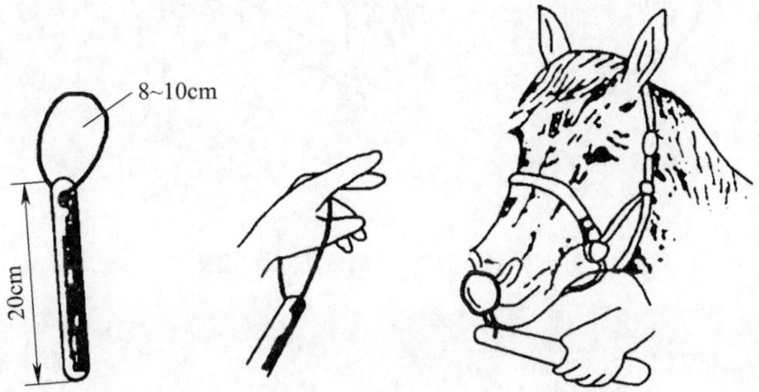

（1）鼻捻棒及绳套　（2）绳套夹于指间的姿势　（3）拧紧上唇

图 3-15　马的鼻捻保定法

②耳夹子保定法：耳夹子是一长形夹，夹于马的耳根部，其作用与鼻捻子相似。一手放于马的耳根后方，然后迅速抓住马耳，持夹子的另一只手迅速将夹子张开，把耳夹子置于耳根部并用力夹紧，此时应握紧耳夹，避免因骚动、甩头、挣扎而使夹子脱手甩出甚至伤人等。

（2）前、后肢保定法

①前肢提举保定法：徒手或用绳提举马的一前肢。

用手提举时，检查者站于肩胛侧方，面向马体后方，一只手置于鬐甲部，另一只手自颈、肩部向下抚摸，握住掌部。提举时将鬐甲部稍向对侧推动，然后用另一只手握住系部即可。用绳提举时，将绳系于前肢的系部，使绳的游离端经鬐甲部绕向对侧，一人拉绳端使肢提举（图 3-16）。

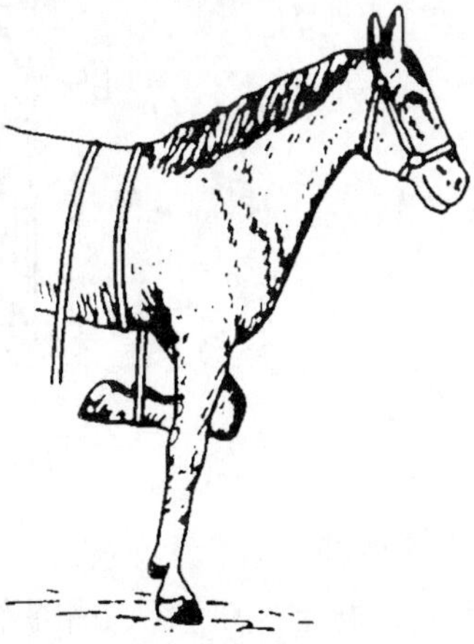

图 3-16　前肢提举保定法

②两后肢站立保定法：用一条手指粗细、长7~8m 的绳子，绳中段对折打一颈套，套于

马颈基部，两游离端通过两前肢中间和两后肢之间，使绳套于马后肢的系部，再分别向左右两侧返回交叉，并适当抽紧绳索，最后将绳端引回至颈套，分别系结固定于颈部绳环左右侧（图 3-17）。

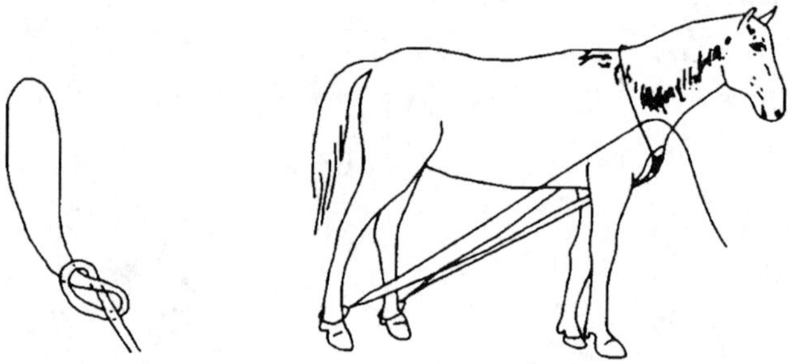

（1）颈基部的绳套　（2）站立保定的姿势

图 3-17　两后肢站立保定法

（3）柱栏保定法

①单柱保定法：将马缰绳系于立柱（或树桩）上，用颈绳绕颈部后，颈部系拴马结固定。适用于灌药或插胃管等。

②二柱栏保定法：先将马引至柱栏的一侧，并令其靠近柱栏，将缰绳系于柱梁横前端的铁环上，再将颈绳系于前柱上，最后缠绕围绳及吊挂胸、腹绳（图 3-18），具体操作同牛的二柱栏保定法。

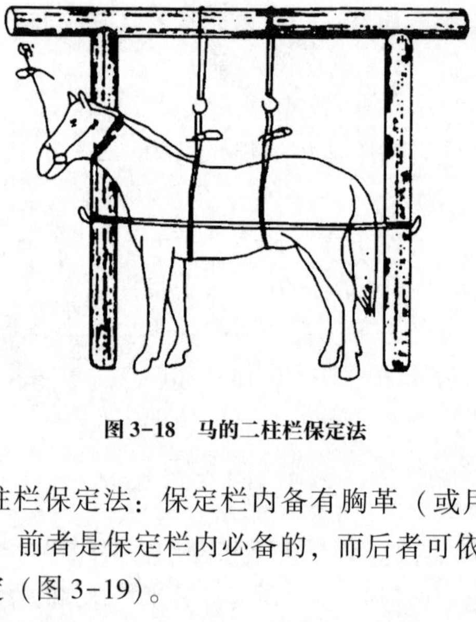

图 3-18　马的二柱栏保定法

③四柱栏及六柱栏保定法：保定栏内备有胸革（或用扁绳代替）、肩革（带）及腹革（带），前者是保定栏内必备的，而后者可依检查的目的及被检动物的具体情况而定（图 3-19）。

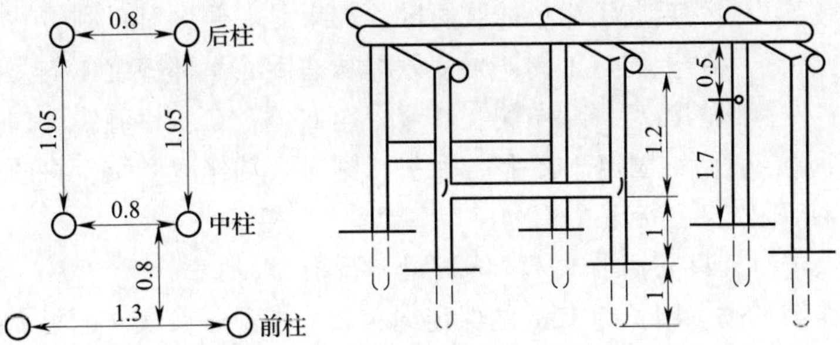

图 3-19　六柱栏及其结构示意图（单位：m）

先挂好胸革，再将马从柱栏后方引进，并把缰绳系于某一柱上，最后挂上臀革。这样，便可对马匹进行一般临床检查。

对某些检查（如检查口腔）或处置，可按需要同时利用两前柱固定头部(或同时系好肩革)。在做直肠检查时，须上好腹革（带）及肩革（带），并将尾举向侧方或固定于两后柱的铁环上。在做导尿（特别是公马）或某些外伤处理时，尚需固定一或两后肢，以防踢蹴；在施行外科手术时，必须全面而确实地保定。

（4）侧卧保定法（倒马法）

①双环倒马法：应备有长约 12m 的绳子 1 条，固定棒 1 根（长约 25cm、直径 3cm）及 2 个铁环（内径 10cm 左右）。至少需要 3 人参与保定，1 人固定头部，另外 2 人分别牵引左右侧保定绳。

倒卧：在绳的中央结成一个双活结［图 3-20（1）］，使其一长一短，并各套一铁环，绳套在马的颈基部，使 2 个套环在马倒卧的对侧颈部相套，并插入木棒；两游离绳端穿过两前肢及两后肢之间，分别绕过同侧后肢系部，向前穿过同侧的铁环，此时，左右侧的保定者，同时用力向马体后方平行牵引同侧绳的游离端，使马倒卧［图 3-20（2）］。

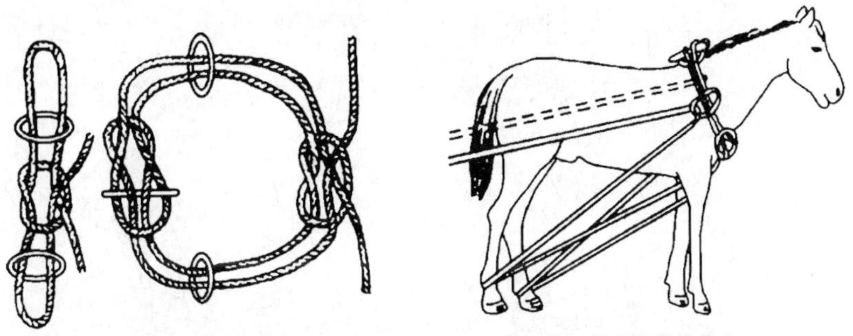

（1）颈部绳套的结法　　（2）装上绳套的状态

图 3-20　双环倒马法

固定肢蹄：使两后肢尖靠近前肢肘部，如果是左侧倒卧，则将右侧绳通过右侧颈部，缠于木棒上固定1周，再使该绳从右后肢系部缠绕1周，以活结固定于棒上；左侧绳的游离端从左侧绕过鬐甲至右侧，在木棒缠绕1周，再于左侧系部绕1周，以活结固定于棒上。用左右侧绳余端作双套结，将两前肢系部与两后肢系部固定在一起。

解除保定时，只需抽出木棒，绳即可自行松开。

②单绳倒马法：用长约12m的保定绳，其一端系一铁环（内径8~10cm）。

先将系有铁环的一端绕颈1周，在欲卧侧的对侧颈基部打结，使铁环放于马肘部后上方，铁环自然下垂；将绳另一游离端通过腹下，再行至卧侧后肢系部，从系部的内侧向后、外侧绕行，再将游离端从铁环的下方（靠马体部）插入环内，从环穿过，经背腰部，将绳端引向卧侧后方，用右手拉紧，使卧侧后肢悬起，再用左手握紧缰绳，把马头转向卧地的对侧，加大回头的姿势。同时用两肘强压马的背部，马体失去平衡而随即卧倒地上。当马卧倒地以后，应仍是头部保持倒卧的回头姿势，并迅速用绳的游离端固定另一后肢，之后将马头放于平地上，加以固定。

3. 骆驼的保定

在畜主的协助下，令其卧下。待其卧下后，用绳在一侧屈曲的腕关节上、下方缠绕1~2周，使绳的一端自屈曲腕关节内侧的空隙通过并系结；再将另一端绕过颈上部，至另一侧屈曲的腕关节部做同样的缠绕与系结。必要时，将绳自两屈曲的前肢，分别在驼峰间交叉引至对侧后肢屈曲部，做与前肢相同的固定。

4. 羊的保定

（1）握角骑跨夹持保定法　用手握两角或两耳固定，骑跨羊身，用两腿夹住羊的两侧胸壁即可保定（图3-21）。

（2）两手（臂）围抱保定法　从羊胸侧用两手（臂）分别围抱其胸加以保定（图3-22）。

图3-21　握角骑跨夹持保定法

图3-22　两手（臂）围抱保定法

（3）倒卧保定法　保定者俯身从对侧一只手抓住两前肢系部或一前肢臂部，另一只手抓住腹肋部膝襞处扳倒羊体，后一只手改为抓住两后肢的系部，前后一齐抓即可（图 3-23）。适用于治疗或简单手术的保定。

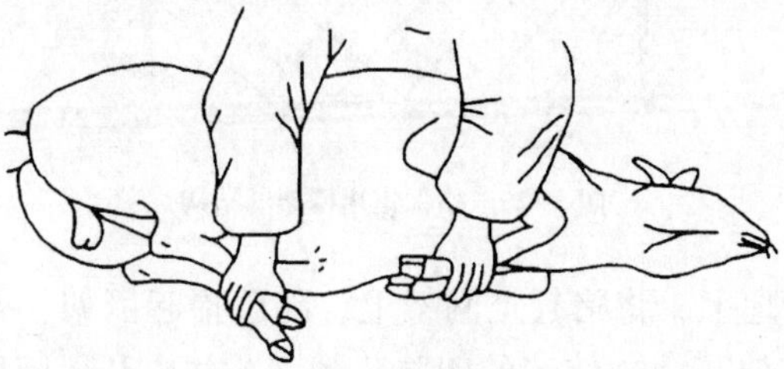

图 3-23　羊倒卧保定法

5. 猪的保定

（1）站立保定法

①在猪群中，可将其赶至猪圈的一角，使其相互拥挤而不便骚动，然后进行检查、处置。欲捕捉猪群中的个体猪只进行检查时，可迅速抓紧提举猪尾、猪耳和后肢，并将其拖出猪群，然后做进一步保定。

②绳套保定是在绳的一端做一活套，使绳端自猪的鼻端滑下，当猪张口时迅速使之套入上颚，并立即勒紧；然后由1人拉紧保定绳的一端，或将绳栓于木桩上；此时，猪多呈用力向后退姿势，从而可保持安定的站立状态（图3-24）。

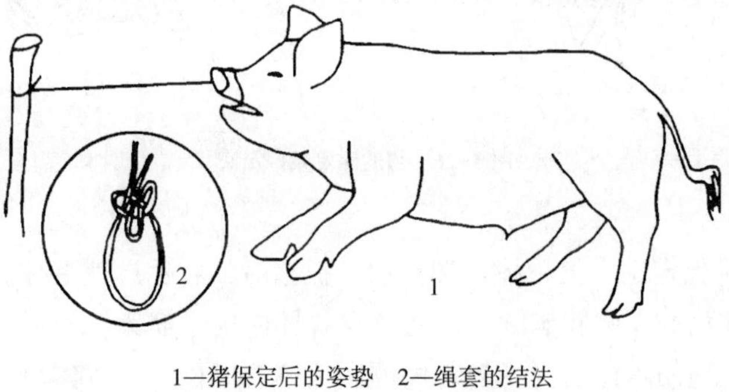

1—猪保定后的姿势　2—绳套的结法

图 3-24　猪的绳套保定法

③亦可使用带长柄的绳套（捕猪器），其方法基本同上。将绳套套入上颚后，迅速捻紧而固定之。

（2）提举保定法　保定人员抓住猪的两耳根基部，迅速提举，使猪腹面朝前，并以膝部夹住其颈胸部；亦可抓住两后肢飞节并将其后躯倒提，保定者用两腿夹住猪胸背部而固定之。

（3）网架保定法　网架的结构是用两根较坚固的木棒或竹竿（长 100~150cm），按 60~75cm 的宽度，用绳在架内织成网床（图 3-25）。

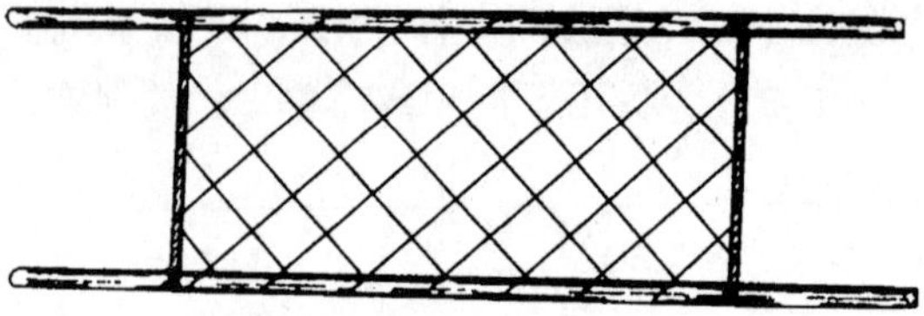

图 3-25 猪保定用网架的结构

将网架平放于地上，将猪赶至网架上，随即抬起网架，并将两端的木杆放于木凳（或其他支架）上，使猪的四肢落入网孔并离开地面即可固定。较小的猪可将其捉住放于网架上固定。

（4）保定架保定法　将猪放于特制的活动保定架或较适宜的木槽内，使其呈仰卧姿势，然后固定四肢或行背位保定（图 3-26）。

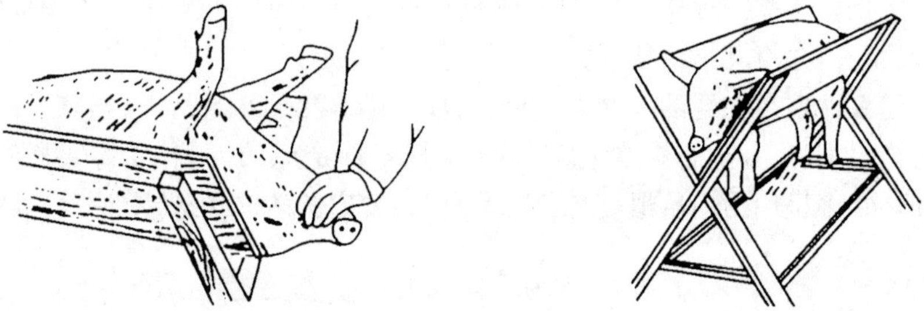

（1）仰卧保定　　（2）背位保定

图 3-26 猪的保定架保定法

（5）倒卧保定法　又称棒绳捆猪法。抓猪时，右手迅速握住猪的左耳，同时用左手抓住猪的左侧膝皱襞，并向检查者怀内提举靠紧；然后将猪右胸壁横放于一端系有绳的木棒上（木棒长度超出猪体的横径），以膝抵压猪的腰臀部，将绳从猪腋下向上绕过左胸至背侧，再向下绕过木棒后，引绳向前，将上下腭缠绕拉紧，使猪头部向后上方弯曲，再将绳端向后绕过左腋下，返回向前，在腭与棒之间的绳上系结固定；最后，检查者踩住地上的木棒即可（图 3-27）。

6. 犬的保定

（1）口笼（嘴罩）保定法　将专用于套犬的口笼套入犬的口鼻部，并将口笼的游离固定带系在颈部。

（2）颌部保定法　用绷带在犬的上下颌缠绕 2 周后收紧，交叉绕于颈部打结，以固定其嘴不得张开（图 3-28）。

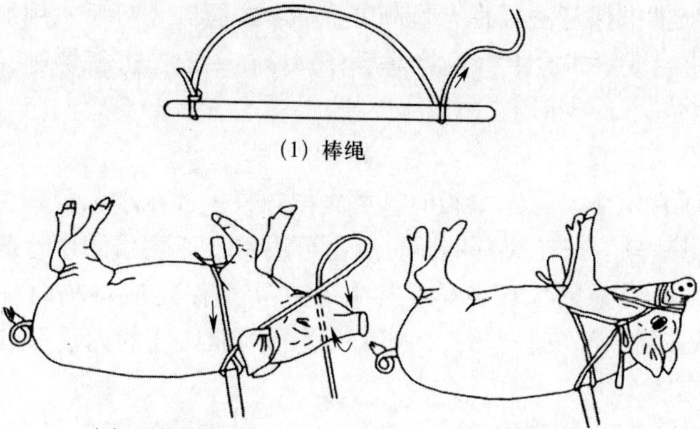

（1）棒绳

（2）绳的捆法　　（3）保定后状态

图 3-27　棒绳捆猪法

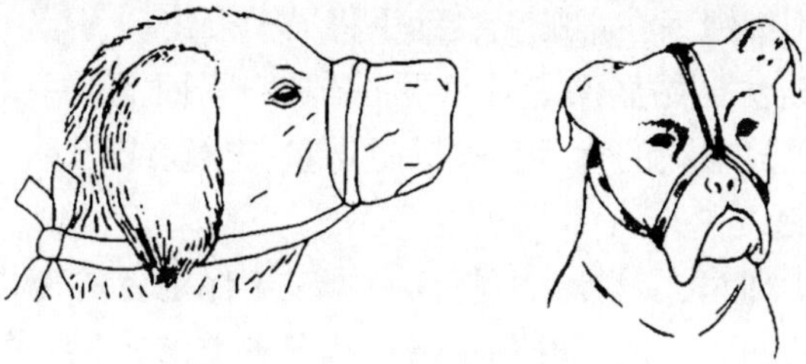

图 3-28　颌部保定法

（3）伊丽莎白圈保定法　将其套在犬颈部后将扣扣好，形成前大后小漏斗状。适用于限制犬回头的临床检查，也多用于术后防止动物自我损伤。

（4）横卧保定法　先将犬作颌部保定，然后两手分别握住犬两前肢的掌部和后两肢的跖部，将犬提起横卧在平台上，以右手的臂部压住犬的颈部，即可保定（图 3-29）。

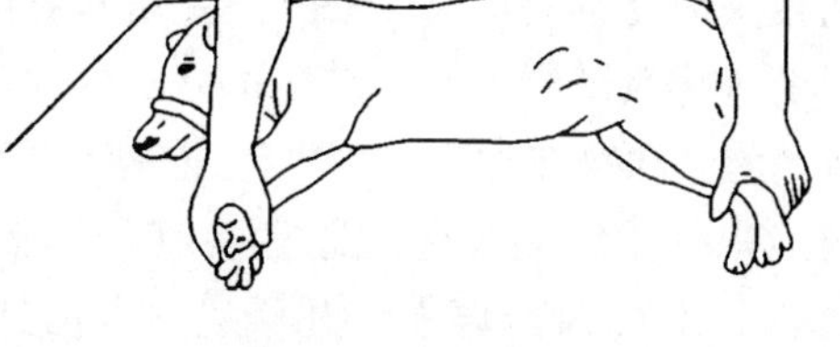

图 3-29　横卧保定法

（5）四肢捆绑保定法　将犬呈侧卧、仰卧或腹卧姿势后，用绷带将四肢分别拴系于检查台或手术台上，可将前后分别拴在一起，进行侧卧、仰卧或腹卧保定。

7. 猫的保定

（1）徒手保定法　保定小猫时，可先把一只手放在小猫的胸腹下，用手掌托起，再用另一只手扶住头颈部即可。也可用右手抓住猫的颈背部皮肤，左手托起猫的臀部，使猫的大部分体重落在左手上。保定成年猫时，应由 2 人进行，1 人先抓住猫颈部皮肤，另 1 人用双手分别抓住猫的两前肢和后两肢，将猫牢牢地固定住。

（2）猫袋保定法　猫袋可用人造革、粗帆布或厚布制成，布的一侧缝上拉锁，把猫装进袋后拉上拉锁。布的前端装一根能放松的带子，把猫装进袋后先拉上拉锁，再扎紧颈部袋口，猫就不能外跑，此时拉出露出的后肢，可进行体温测量、注射、灌肠等。

（3）侧卧保定法　将猫侧卧于桌面上，用细绳或绷带将两前肢和两后肢分别捆绑在一起，用细绳系在桌腿上，助手将猫头按住。

（4）站立保定法　站立保定时，要将猫放在桌面上或手术台上，用左手把住猫颈下方，右手放在猫的背腰部，以防猫左右摆动或蹲下。

8. 家禽类的保定

对于小型禽类如鸡、鸽等，可将其两脚夹于保定者的食指和中指之间，拇指和其余手指拢住翅膀；成年的鸡、鸭、鹅等禽类的保定，可用一手抓住两翅基部，另一手抓住两脚；大型禽类的保定，可用一只胳膊环绕禽体，另一只胳膊向下压住翅膀，但对于鸵鸟要先抓住其颈基部，再按住背部向下压，使之卧下。禽类保定时切忌只抓住一只翅膀，以免挣扎而造成骨折或其他损伤。

（三）动物保定的注意事项

村级动物防疫员在进行动物防疫工作时，需对动物进行合理确实地保定，以保证人员和动物的安全，应注意以下几点。

（1）村级动物防疫员应要了解动物的习性，动物有无恶癖，并在动物主人的协助下完成动物的保定。在接近或保定骆驼时，应注意其喷人的现象。

（2）村级动物防疫员对待动物应有爱心，不要粗暴对待动物。

（3）保定动物时所选用具如绳索等应结实可靠、粗细适宜以防断裂，所有的固定绳结应打活结，便于动物在危急时刻可迅速解脱，防止发生意外事故。

（4）保定动物时应根据动物大小选择适宜场地，倒卧地面不能过于坚硬，需选择平整的土质地面，地面没有碎石、瓦砾等，以防造成动物体表出现损伤、骨折等。

（5）保定时应根据实际情况选择适宜的保定方法，做到可靠和简便易行。

（6）无论是接近单个动物或畜群，都应适当限制参与人数，切忌一哄而上，以防惊吓动物。

（7）凡是有气喘、心功能衰弱等不适宜保定的动物，不能强行保定，以免造成动物死亡。

（8）村级动物防疫员应注意个人安全防护，以防被动物咬伤、顶伤等。

任务思考

（1）试述接近动物的注意事项。

（2）在给牛进行免疫注射时常用的保定方法有哪些？

（3）在给猪进行免疫注射时常用的保定方法有哪些？

（4）马属动物保定时需要注意什么？

（5）试述鸡的保定方法。

（6）动物保定的注意事项有哪些？

项目四　动物防疫消毒技术

认知与解读

消毒是村级动物防疫员的基础工作，部分养殖企业虽有相应的管理制度，但缺乏监管与检查，致使消毒效果无法真正落实，甚至一些企业质疑养殖场消毒工作的意义，导致动物疾病发生的因素很复杂，消毒也不可能完全解决养殖场动物的所有疾病。这些现象反映出人们对消毒的认识不足；部分养殖场的消毒方法不对，效果不佳。本项目主要介绍动物防疫消毒技术的概述，消毒剂的选择与配制，器具、动物圈舍空气、排泄物、疫源地的消毒。

任务一　动物防疫消毒技术概述

任务概况

本任务主要介绍了动物防疫消毒的目的、常用的消毒方法及其选择依据。

必备知识

（一）动物防疫消毒的目的

动物防疫消毒是指村级防疫员用物理、化学或生物消毒法，杀灭或去除动物养殖场外环境中的病原微生物，以切断传播途径，阻止动物疫病的蔓延传播。同时动物防疫消毒也是贯彻国家对动物防疫实行“预防为主”的方针，防治传染病的一项重要措施。消毒的目的有以下三种。

1. 预防性消毒

预防性消毒指结合平时的饲养管理，对畜舍、场地、用具和饮水等进行定期消毒，以达到预防一般常见的传染病的目的。

2. 临时性消毒

临时性消毒指在发生传染病时，为了及时消灭刚从病畜体内排出的病原微生物而采取的消毒措施。包括病畜所在的畜舍、隔离场地以及被病畜分泌物、排泄物污染或可能污染的场所、用具和物品，通常在解除封锁之前，进行定期多次消毒，病畜隔离舍应每天和随时消毒。

3. 终末性消毒

终末性消毒指在病畜解除隔离、痊愈或死亡后，或者疫区解除封锁前，为了消灭疫区内可能残留的病原微生物所进行的全面彻底的大消毒。

（二）常用的消毒方法

1. 物理消毒法

物理消毒法指利用物理因子作用于病原微生物，将之杀灭或清除。常用的方法有自然净化法、机械性清除法、热力消毒法、紫外线消毒法、超声波消毒法、微波消毒法、等离子体消毒法等。

（1）自然净化法　自然净化法指靠自然环境的净化作用，使空气、物体中的病原微生物逐步达到无害。方法有阳光照射、风吹雨淋等。阳光是天然的消毒剂，其光谱中的紫外线有较强的杀菌能力，阳光的灼热和蒸发水分引起的干燥亦有杀菌作用。一般的病毒和非芽孢性病原微生物在阳光直射下只需几分钟到几小时可被杀死，即使抵抗力很强的细菌芽孢，连续几天在阳光强烈照射下，反复曝晒，也可以使其毒力变弱或被杀灭。因此，阳光对牧场、草地、畜栏、用具和物品等消毒有很大的实际意义。阳光消毒效果如何，常取决于季节、时间、纬度、天气等多种因素。

（2）机械性清除法　机械性清除指用清扫、冲洗、刷、擦、抹、扫、铲除等方法进行消毒，清除病原微生物。这是动物养殖场最常用的方法。如畜舍地面的清扫及洗刷、畜体被毛的刷洗等，可以使畜舍内的粪便、垫草、饲料残渣清除干净，并将动物体表的污物除掉。随着这些污物的清除，病原微生物也被清除。但是机械性清除并不能达到彻底消毒的目的，故必须配合其他消毒方法同时进行，才能将残留的病原微生物彻底消灭。此外，通风也具有消毒的意义，其虽不能杀灭病原微生物，但可在短时期内交换舍内空气，减少病原微生物的数量。通风的方法很多，如利用窗户或气窗换气、机械通风等。通风时间视温差大小可适当掌握。一般不少于 30min。

（3）热力消毒法　热力消毒法指通过破坏微生物的蛋白质、核酸、细胞壁和细胞膜，从而杀灭病原微生物。热力消毒法可分为干热法和湿热法两类。

①干热法：常见方法有焚烧、烧灼、干烤及红外线消毒等，广泛应用于废弃物处理、卫生防疫、动物医院、兽医实验室耐热器材灭菌等。火焰的烧灼和干烤是简单而有效的消毒方法，但某些物品由于烧灼而被损坏，所以实际应用并不广泛。常用于对抵抗力强的病原微生物引起的传染病（炭疽）的病畜粪便、饲料、残渣、垫草、污染的垃圾和其他价值不大的物品，以及病死动物尸体，均可用火焰加以焚烧。生产实践中，常用喷灯对铁畜栏、铁笼以及不易燃的畜舍地面、墙壁进行火燃消毒。效果可靠。

②湿热法：常见方法有蒸煮法、巴氏消毒法、流通蒸汽消毒法、高压蒸汽灭菌法，广泛应用于饮食餐具消毒、医疗和实验器械灭菌等。蒸煮法是经常应用而又确实有效的方法。大部分非芽孢的病原微生物在100℃的沸水中可迅速死亡；多数芽孢在煮沸后15~30min亦能致死；煮沸2h可以消灭所有病原微生物。各种用具、衣物等都可以进行煮沸消毒。一般情况下是将煮不坏的物品放在锅内并加少许碱（如1%~2%的苏打或0.5%苛性钠），能提高沸点，增强杀菌作用。流通蒸汽消毒法通常是利用相对湿度在80%~100%的热空气，热空气能携带许多热量，遇到消毒物品凝结成水，放出大量热能，可达到消毒目的。这种消毒法与煮沸消毒的效果相似。实践证明，流通蒸汽和化学药品（如甲醛）消毒法合用，其杀菌力可以增强。高压蒸汽灭菌法在实验室和死病畜化制站应用较多。

（4）紫外线消毒法　紫外线分为A波、B波、C波和真空紫外线，其中C波紫外线是杀菌紫外线，其波长范围是200~270nm，杀菌的中心波长为253.7nm。在紫外线强度和照射时间足够的情况下，可杀灭所有微生物。然而，紫外线的穿透力极弱，其照射强度与距离的平方成反比，且仅在照射到的物体表面才能发挥杀菌作用。而空气中的尘埃能吸收大部分紫外光，所以应用紫外线消毒时，室内必须清洁。试验证明，当空气相对湿度为45%~60%时，照射3h可杀死80%~90%的病原微生物。若灯光下装一小吹风机，能增强其消毒效果。有效杀菌距离为1.5m，照射时间为2h，一般在6~15m^3的空间安装一盏紫外线灯。

（5）超声波消毒法　超声波消毒法指利用频率在20~200kHz的声波作用，使细菌破裂和原生质迅速游离，达到消毒目的。如超声洗手器，用于手的消毒；超声洗涤机，用于注射器的清洁和初步的消毒处理。

（6）微波消毒法　微波为一种电磁波，照射于物体时，引起物体内部分子间摩擦运动，在有水分存在时，产生热效应杀灭所有微生物。各种材质物品对微波的吸收不同，如水是微波强吸收介质，吸收微波能产生热效应，金属对微波有强反射作用，也就无热效应。因此，消毒金属物品时必须用湿布包裹。微波消毒有加热物体快、里外均匀、温度相对较低、不污染环境、不留残毒等优点。微波消毒器采用的频率一般为245MHz和915MHz。

(7) 等离子体消毒法　等离子体消毒法指采用双极等离子体静电场对带负电的细菌分解与击破，将尘埃极化并吸附，再组合药物浸渍型活性炭、静电网、光触媒催化装置等组件进行二次杀菌过滤，经过处理的洁净空气快速循环流动，使受控环境保持在“无菌无尘室”标准。等离子体消毒法具有安全、低温、简便、快速灭菌和无残留等优点，对细菌及芽孢、病毒以及细菌毒素等具有良好的杀灭作用，适用于各种不耐热器材的消毒灭菌。

2. 化学消毒法

化学消毒法指在动物防疫实践工作中应用化学药品进行消毒的方法。化学消毒法是动物防疫工作中最常用的一种方法，但其效果如何取决于多种因素，如药物的浓度、作用的时间、温度、有机物的存在与否、微生物的特点等。

理想的化学消毒剂应具备以下条件：杀菌广谱；使用浓度低；作用速度快；性质稳定；易溶于水；可在低温下使用；不易受有机物、酸、碱及其他物理、化学等因素的影响；对金属器械无腐蚀；无色、无异味，无药残，无毒或毒性低；不易燃烧爆炸，使用无危险性；价格低廉；便于运输。

化学消毒的用药方法，可用消毒剂溶液浸泡、擦拭或喷洒，也可用其气体或烟雾进行熏蒸，还可直接用粉剂进行处理。最近提倡的气溶胶喷雾消毒法，既可达到喷洒的目的，又可产生熏蒸的作用，是一种节约药物、提高效果的好方法，化学消毒用药方法的多样化，为各种对象消毒提供了有利条件。

3. 生物消毒法

生物消毒法指利用动物、植物、微生物及其代谢产物杀灭或去除外环境中的病原微生物。主要用于水体、土壤和生物体消毒处理。目前，可用作消毒的生物有以下几种：抗菌植物药（大蒜、连翘、金银花等）、细菌（如噬菌蛭弧菌，用于水的消毒处理）、微生物代谢产物、噬菌体和质粒、生物酶等。

（三）消毒方法的选择依据

村级动物防疫员在日常的动物防疫工作中，必须根据不同情况选择合适的消毒方法，才能达到满意的消毒效果。一般会考虑以下几个方面。

1. 病原微生物的种类

病原微生物的种类很多，它们对各种消毒处理的耐受性有很大差异。细菌芽孢对消毒剂的耐受力比其他病原微生物强，故以它们作为最难消毒的代表。结核分枝杆菌、肉毒梭菌毒素等，对有的消毒措施比较敏感，对有的则具较强的耐受力。如结核分枝杆菌对热力消毒很敏感，而对某些消毒剂的耐受力却较其他细菌繁殖体强得多；肉毒梭菌毒素较易被碱破坏，但对酸的耐受力较一般细菌繁殖体要强得多。这类对各种消毒措施耐受力相差较大的微生物，情况比较复杂，在选择方法与使用剂量上，应予以重视。

2. 处理对象的性质

同样的消毒方法对不同对象的消毒效果往往不一样。如对垂直墙面的消毒，由于油漆的光滑表面，药物不易停留，使用擦拭的方法效果较好。同时还应考虑对处理对象的损害问题。如用煤酚皂溶液多次长时间浸泡乳胶手套等，都可使处理对象遭到不同程度的损坏。

3. 消毒现场的特点

应考虑动物所处现场的特点对消毒效果的影响。如动物圈舍表面消毒，房屋密闭性好的，可使用熏蒸消毒法，密闭性差的只能使用喷雾消毒处理。对空气的化学消毒，空舍时，可使用刺激性较强的消毒剂处理；当舍内有动物时，只能选用无毒和无刺激类的消毒剂进行喷雾消毒。使用消毒剂的安全问题也是需要考虑的因素之一，对大量污水、粪便的化学处理，需考虑是否会引起公害。

4. 卫生防疫的要求

疫病暴发，对发病严重的疫区应集中使用性能优异的消毒剂，而对于发病较少，或外围猪场，也须采取严格的消毒计划。对大批物品进行消毒时，应根据污染程度和所要求的灭菌度来选择处理的方法与剂量。

在确定消毒方法时，除上述几个方面外，还应结合动物养殖场的人力、物力等问题全面考虑，才能做出较好的安排。

任务二　消毒剂的选择与配制

任务概况

本任务主要介绍了消毒的对象、常用消毒剂的选择、配制方法及注意事项。

必备知识

（一）消毒的对象

消毒对象指被病原微生物污染的所有场所及用品、病畜的粪便及其排泄物，运输病畜或尸体的运输工具，动物性材料及其加工场所和贮存仓库，接触过病死畜工作人员的防疫服、鞋帽及所有器具。

(二) 常用消毒剂的选择

1. 酚类消毒剂

(1) 苯酚

用途及用法：用于器械、用具等消毒。可配制2%~5%溶液浸泡。

注意事项：苯酚对皮肤和黏膜有腐蚀性，对动物和人有较强的毒性，不能用于创面和皮肤的消毒。

不良反应：①当苯酚浓度为0.5%~5%时，对皮肤可产生局部麻醉作用；高于5%溶液则对组织产生强烈的刺激和腐蚀作用；②动物意外吞服或皮肤、黏膜大面积接触苯酚会引起全身性中毒，表现为中枢神经先兴奋、后抑制以及心血管系统受抑制，严重者可因呼吸麻痹致死，中毒时应进行对症治疗；③其有致癌作用。

(2) 复合酚　深红褐色黏稠液体，有特臭。主要成分是酚、醋酸、十二烷基苯磺酸等。

用途及用法：用于畜舍及器具等的消毒。喷洒，配置0.3%~1%的水溶液。浸涤，配置1.6%的水溶液。

注意事项：同苯酚。

(3) 甲酚皂　黄棕色至红棕色的黏稠液体，带甲酚的臭气。

用途及用法：用于器械、厩舍和排泄物等消毒。喷洒或浸泡，配置5%~10%的水溶液。

注意事项：①甲酚有特臭，不宜在肉联厂、乳牛厩舍、乳品加工车间和食品加工厂等应用，以免影响食品质量；②甲酚皂对皮肤有刺激性，注意保护使用者的皮肤。

(4) 氯甲酚　无色澄清液体，有特臭。

用途及用法：用于畜、禽舍及环境消毒。喷洒，33~100倍稀释。

注意事项：①氯甲酚对皮肤及黏膜有腐蚀性；②现用现配，稀释后不宜久贮。

2. 醛类消毒剂

(1) 甲醛　无色或几乎无色的澄明液体，有刺激性特臭、能刺激鼻喉黏膜，在冷处久置易产生浑浊。

用途及用法：用于厩舍熏蒸消毒，也可用于胃肠道制酵。熏蒸消毒时，$15mL/m^2$。一次内服（制酵）时，牛8~25mL，羊1~3mL，内服时用水稀释20~30倍。

注意事项：①消毒后在物体表面形成一层具腐蚀作用的薄膜；②动物误服甲醛溶液，应迅速灌服稀氨水解毒；药液污染皮肤，应立即用肥皂和水清洗。

不良反应：甲醛对动物皮肤、黏膜有强刺激性。

（2）戊二醛　稀戊二醛为无色至微黄色的澄清液体，有特臭；浓戊二醛为无色至淡黄色的澄清液体，有刺激性特臭。

用途及用法：用于橡胶、塑料制品、手术器械和厩舍消毒。稀戊二醛，配成0.78%溶液，喷洒使浸透，保持5min至干。浓戊二醛，配成2%或5%溶液。

注意事项：①常规浓度下可引起接触性皮炎或皮肤过敏反应，避免接触皮肤和黏膜；②误服可引起消化道黏膜炎症、坏死和溃疡，引起剧痛、呕吐、呕血、便血、血尿、尿闭、酸中毒、抽搐和循环衰竭。

3. 碱类消毒剂

氢氧化钠为熔制的白色干燥颗料、块、棒或薄片，质坚脆，折断面显结晶性，引湿性强，在空气中易吸收二氧化碳。

用途及用法：用于厩舍、车辆等的消毒。1%~2%热溶液。

注意事项：①氢氧化钠对组织有强腐蚀性，能损坏织物和铝制品；②消毒人员应注意防护。

4. 酸类消毒剂

枸橼酸粉，白色结晶性颗粒。

用途及用法：用于环境或器具（械）的消毒。喷雾、喷洒或浸泡消毒。杀灭口蹄疫病毒浓度为1∶1000倍稀释；杀灭猪瘟病毒浓度为1∶600倍稀释；杀灭猪水疱病病毒浓度为1∶200倍稀释；杀灭鸡新城疫病毒浓度为1∶100倍稀释；杀灭鸡传染性法氏囊病病毒浓度为1∶100倍稀释。

注意事项：①枸橼酸粉宜现用现配，勿与其他药物混合或交替使用，以免降低消毒效果；②其吸潮易结块，但不影响消毒效力；③无需制定休药期；④密闭，在阴凉干燥处保存。

5. 卤素类消毒剂

（1）含氯石灰　灰白色颗粒性粉末，有氯臭，在空气中即吸收水分与二氧化碳而缓缓分解，水溶液遇红色石蕊试纸显碱性反应，随即将试纸漂白。主要成分是有效氯。

用途及用法：用于饮水消毒和畜舍、场地、车辆、排泄物等的消毒。饮水消毒，每50L水加含氯石灰1g。厩舍等消毒，配置5%~20%混悬液。

注意事项：含氯石灰对皮肤和黏膜有刺激作用。对金属有腐蚀作用，可使有色棉织物褪色。

不良反应：含氯石灰使用时可释放出氯气，引起流泪、咳嗽，并可刺激皮肤和黏膜。严重时可引起急性氯气中毒，表现为躁动、呕吐、呼吸困难。

（2）次氯酸钠　淡黄色澄清液体。

用途及用法：用于动物圈舍、器具及环境的消毒。动物圈舍、器具消毒

1∶（50~100）倍稀释；禽流感病毒疫源地消毒1∶10倍稀释，常规消毒1∶1000倍稀释；口蹄疫病毒疫源地消毒1∶50倍稀释，常规消毒1∶1000倍稀释。

注意事项：次氯酸钠有腐蚀性，会伤害皮肤；其对金属有腐蚀作用，对织物有漂白作用。

（3）二氯异氰脲酸钠　白色或类白色粉末，具有次氯酸的刺激性气味。

用途及用法：用于禽舍、畜栏、器具及种蛋等消毒，具体使用时，二氯异氰脲酸钠的用量根据其规格（按有效氯计算，如10%、20%、30%、40%、45%）不同而有所不同。

①动物饲养场所、器具消毒（每1L水）：10%用量为1~10g，20%为0.5~5g，30%为0.33~3.33g，40%为0.25~2.5g，45%为0.22~2.22g。

②种蛋消毒，浸泡（每1L水）：10%用量为1~4g，20%为0.5~2g，30%为0.33~1.33g，40%为0.25~1g，45%为0.22~0.89g。

③疫源地消毒（每1L水）：10%用量为2g，20%为1g，30%为0.67g，40%为0.5g，45%为0.44g。

注意事项：所需消毒溶液现用现配，对金属有轻微腐蚀，可使有色棉织品褪色。

（4）二氧化氯　黄绿色澄清液体，有刺激性气味。

用途及用法：用于动物圈舍、饮水、器具及环境的消毒。动物圈舍、器具消毒（1∶5）~（1∶10）倍稀释；非洲猪瘟病毒等疫源地消毒1∶5倍稀释；常规消毒（1∶10）~（1∶20）倍稀释；饮水消毒1∶500倍稀释。

注意事项：①二氧化氯避免与强还原剂接触；②其对金属有腐蚀作用；对织物有漂白作用；对皮肤和黏膜有轻微刺激性。

（5）过硫酸氢钾复合盐　泡腾片为浅红色，有柠檬气味。

用途及用法：用于动物圈舍、空气等的消毒。喷雾、喷洒或浸泡。动物环境、饮水设备、空气消毒、终末消毒、设备消毒、孵化场消毒、脚踏盆消毒时，以1∶400（即每10片兑水4kg）稀释。

注意事项：①过硫酸氢钾复合盐不与碱类物质混存或合并使用；②应现用现配；用尽后，包装不得乱丢弃。

（6）过硫酸氢钾复合物　浅红色颗粒状粉末，有柠檬气味。主要成分是过硫酸氢钾、氯化钠。

用途及用法：用于动物圈舍、空气和饮用水等的消毒。浸泡或喷雾。畜舍环境消毒、饮水设备消毒、空气消毒、终末消毒、设备消毒、孵化场消毒、脚踏盆消毒，1∶200浓度稀释。饮用水消毒，1∶1000浓度稀释。对于特定病原微生物消毒，大肠杆菌、金黄色葡萄球菌、猪水疱病病毒、传染性法氏囊病病毒，1∶400浓度稀释；链球菌，1∶800浓度稀释；禽流感病毒；1∶1600浓度稀释；口蹄疫病毒，1∶1000浓度稀释。

（7）枸橼酸碘　红棕色液体。主要成分是枸橼酸、碘。

用途及用法：用于厩舍、空气的消毒。喷雾消毒。厩舍地面、墙面、圈槽、空气的消毒，1∶300稀释，消毒时间为10min。口蹄疫病毒及H5N1亚型禽流感病毒，1∶400稀释；新城疫病毒，1∶900稀释。稀释时应将枸橼酸碘倒入水（水温不宜高于43℃）中混合均匀，并在1h内用完。

注意事项：①避免直接接触眼睛和皮肤，如果溅入眼内，立即用水冲洗；②避免吸入和食入；③避免儿童和动物接触；④操作人员应戴上口罩和手套；⑤不应与含汞药物配伍。

6. 过氧化物类消毒剂

过氧乙酸，无色至淡黄色液体，有强烈刺激性臭气，具挥发性，遇热易分解，有腐蚀性，遇有机物或金属即迅速分解。

用途及用法：用于杀灭厩舍、用具、衣物等的细菌、芽孢、真菌和病毒。喷雾消毒，动物厩舍1∶（200~400）倍稀释。熏蒸消毒，动物厩舍每立方米使用5~15mL。浸泡消毒，动物食具、工作人员衣物、手臂等1∶500倍稀释。饮水消毒，每10L水加过氧乙酸1mL。

注意事项：①使用前将A、B液混合反应10h后生成过氧乙酸消毒液；②过氧乙酸腐蚀性强，操作时戴上防护手套，避免药液灼伤皮肤，稀释时避免使用金属器具；③当室温低于15℃时，A液会结冰，用温水浴融化溶解后即可使用；④配好的溶液应置玻璃瓶内或硬质塑料瓶内低温、避光、密闭保存；⑤置遮光的坚固耐腐蚀容器内，各种包装容器的盖上应有透气但不漏液体的功能材料组成的排气孔，在阴凉处保存，切勿倒置。

不良反应：过氧乙酸及其蒸气对黏膜有刺激性。

7. 表面活性剂（季铵盐类）消毒剂

（1）癸甲溴铵　无色至微黄色澄清黏稠液体，振摇时有泡沫产生。

用途及用法：用于动物厩舍、饲喂器具、饮水等消毒。厩舍、器具消毒浓度为0.015%~0.05%，饮水消毒浓度为0.0025%~0.005%。

注意事项：①癸甲溴铵原液对皮肤和眼睛有轻微刺激，避免与眼睛、皮肤和衣服直接接触，如溅及眼睛和皮肤立即以大量清水冲洗至少15min，使用时小心操作；②其内服有毒性，一旦误服立即饮用大量清水或牛奶（至少两大杯），并尽快就医；③饮水免疫前后3d停止饮水消毒。

（2）癸甲溴铵碘　红棕色液体。主要成分是癸甲溴铵、碘。

用途及用法：用于动物养殖场等的厩舍、器具消毒、喷雾消毒。厩舍、器具、种蛋消毒，用水稀释1000倍后浸泡、喷撒、喷雾使用。

注意事项：癸甲溴铵碘复合溶液禁与肥皂合成洗涤剂混合使用。

（3）戊二醛癸甲溴铵　无色至淡黄色澄清液体，有刺激性特臭。主要成分是戊二醛、癸甲溴铵。

用途及用法：用于养殖场、公共场所、设备器械及种蛋等的消毒。临用前用水按一定比例稀释。喷洒消毒，常规环境消毒，1∶（2000～4000）稀释；疫病发生时环境消毒，1∶（500～1000）稀释。浸泡消毒，器械、设备等消毒，1∶（1500～3000）稀释。

注意事项：戊二醛癸甲溴铵溶液禁与阴离子表面活性剂混合使用。

（三）消毒剂的配制

1. 器具的准备

需要配制的消毒剂、水、天平、量筒或量杯、烧杯、移液管、玻璃棒、研钵、工作服、一次性口罩、护目镜、一次性橡胶手套等。

2. 配制的方法

村级动物防疫员根据基层工作需要及消毒对象，选择高效、低毒、使用方便、价格适宜的消毒剂，下面以乙醇、酊剂为例，介绍常用的配制方法。

（1）采用溶液浓度稀释法配制溶液

①反比法

$$c_1 : c_2 = v_2 : v_1 \qquad (4-1)$$

式中　c_1——高浓度溶液的浓度；

v_1——高浓度溶液的体积；

c_2——低浓度溶液的浓度；

v_2——低浓度溶液的体系。

如将95%乙醇用蒸馏水稀释成75%乙醇100mL，按照式（4-1）计算：

$$95 : 75 = 100 : x$$

$$x = 78.9\ (\text{mL})$$

结果为取95%乙醇78.9mL，加蒸馏水稀释至100mL，即成75%的乙醇。

②交叉法：如用95%乙醇和40%乙醇稀释成70%乙醇，按照公式计算：

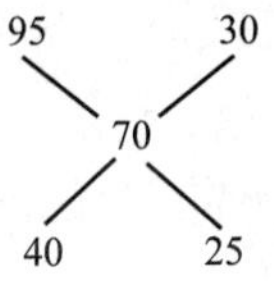

结果为取95%乙醇30mL和40%乙醇25mL混合搅拌，即成70%乙醇。

（2）采用助溶法配制酊剂　如配制5%碘酊100mL，取碘化钾3.5g，加蒸馏水 2mL 溶解后，加入研磨好的碘片 5g 和适量的 95%乙醇，搅拌溶解后转移到容量瓶中，加蒸馏水至 100mL。

3. 注意事项

（1）在配制消毒剂过程中，根据不同药物和用量选择适宜大小的量器，取少量液体避免用大的量器，以免造成误差。

（2）某些消毒剂（如生石灰）遇水会产热，应在搪瓷桶、盆等耐热容器中配制为宜。

（3）配制消毒剂的容器必须刷洗干净，以防残留物质与消毒剂发生物理或化学反应，影响消毒效果。

（4）配制好的消毒液放置时间过长，大多数效力会降低或完全失效。因此，消毒剂应现配现用。

（5）村级动物防疫员做好个人防护，配制消毒液时应戴橡胶手套、穿工作服，严禁用手直接接触，以免灼伤。

任务三　器具的消毒

任务概况

本任务主要介绍了饲养用具、运输工具、动物防疫器具的消毒。

必备知识

（一）动物饲养用具的消毒

动物饲养用具一般包括笼子、食槽、饮水器、喷雾器、铁锹、饲草叉、栏杆等，这些饲养用具应定期清洁冲洗，每周至少清洗消毒 1 次，其中饮水用具应每天清洗消毒 1 次。

1. 操作步骤

（1）配药　根据不同的消毒对象，配制相适用的消毒剂。

（2）清扫或冲洗　如饲槽应及时清理剩余饲料，然后用高压水枪进行冲洗。

（3）消毒　根据饲养用具的不同，可分别采用喷洒、浸泡、冲洗、擦拭、熏蒸、紫外线照射等方法进行消毒。

2. 注意事项

（1）注意选择消毒方法和消毒剂　饲养用具用途不同，应选择不同的消毒剂，如笼舍消毒可选用福尔马林进行熏蒸，金属器具可选用火焰消毒，食槽或饮水器一般选用过氧乙酸、高锰酸钾等无刺激性气味或刺激性气味小的消毒剂进行消毒，以免刺激性气味影响动物的采食和饮水。

（2）保证消毒时间　由于消毒剂的性质不同，因此在消毒时应注意不同消毒剂的有效消毒时间，予以保证。

（二）运输工具的消毒

运输工具主要是车辆，根据用途不同，可分为运料车、清粪车、粪便运输车、活体/病死动物运输车等。一般建议运送动物车辆每次使用前、后都要消毒 1 次，运料车每周消毒 1 次，清粪车每天消毒 1 次。

1. 操作步骤

（1）配药　根据不同的消毒对象和消毒目的，选择适用的消毒剂并进行配制。

（2）清扫或冲洗　对车辆进行清扫和清洗，去除车身及车胎上残留的粪便、尿液及散落的饲料等污染物。

（3）消毒　对清扫干净的车辆，选择适宜的方法进行消毒，常用的有喷洒消毒、火焰消毒等。

2. 注意事项

（1）一定要根据消毒的对象，选择适宜的消毒方法。

（2）对车辆消毒前，需要清洗干净，以防运输工具表面黏附的有机物影响消毒的效果。

（3）对于进出疫区、跨省或跨市的运输工具，按照当地的动物防疫要求消毒运输车辆。

（4）养殖场的出入口应设有消毒池，可将 5%石灰乳和 2%氢氧化钠混合使用，消毒效果更佳，为保持有效浓度，建议每周至少更换 2 次消毒液。进出养殖场的车辆先进行清扫、喷雾消毒后，再通过消毒池进行轮胎消毒。

（三）动物防疫器具的消毒

动物防疫器具主要有注射器、点眼滴管、刺种针等。有条件的可选择一次性无菌注射器，无需消毒，可直接使用。

1. 操作步骤

（1）冲洗　将注射器、点眼滴管、刺种针等接种用具先用清水冲洗干净。

①玻璃注射器将注射器针管、针芯分开，用纱布包好。

②金属注射器应拧松活塞调节螺丝，放松活塞，用纱布包好；将针头用清水冲洗干净，成排插在多层纱布的夹层中；镊子、剪子洗净，用纱布包好。

(2) 灭菌　将洗净的器械高压灭菌 15min；或使用煮沸消毒，将洗净的器械放入煮沸消毒器内，加水淹没器械 2cm 以上，煮沸 30min，待冷却后放入灭菌器皿中备用。

(3) 消毒　对清扫干净的车辆，选择适宜的方法进行消毒，常用的有喷洒消毒、火焰消毒等。

2. 注意事项

(1) 所有器械一定要清洗干净，器械上不能黏附有机物或消毒剂。

(2) 灭菌后的器械如果 1 周内不用，下次使用前，应重新进行灭菌。煮沸消毒的器械应当日使用，超过保存期或打开后，需重新消毒后才可使用。

(3) 禁止使用任何化学药品进行消毒，当器械上有残留化学药品消毒剂时，与疫苗接触后可能会造成动物免疫失败。

(4) 使用一次性无菌注射器时，要检查包装是否完好、是否在有效期内，打开后要马上使用，不能开袋在空气中放置太长时间，以免造成污染。

任务四　动物圈舍空气和排泄物的消毒

任务概况

本任务主要介绍了动物圈舍空气和排泄物的消毒方法、注意事项。

必备知识

(一) 动物圈舍空气的消毒

动物圈舍空气的消毒有通风、紫外线照射、喷雾、熏蒸等方法。

1. 紫外线照射消毒

紫外灯在辐射出波长为 253. 7nm 的紫外线时，其杀菌能力较强且稳定。紫外线对不同的病原微生物灭活所需的照射量不同，杀死葡萄球菌、链球菌等革兰氏阳性菌照射量比杀死革兰氏阴性无芽孢杆菌的大 5~10 倍；病毒对紫外线的抵抗力更大一些。

(1) 方法

①消毒前准备：动物舍按照 6~15m^3需 1 台紫外线灯的标准进行安装，灯管距地面 2. 5~3m，当紫外线灯于室内温度 10~15℃、相对湿度 40%~60%的环境中使用杀菌效果最佳。

②将电源线正确连接电源，设定消毒时间，打开开关进行消毒。

③消毒完毕后，打开动物舍门窗进行通风换气。

（2）注意事项

①紫外线对不同的微生物有不同的致死照射时间，消毒时应根据微生物的种类而选择适宜的照射时间，常规消毒时照射的时间不少于30min，否则杀菌效果不佳或无效，达不到消毒的目的。

②在安装紫外灯时需考虑安装的距离，紫外灯与被照物体越远，其消毒效果越差，因此应根据被照面积、距离等因素合理安装。

③紫外线对眼黏膜、视神经有损伤作用，对皮肤有刺激作用，所以人员应避免在紫外灯下工作，必要时需穿防护工作衣帽，并戴有色眼镜进行工作。

④定期对紫外灯管进行清洁，可用毛巾蘸无水乙醇擦拭灯管，不得用手直接接触灯管表面。

⑤紫外灯的杀菌强度随着其使用时间逐渐衰减，当其杀菌强度降至70%后需更换紫外灯，通常紫外灯在使用1400h后需进行更换。

2. 喷雾消毒

喷雾消毒是利用气泵将空气压缩，然后通过气雾发生器，将稀释的消毒剂形成一定大小的雾化粒子，均匀悬浮于空气中或覆盖于被消毒物体表面，达到消毒目的。喷雾器有手动喷雾器和机动喷雾器两种，根据养殖场的实际生产情况合理地选择。

（1）方法

①消毒前的准备：喷雾器、天平、量筒、容器等，高筒靴、防护服、口罩、护目镜、橡皮手套、毛巾、肥皂等。消毒剂应根据消毒的对象和要求，选择高效低毒、使用简便、质量可靠、价格便宜、容易保存的消毒剂。

②配置消毒剂：根据消毒剂的性质，进行消毒剂的配制，将配制的适量消毒剂装入喷雾器中，以八成为宜。

③打气：感觉有一定抵抗力或反弹力时即可喷洒。

④喷洒：喷洒时将喷头高举空中，喷嘴向上以画圆圈方向由内向外逐步喷洒，使药液如雾一样缓缓下落。要喷到墙壁、屋顶、地面，以均匀湿润和动物体表稍湿为宜，不适用于带活动物消毒的消毒剂不得直喷动物体表。

⑤喷雾器的清洗与保存：消毒完成后，当喷雾器内压力很强时，先打开旁边的螺丝放完气，再打开桶盖，倒出剩余的药液，用清水将喷管、头和筒体冲干净，晾干或擦干后放在通风、阴凉、干燥处保存，切忌阳光暴晒。

（2）注意事项

①装药时，消毒液中的不溶性杂质和沉渣不能灌入喷雾器中，以免在喷洒过程中出现喷头堵塞现象。

②药物不能装得太满，以八成为宜；否则，不易打气或筒身爆裂。

③气雾消毒效果的好坏与雾滴粒子大小以及雾滴均匀度密切相关。喷出的

雾粒直径应控制在80~120μm，过大易造成喷雾不均匀和畜禽舍太潮湿，且在空中下降速度太快，与空气中的病原微生物、尘埃接触不充分，起不到消毒空气的作用；而雾粒过小则易被动物吸入肺泡，诱发呼吸道疾病。

④喷雾时，动物舍应密闭，关闭门、窗和通风口，减少空气流动。

⑤喷雾过程中要时时注意喷雾质量，发现问题或喷雾出现故障，应立即停止操作，进行校正或维修。

⑥操作者必须熟悉喷雾器的构造和性能，并按使用说明书操作。

⑦喷雾后，要用清水清洗喷雾器，让喷雾器充分干燥后，包装保存好，注意防止腐蚀。不要用去污剂或消毒剂清洗容器内部。喷雾器定期进行保养。

3. 熏蒸消毒

（1）方法

①消毒前的准备：消毒剂可选用福尔马林、高锰酸钾、固体甲醛、过氧乙酸、烟熏百斯特等，温度计、湿度计、加热器、容器等器材，防护服、口罩、手套、护目镜等防护用品。

②清洗消毒场所：把欲熏蒸消毒的场所清扫、冲洗干净，以免有机物影响消毒效果。

③分配消毒容器：将盛装消毒剂的容器均匀摆放在欲消毒的场所内，如动物舍长度超过50m，应每隔20m放置一个容器。所使用的容器必须是耐燃烧的，常用陶瓷或搪瓷制品。

④关闭所有门窗、排气孔。

⑤配制消毒剂。

⑥熏蒸：根据消毒空间大小，计算消毒剂的用量，进行熏蒸。

福尔马林与高锰酸钾混合熏蒸：进行动物空舍熏蒸消毒时，一般每立方米用福尔马林14~42mL、高锰酸钾7~21g、水7~21mL，熏蒸消毒7~24h。种蛋消毒时福尔马林28mL、高锰酸钾14g、水14mL，熏蒸消毒20min。杀灭芽孢时用福尔马林50mL/m^3。如果熏蒸消毒反应完全，最后只剩下褐色干燥粉渣，当残渣潮湿说明高锰酸钾用量不足，当残渣呈紫色说明高锰酸钾加得太多。

固体甲醛熏蒸：按3.5g/m^3用量，置于耐烧容器内，放在热源上加热，当温度达到20℃时即可挥发出甲醛气体。

过氧乙酸熏蒸：使用3%~5%过氧乙酸，按25mL/m^3，在相对湿度60%~80%条件下，熏蒸1~2h。

烟熏百斯特熏蒸：每套（主剂+副剂）可熏蒸120~160m^3。主剂加副剂混匀，置于耐烧容器内，点燃。

（2）注意事项

①注意操作人员的防护：熏蒸消毒时，消毒人员需要戴好口罩、护目镜，

穿好防护服，防止消毒液损伤皮肤、黏膜等。

②甲醛或甲醛与福尔马林消毒的注意事项：甲醛熏蒸消毒需有适宜的温度和相对湿度，温度以18~25℃为宜，相对湿度以60%~80%为宜，室温不能低于15℃，相对湿度不能低于50%；当消毒结束后，由于甲醛味道过浓，如想快速清除甲醛的刺激气味，可用浓氨水（2~5mL/m^3）加热蒸发以中和甲醛；用甲醛熏蒸消毒时，使用的容器容积应比甲醛溶液大10倍，必须先放高锰酸钾，再加甲醛溶液，加入后人员要迅速离开。

③过氧乙酸消毒的注意事项：过氧乙酸性质不稳定，容易自然分解，故应现用现配。

（二）排泄物的消毒

动物排泄物的消毒方法有生物热消毒法、掩埋消毒法和焚烧消毒法等。

1. 生物热消毒法

生物热消毒法是一种常用的排泄物消毒法，这种方法能杀灭除细菌芽孢外的所有病原微生物，并能作肥料使用。生物热消毒法的原理是将收集的粪便堆积起来，粪便中便形成了缺氧的环境，其所含的嗜热厌氧微生物在缺氧环境中大量生长并产生热量，能使粪便温度达60~75℃，这样便可杀死粪便中病毒、细菌（芽孢除外）、寄生虫虫卵等病原体。此种方法通常有发酵池法和堆粪法两种。

（1）方法

①发酵池法：适用于动物养殖场，多用于稀粪便的发酵。

选址：在距离动物饲养场200~250m以外，远离居民、河流、水井等地，根据粪便的量挖两个或两个以上的发酵池。

修建消毒池：可以筑为圆形或方形，消毒池的边缘与池底用砖砌后再抹水泥，做防水涂层。

先将池底放一层干粪，然后将每天清除出的粪便、垫草、污物等倒入池内。

消毒池快满的时候在粪的表面铺层干粪或杂草，上面用一层泥土封好，并用木板盖上，以利于发酵和保持卫生。

经1~3个月，即可从消毒池中清理出粪便。在此期间每天清除的粪便可倒入其他消毒池，如此轮换使用。

②堆粪法：适用于干固粪便的发酵消毒处理。

选址：在距动物饲养场200~250m以外，远离居民区、河流、水井等的平地上设一个堆粪场，挖一个宽1.5~2.5m、深约20cm，长度视粪便量的多少而定的浅坑。

先在坑底放一层无传染病污染的粪便或干草，然后再堆放每天清理的粪便、垫草、污物等。

堆到1~1.5m高度时，在欲消毒粪便的外面铺上10cm厚的无传染病污染的粪便或干草，最后覆盖10cm厚的泥土。

密封发酵：夏季2个月以上，冬季3个月以上，即可出粪清坑。如粪便较稀时，应加些杂草，太干时倒入稀粪或加水，使其干湿适当，以促使其迅速发热。

（2）注意事项

①发酵池和堆粪场应选择远离学校、公共场所、居民住宅区、动物饲养、屠宰场所、村庄、饮用水源地、河流等。

②修建发酵池时要求坚固，防止渗漏。

③注意生物热消毒法的适用范围。

2. 掩埋消毒法

掩埋消毒法简单易行，但缺点是粪便和污物中的病原微生物可渗入地下水，污染水源。适用于粪便量较少，且不含细菌芽孢。

（1）方法

①消毒前的准备：漂白粉或新鲜的生石灰，高筒靴、防护服、口罩、橡皮手套，铁锹等。

②将粪便与漂白粉或新鲜的生石灰混合均匀。

③混合后深埋在地下2m左右。

（2）注意事项

①掩埋地点应选择远离学校、公共场所、居民住宅区、村庄、饮用水源地、河流等。

②应选择地势高燥，地下水位较低的地方。

③注意掩埋消毒法的适用范围。

3. 焚烧消毒法

焚烧消毒法是消灭一切病原微生物最有效的方法，适用于消毒患传染病的动物粪便。可用焚烧炉，如无焚烧炉，可以挖掘焚烧坑，进行焚烧消毒。

（1）方法

①消毒前的准备：燃料、高筒靴、防护服、口罩、橡皮手套、铁锹、铁梁等。

②挖坑：挖一个宽75~100cm，深75cm，长以粪便多少而定的坑。

③在距坑底40~50cm处加一层铁梁，铁梁间隙以不使粪便漏下为宜，铁梁下放燃料、梁上放欲消毒粪便。如粪便太湿，可混一些干草，以便烧毁。

（2）注意事项

①焚烧产生的烟应采取有效的净化措施，防止一氧化碳、烟尘、恶臭的气

味对周围大气环境的污染。

②焚时应注意安全，防止火灾。

任务五　疫源地的消毒

任务概况

本任务主要介绍了疫源地消毒的原则、程序、消毒方法。

必备知识

疫源地消毒指对有传染源存在的地区进行消毒，以免病原微生物外传。疫源地消毒可分为随时消毒和终末消毒两种。

疫源地指传染源及其排出的病原体所波及的地区，包括传染源、被污染的动物圈舍、牧地、活动场所、患病动物和病原携带者等。疫源地能不断向外界扩散和传播病原体，威胁其他地区动物的安全，做好疫源地消毒是防止传染病发生、流行、控制和净化传染病的重要措施之一。

（一）疫源地消毒原则

1. 实施消毒的时间

疫源地消毒时间越早越好，一般接到快报疫情6~12h内实施消毒，其他动物疫病12~48h内实施消毒。消毒持续时间应根据动物疫病流行情况及病原体监测结果确定。

2. 实施消毒的范围

消毒范围为可能被患传染病的动物排出病原体所污染的范围或根据疫情监测的结果确定。包括患病动物所在的圈舍、隔离场地、病死动物尸体、排泄物、分泌物及被病原体污染和可能被污染的一切场所、用具和物品等。疫源地消毒对象的选择，应根据所发生传染病的传播方式及病原体排出途径的不同而有所侧重，在实施消毒的过程中，应抓住重点，保证疫源地消毒的实际效果。如肠道传染病，消毒对象主要是患病动物排出的粪便，以及被其污染的物品、场所等；呼吸道传染病，则主要是消毒空气、分泌物及污染的物品等。

3. 疑似及不明原因动物疫病疫源地的消毒处理

对疑似疫病疫源地按疑似的疫源地进行消毒处理。不明原因的，应根据流行病学特征确定消毒对象和范围，采取严格的消毒方法进行处理。

4. 疫源地消毒中的杀虫、灭鼠

疫区内的吸血昆虫、老鼠在疫病传播上具有重要作用，在对疫源地实施消毒的同时，应做好疫源地的杀虫、灭鼠工作。

（二）疫源地消毒程序

（1）消毒人员在接收到疫源地消毒通知后，应立即检查所需消毒工具、消毒剂和防护用品，做好一切准备工作，并迅速前往疫点实施消毒工作。了解动物发病及活动场所情况，禁止无关人员进入消毒区域，更换工作服或隔离服、胶鞋，戴上口罩、帽子，必要时戴上防护眼镜。

（2）消毒时先测量消毒面积或体积，配置消毒剂。先消毒相关通道，再对疫点进行消毒。消毒时应由上而下，先左后右，从里到外，按一定顺序进行消毒。

（3）消毒完毕后，及时将衣物脱下，将脏的一面卷在里面，连同胶鞋一起放入消毒液桶内，进行彻底消毒。

（三）疫源地的消毒方法

1. 疫源地消毒方法的选择

根据消毒因子的性能、病原体的种类及消毒对象的具体情况进行选择，尽量避免破坏消毒对象和造成环境污染。

（1）消毒对象的性质　消毒排泄物、分泌物、垃圾等废弃物时，只需考虑消毒效果。而消毒具有经济价值的物品时，要考虑既不损害被消毒物品，又要保证确实的消毒效果，如金属笼具等不能使用具有腐蚀性的消毒剂等。对饲槽、饮水器等消毒，不宜使用有毒的化学消毒剂。对含有大量有机物的环境及污物消毒时，不但消耗消毒剂，而且由于蛋白质的凝固而对微生物起保护作用，故不宜用凝固蛋白质性能强的消毒剂。垂直光滑的表面，喷洒药物不易滞留，应用消毒液冲洗或擦拭。粗糙的表面，易于滞留药物，可用消毒液喷雾处理。

（2）消毒现场的特点　疫源地按其范围大小可分为疫点和疫区两种。疫点或疫区的环境条件对选择消毒方法及消毒效果有很大影响，如消毒现场的水源、动物圈舍的密闭性能、动物圈舍内有无动物等。在水源丰富地区的疫源地，可采用消毒液喷洒；缺水地区，则应用粉剂消毒剂撒布。动物圈舍密闭性好时，可用熏蒸法；密闭性差时，可用消毒液喷洒。动物圈舍内有动物时，则应选择毒性及刺激性较小的消毒剂等。

2. 疫源地各消毒对象的消毒方法

（1）排泄物和分泌物的消毒　患病动物的排泄物和分泌物中含有大量的病原体及有机物，必须及时彻底地进行消毒。消毒排泄物和分泌物时，按其量的数倍使用10%~20%漂白粉溶液或五分之一量的漂白粉干粉与其作用2~6h，也可使用0.5%~1%的过氧乙酸或3%~6%的来苏儿作用1h。

（2）饲槽、水槽、饮水器等用具的消毒　应用化学药物消毒时，选用含氯制剂或过氧乙酸，以免消毒剂的气味影响动物采食或饮水。消毒时通常是将其浸于1%~2%漂白粉清液或0.5%的过氧乙酸中作用30~60min或将其浸于1%~4%的氢氧化钠溶液中6~12h。消毒后应用清水将饲槽、水槽、饮水器等冲洗干净。对饲槽、水槽中剩余的饲料、饮水等应进行消毒。

（3）动物圈舍、运动场的消毒　密闭性能好的动物圈舍，可使用熏蒸法消毒；密闭性能差的动物圈舍以及运动场所，可使用消毒液喷洒消毒。在消毒墙壁、地面时，必须保证所有地方都喷湿。在严重污染的地方应反复喷洒2~3次，或掘地30cm，将表层土伴以漂白粉，埋入后以干净泥土压实。

（4）病死动物及病害动物产品的无害化处理　合理安全地处理病死病害动物及其产品，在防止动物疫病传播扩散，保障动物产品质量安全和维护兽医公共卫生上具有重大意义。病死病害动物及其产品处理方法有焚烧法、化制法、高温法、深埋法和化学处理法五种。

进行疫源地消毒时，工作人员应注意防止疫情扩散及自身感染，消毒操作时应穿工作服，不得吸烟、饮食。所有的消毒工具均须用消毒液浸泡或擦拭，然后清洗擦干，最后工作人员应洗手消毒。

任务思考

（1）动物防疫消毒的目的有哪些？

（2）试述三种用于器具的消毒剂的使用方法和注意事项。

（3）消毒液配制时需要注意哪些问题？

（4）简述动物防疫器具消毒的操作步骤。

（5）简述动物圈舍熏蒸消毒的方法。

（6）堆粪法消毒动物排泄物的注意事项有哪些？

（7）疫源地包括哪些？

（8）疫源地中动物圈舍、运动场是如何进行消毒的？

项目五　动物给药与驱虫技术

认知与解读

村级动物防疫员在基层开展动物防疫活动过程中，动物的给药方法是关键技术之一。由于村级动物防疫员普遍文化水平有限、专业知识有所欠缺，工作中不能按照技术规范进行开展免疫工作，导致器械、疫苗被污染，造成免疫效果得不到保证，而正确的、标准化的给药技术可以大大提升动物防疫工作的质量。动物寄生虫病是畜牧业生产中普遍存在的疾病，临床上寄生虫病严重威胁畜牧业生产，对人类的生命健康也会造成极大的危害。因此，保障动物健康，确保畜牧业生产，做好动物的驱虫是重要措施之一。本项目主要介绍了动物给药与驱虫技术。

任务一　动物给药技术

任务概况

本任务主要介绍了村级动物防疫员工作中常用的投药法和注射法。

必备知识

村级动物防疫员在基层一线从事动物免疫接种、驱虫、辅助性疾病治疗过程中，需要将药物通过不同的途径送入动物机体，常用的有投药法和注射法。

（一）投药法

1. 牛、羊的投药技术

（1）经口投药法　经口投药法适用于液体性药物或将药物用水溶解或调成稀粥样，以及中草药的煎剂，灌服的药物一般应无强刺激性或异味。常用的灌药用具有灌角、竹筒、橡皮瓶或长颈酒瓶、药盆等。

①牛的灌药法：助手抓牢牛头，并让牛头紧贴自己的身体，紧拉鼻环或用手、鼻钳等握住鼻中隔使牛头抬起。操作者左手从牛的一侧口角处伸入，打开口腔并用手轻压舌体。右手持盛满药液的药瓶或灌角伸入并送向舌的背部。此时操作者可抬高药瓶或灌角后部并轻轻振动，使药液能流到病畜咽部，待其吞咽后继续灌服直至灌完所有药液。

②羊的灌药法：助手骑在羊的鬐甲部使之确实保定，并用双手从羊的两侧口角伸入，打开口腔并固定头部。操作者将盛满药液的橡皮瓶送向羊舌背部，轻轻挤压瓶壁使药液流出，待其吞咽后继续灌服直至灌完所有药液。

③灌服法的注意事项

a. 灌药时，病畜要确实保定，操作者动作要轻柔，以免造成不必要的医源性损伤。

b. 每次灌药时投药量不能太多，速度不宜太快，药物的温度不要太高或太低，以接近动物体温为宜。

c. 灌药过程中，当病畜出现剧烈挣扎、吼叫、咳嗽时，应暂时停止灌服，并使其头低下，让药液咳出，待病畜状态恢复平静后继续灌服。

d. 病畜头部抬起的高度，应以口角与眼角的连接线略呈水平为宜。切忌抬得过高或牛头过度扭转，以免造成药物误吸，引起异物性肺炎或病畜死亡。

e. 在灌药过程中，应注意观察病畜的咀嚼、吞咽动作，便于掌握灌药的节奏。

（2）口腔投服法　当所投药物为片剂、丸剂或舔剂，常用直接经口投服的方法给药，必要时可采用投药枪，舔剂一般可用光滑的木板送服。对于个体较小的羊，由于口张不大，故可将药物做成指头大小的团块，用食指及拇指夹住送至舌根，也可将羊头抬高并打开口腔，对准舌根部投入使其咽下。

对牛投药时，可采用站立保定，助手适当固定其头部，防止乱动，操作者一只手从一侧口角伸入打开口腔，另一只手持药片、药丸或用竹片刮取舔剂从另一侧口角送入病畜舌背部，病畜即可自然闭合口腔，将药物咽下。若药物不易吞咽，也可在投药后给病畜灌饮少量水，以帮助吞咽。有条件的情况下，可用投药枪给牛投放药丸。常用的投药枪有单枚药丸投药枪和多枚药丸投药枪，前者在使用时需要有助手协助，否则操作者在每投完一枚药后，就要放开一次手，重新装药丸，而再次去抓住牛头就会比前一次困难得多，所以在操作时需要有助手帮助装药丸。而使用能放多枚药丸的投药枪时，便可以由操作者一人独立完成。

（3）鼻胃管投药法　患畜食欲废绝，或所用水剂药物量过多、带有特殊气味，经口不易灌服时，此时一般需要使用胃管投药。对动物安插胃管不仅是一种用药途径，也是常用的治疗方法。临床上主要用于急性胃扩张、肠阻塞、瘤胃臌气、瘤胃积食、瘤胃酸中毒、饲料或药物中毒、严重消化不良以及食欲废绝的患畜。常用药液包括防腐止酵剂如鱼石脂酒精溶液，健胃剂如稀盐酸、食醋，泻剂如液体石蜡、人工盐以及各类中药煎剂等。

①牛的胃管投药方法：将牛确实保定好，胃管从牛的口腔或鼻腔经咽部插入食道。经口插入时，应该先给牛戴上木质开口器，固定好头部，将涂布润滑油的胃管自开口器的孔内送入咽喉部；或持胃管经鼻腔送至咽喉部。当胃管尖端到达咽部，会感触到明显阻力，操作者可轻微抽动胃管，促使其吞咽，此时随牛的吞咽动作顺势将胃管插入食道，判断胃管插入食道后才能投药。如果误将胃管插入到气管内而又不经过认真检查便盲目投药，则可能将药物直接灌入气管及肺内，引起异物性肺炎或窒息而死亡。

②羊的胃管投药法：其操作方法与牛的大致相同，可参见牛的胃管投药法。

③注意事项

a. 选择适宜的胃管，依据动物种类的不同而选用相应的口径及长度，目前市场上已有多种动物的特制胃管可供选择。

b. 胃管使用前要清洗干净，置于0.1%高锰酸钾溶液中浸泡消毒，使用时在其外壁涂布润滑油或石蜡油。

c. 操作时动作要轻柔，注意人畜的安全。

d. 有明显呼吸困难的病畜不宜从鼻腔插入；而患咽炎的病畜则禁止经口腔安插胃管。

e. 判断胃管是否已正确插入食道，不可单凭其中一种现象进行判断，以免造成误判。

f. 在插入胃管时，如果病畜出现剧烈咳嗽、不安挣扎，则为插入气管，应立即将胃管拉出，待动物安定后再重新投放。

g. 若经鼻腔插入胃管，可因管壁干燥、动作粗暴或动物骚动不安，而使鼻部黏膜损伤出血，应视情况采取相应措施。若少量出血，可以不采取措施，不久可停止；出血较多时，应立即拔出胃管，并对病畜止血，将病畜头部适当抬高，进行鼻部、额部冷敷或用大块纱布、药棉塞紧出血一侧鼻腔。

2. 马的投药技术

(1) 口腔投服法　马属动物需要用丸剂、片剂和舔剂进行预防、治疗疾病时，可以采用直接徒手投服和借助简单器械送服。投药时，患马一般站立保定，操作者用一只手从其一侧口角伸入并打开口腔，另一只手持药片、药丸或用竹片刮取舔剂从患马另一侧口角送入其舌背部，药物即可自行咽下。如遇到患马吞咽药物困难时，可以在投药后灌少量水。

（2）胃管投药法　患马六柱栏内保定，助手保定好其头部并使其头颈不要过度前伸。操作者站于稍右前方，用左手握住一侧鼻端并掀起其外鼻翼，右手持涂布好润滑油的胃管，通过左手的指间沿鼻中隔徐徐插入胃管。当胃管前端抵达咽部时，操作者会感觉明显阻力，此时可稍停或轻轻抽动胃管以引起马的吞咽动作，并伴随其咽下动作而将胃管插入食道。确定胃管已插入食道后，再将胃管向前送至颈部下1/3处，并在其外端连接漏斗即可投药。待投药过程结束后，要用少量清水冲净胃管内药液，然后徐徐抽出胃管。

3. 骆驼的投药技术

灌药时，先使骆驼坐卧并保定好，助手抓其耳，使头向后仰，操作者一手抓住口角，另一手将罐内药灌入口中。

4. 猪的投药技术

（1）经口投药法

①饮水法：指将药物溶解于水中，供猪自由饮用。混水给药时要注意三点，一要了解不同药物在水中的溶解度，只有易溶于水的药物或难溶于水但经过加温或加助溶剂后可溶的药物才可以混水给药；二要注意混水给药的浓度，只有浓度适宜才能保证疗效，浓度过高易引起中毒，浓度过低起不到应有效果；三要了解药物水溶液的稳定性，一些在水中稳定性差的药物，配好后要在规定时间内饮完。

②投服法：用木棒撬开猪口腔。在手投药完毕安全撤出后，方可拉出木棍，以免咬伤手指。

（2）胃管投药法　可选择猪专用的胃管，经口腔插入。首先要将猪站立或侧卧保定，用开口器将口打开，或用特制的中央钻一圆孔的木棒塞入其口中将嘴撑开，然后将胃管沿圆孔向咽部插入。其后操作同牛胃管投药。另外，若给猪插胃管是用于导出胃内容物或洗胃时，一定要判定胃管是否已从食道进入胃内，才可以继续操作。

5. 犬、猫的投药技术

投药时犬、猫采取坐立姿势保定，幼犬、幼猫可抓住前肢抬高使身体呈竖直姿势。操作者以左手拇指、食指在两侧口裂后方，隔着皮肤向其齿间隙压迫，即可打开口腔。投药人员用镊子夹持药片、药丸，送入犬、猫的舌根部，迅速将犬、猫嘴合拢，防止张嘴。当犬、猫的舌尖伸出在口腔外并用舌舔鼻端时，说明已将药咽下。某些犬、猫，药片、药丸不往下咽，投药人员应抓住上下颌严防口张开，并用手指轻轻叩打犬的下颌，促使犬咽下药丸。

6. 家禽的投药技术

（1）饮水给药　饮水给药指将药物溶解于水中，让鸡自由饮用摄入，该方法要注意两点。一要了解药物的溶解度，易溶于水的药物，其水溶液能够迅速达到规定的浓度，可放心使用；微溶于水的部分药物如果添加助溶剂后，其溶解度大增，也可混水；而难溶于水的药物，不可以混水给药。二要了解不同药物水溶液的稳定性，只有那些稳定性好的药物才可以让鸡自由饮水；对于部分稳定性差的药物，一定要在药物有效期内让鸡将药水饮完。

（2）拌料给药　拌料给药指将药物均匀地拌入饲料中，供鸡自由采食的方法。由于鸡的舌黏膜的味觉乳头不发达，所以一些有特殊气味的药物也可以混入饲料中给药，这样可以增加应用范围，减少局限性。该方法简便易行，省时省力，尤其适于群体的长期给药，因此它也是鸡群投药最常用的方法之一。

鸡群混料给药，应该注意三点：①药物必须均匀地混于饲料中，常用递加稀释法，即先将药物加入少量饲料中混匀，再与较大量饲料混合，以此类推，直至与全部饲料混匀；②要明确所用药物与饲料中添加剂之间的相互关系，以免降低药效或产生毒副作用，如使用喹乙醇混料时，应该考虑到饲料中已添加的喹乙醇，以免引起鸡体中毒；③要明确混料与混水的区别，一般药物混料浓度为混水浓度的 2 倍。

（3）喷雾给药　在鸡的日常管理中，常用的喷雾给药方式有气雾免疫和喷雾消毒两种。前者多用于那些与呼吸道有亲嗜性的疫苗的免疫，如新城疫弱毒疫苗、传染性支气管炎弱毒疫苗等；后者用于鸡舍日常的带鸡消毒。

①气雾免疫：估算疫苗用量，一般 1 日龄雏鸡喷雾，每 1000 只鸡的喷雾量为 150~200mL、平养鸡为 250~500mL、笼养鸡为 250mL，根据用量制好疫苗。将雏鸡装在纸箱中，排成一排，喷雾器在距雏鸡 40cm 处向鸡喷雾，边走边喷，往返 2~3 遍，将疫苗喷完，喷完后将纸箱叠起，使雏鸡在纸箱中停留半小时。

平养鸡喷雾应在清晨或晚上进行，当鸡舍暗至刚能看清鸡只时，将鸡轻轻赶靠到较长的一面墙根，在距鸡 50cm 处时进行喷雾，边走边喷，至少应喷 2~3 遍，将疫苗均匀喷完。成年笼养鸡喷雾方法与平养鸡基本相似。

②喷雾消毒：带鸡消毒应该选择毒性较低、刺激性小、无腐蚀性、低残毒的消毒剂。将消毒液配好后放入喷雾器中，关闭鸡舍的门、窗、换气孔及排风扇等，消毒人员一只手轻压喷雾器，另一只手持喷雾器喷头并使其向上，距离鸡背 30~50cm，沿鸡舍纵轴缓慢移动，要确保不留死角，直至消毒完整个鸡舍。关闭舍门，待 10~20min 后再打开门、窗、换气孔、排风扇等。带鸡消毒可以杀灭空气、地面和鸡体表的病原体，是一种较科学的消毒方式，也是养鸡场最常使用的消毒方法。

（4）点眼、滴鼻给药　点眼、滴鼻给药主要用于家禽的免疫接种。

①部位：幼禽眼结膜囊内、鼻孔内。

②方法：将已充分溶解稀释的疫苗滴瓶装上滴头，将瓶倒置，滴头向下拿

在手中，或用点眼滴管吸取疫苗，握于手中并控制好胶头。左手握住幼禽，食指和拇指固定住幼禽头部，幼禽眼或一侧鼻孔向上。滴头与眼或鼻保持1cm左右距离，轻捏滴管，滴1~2滴疫苗于鸡眼或鼻中，稍等片刻，待疫苗完全吸收后再放开鸡。

③注意事项：滴鼻时，为了便于疫苗吸入，可用手将对侧鼻孔堵住，保证疫苗被充分吸入。

（二）注射法

1. 皮内注射法

皮内注射法指将药液注射于皮肤的表皮与真皮之间。与其他注射方法相比，其药量注入少，一般仅在皮内注射药液或疫苗0.1~0.5mL，因此一般不用作治疗，主要适用于预防接种、药物过敏试验及某些变态反应的诊断，如牛结核、副结核、马鼻疽等。

（1）部位　通常猪在耳根部，马在颈侧中部，牛在颈侧中部或尾根部，鸡在肉髯部位的皮肤。

（2）方法　按常规局部剪毛、消毒，排尽注射器内空气，以左手拇指、食指将皮肤捏成皱襞，右手持注射器，针头斜面向上，针头与皮肤呈5°。刺入皮内，缓缓地注入药液。药液注入皮内的标志是在推进药液时，感觉到阻力很大且注入药液后局部呈现一个丘疹状隆起，如误入皮下则无此现象。注射完毕，拔出针头，术部轻轻消毒，但应避免压挤局部。

（3）注意事项　注射部位要认真判断，准确无误，进针不可过深，以免刺入皮下，影响诊断与预防接种的效果。拔出针头后注射部位不可用棉球按压揉擦。

2. 皮下注射法

皮下注射法指将药物注射于皮下结缔组织内，经毛细血管、淋巴管的吸收而进入血液循环的一种注射方法。皮下注射法适合于各种刺激性较小的注射药液及疫苗、血清等的注射。

（1）部位　选择皮肤较薄而皮下疏松的部位，猪通常在耳根或股内侧，牛在颈侧或肩胛后方的胸侧，马、骡在颈侧，羊、犬、猫在颈侧、背侧或股内侧，禽类在翼下。

（2）方法　动物保定好，局部剪毛、消毒后，术者用左手的拇指与中指捏起皮肤，食指压皱褶的顶点，使其呈陷窝。右手持连接针头的注射器，迅速刺入陷窝处皮下约2cm。此时，感觉针头无抵抗，可自由摆动，左手按住针头结合部，右手抽动注射器活塞未见回血时，可推动活塞注入药液。如果需要注入的药量较多时，要分点注射，不能在一个注射点注入过多的药液。注射完毕，以酒精棉压迫针孔，拔出注射针头，最后用5%的碘酊消毒。

（3）注意事项

①刺激性强的药品不能做皮下注射，特别是对局部刺激较强的钙制剂、砷制剂、水合氯醛及高渗溶液等，易诱发炎症，甚至组织坏死。

②大量注射补液时，需将药液加温后分点注射。注射后应轻轻按摩或进行温敷，以促进吸收。长期注射者应经常更换注射部位，建立轮流交替注射计划，达到在有限的注射部位吸收最大药量的效果。

3. 肌肉注射法

凡肌肉丰满的部位，均可以进行肌肉注射。由于肌肉内血管丰富，注入药液吸收迅速，所以大多数注射用针剂，一些刺激性较强、较难吸收的乳剂、油剂等药剂和许多疫苗均可进行肌肉注射。

（1）部位　选择动物肌肉发达、厚实，并且可以避开大血管及神经干的部位。大动物、羊多在颈侧、臀部，犬在臀部、背部肌肉，猫常在腰肌、股四头肌以及臀部肌群，其中以股四头肌最常用，禽类在胸肌或大腿部肌肉。

（2）方法　注射部位剪毛消毒后，对大家畜，先以右手拇指与食指捏住针头基部，中指标定刺入深度，用腕力将针头垂直皮肤迅速刺入肌肉2~3cm。左手固定针头，右手持注射器与针头连接并回抽活塞，以检查有无回血。如果判定刺入正确，随即推动活塞，注入药液。而对中小动物，则不必先刺针头，可直接手持连有针头的注射器进行注射。注射完毕，迅速拔出针头，涂布5%碘酊消毒。

（3）注意事项

①针体刺入深度，一般只刺入2/3，切勿把针梗全部刺入，以防针梗从根部衔接处折断。

②强刺激性药物如水合氯醛、钙制剂、浓盐水等，不能肌肉内注射。

③注射针头如接触神经时，则动物感觉疼痛不安，此时应变换针头方向，再注射药液。

④万一针体折断，保持局部和肢体不动，迅速用止血钳夹住断端拔出。如不能拔出时，先将病畜保定好，防止骚动，行局部麻醉后迅速切开注射部位，用小镊子、持针钳或止血钳拔出折断的针体。

⑤长期进行肌肉注射的动物，注射部位应交替更换，以减少硬结的发生。

⑥两种以上药液同时注射时，要注意药物的配伍禁忌，必要时在不同部位注射。

⑦根据药液的量、黏稠度和刺激性的强弱，选择适当的注射器和针头。

⑧避免在瘢痕、硬结、发炎、皮肤病及有针眼的部位注射。瘀血及血肿部位不宜进行注射。

4. 静脉注射法

静脉注射法指将药液直接注入静脉内，随着血液很快分布到全身，不会受消化道及其他脏器的影响而发生变化或失去作用，药效迅速，作用强，注射部位疼痛反应较轻，但其代谢也快。它适用于大量的补液、输血和对局部刺激性大的药液及急需奏效的药物。

（1）牛、羊的静脉注射

①部位：牛多在颈静脉注射，偶尔也可利用耳静脉注射。

②方法：动物保定，使其头部稍向前伸，术部进行剪毛、消毒。术者用左手压迫颈静脉的近心端，或者用绳索勒紧颈下部，使静脉回流受阻而怒张。确定好注射部位后，右手持针头用力迅速地垂直刺入皮肤及血管，若见到有血液流出，表明已将针头刺入颈静脉中，再沿颈静脉走向稍微向前送入，固定好针头后，连接注射器或输液瓶的胶管，即可注入药液。尾静脉注射可在近尾根的腹中线处进针，准确部位应根据动物大小不同而变化，一般距肛门 10.0～20.0cm。注射时，术者必须举起牛尾巴，使它与背中线垂直，另一只手持注射器在尾腹侧中线，垂直于尾纵轴进针至针头稍微触及尾骨。然后试着抽吸，若有回血，即可注射药液或采血。如果无回血，可将针稍微退出 1～5mm，并再次用上述方法鉴别是否刺入。奶牛的尾静脉穿刺适用于小剂量的给药和采血，可在很大程度上代替颈静脉穿刺法，而且尾部抽血可减轻患牛的紧张程度，避免牛吼叫和过度保定，操作简便快捷，值得推广应用。

羊的静脉注射法多用颈静脉注射，其操作方法参照马的静脉注射。

（2）马的静脉注射法

①部位：常在马的颈静脉的上 1/3 与中 1/3 的交界处，特殊情况可在胸外静脉进行。

②方法：马多在柱栏内采取站立保定，可将其头部拉紧前冲并稍偏向对侧，术部剪毛、消毒。术者用左手拇指在颈静脉的近心端（靠近胸腔气口处）压迫静脉血管，使其充盈、怒张。右手持注射针头，使其与皮肤呈 45°，迅速刺入皮肤及血管内，如见回血，表明针头已准确刺入脉管；如果未见回血，可稍微前后移动针头，使其进入血管。针头刺入血管后，将针头后端靠近皮肤，并近似平行的将针头在血管内前送 1～2cm。然后，术者的左手可松开颈静脉，将注射器或输液管与针头相连接，并用夹子将其固定于皮肤上，就可以徐徐进行注射。注射完毕后，以酒精棉球压迫注射局部并拔出针头，再用 5%的碘酊局部消毒。

（3）猪的静脉注射　常采用耳静脉或前腔静脉进行注射。

①耳静脉注射法

部位：猪耳背侧静脉。

方法：将猪站立或侧卧保定，耳静脉局部消毒。助手用手指按压耳根部静脉管处或用胶带在耳根部扎紧，使静脉血回流受阻，静脉血管充盈、怒张。术者用左手把持猪耳，将其托平并使注射部位稍有隆起，右手持连接针头的注射器，沿静脉血管方向使针头与皮肤呈30°~45°，刺入皮肤和血管内，轻轻回抽活塞如可见回血即为已刺入血管，然后将针管放平并沿血管稍向前刺入。此时，可以撤去压迫脉管的手指或解除结扎的胶带。术者用左手拇指压住注射针头，右手徐徐推进药液，直至药液注完。如果大量输液时，可用输液器、输液瓶替代注射器。操作方法相同。注药完毕，左手拿酒精棉紧压针孔，迅速拔出针头。为了防止血肿，继续紧压局部片刻，最后涂布5%的碘酊。

②前腔静脉注射法

部位：前腔静脉为左、右两侧的颈静脉与腋静脉至第一对肋骨间的胸腔入口处于气管腹侧面汇合而成。注射部位在第1肋骨与胸骨柄结合处的正前方，由于左侧靠近膈神经，易损伤，故多于右侧进行注射，针头刺入方向呈近似垂直并稍向中央及胸腔方向，刺入深度依据猪体大小而定，一般为2~6cm。用于大量输液或采血。

方法：对猪采取站立保定或侧卧保定。站立保定时，在右侧耳根至胸骨柄的连线上，距胸骨端1~3cm处刺入针头，进针时稍微斜向中央并刺向第1肋骨间胸腔入口处，边刺边回抽活塞观察是否有回血，如果见到有回血即表明针头已刺入前腔静脉，可注入药液。猪取仰卧保定时，固定好其前肢及头部。局部消毒后，术者持连有针头的注射器，由右侧沿第1肋骨与胸骨结合部前侧方的凹陷处刺入，并且稍微斜刺向中央及胸腔方向，一边刺入一边回抽，当见到回血后即表明针头已刺入，即可徐徐注入药液。注射完毕后拔出针头，局部消毒。

（4）犬的静脉注射法

①部位：犬多在后肢外侧面小隐静脉或前臂皮下静脉（又称桡静脉）进行注射，特殊情况下（犬的血液循环障碍，较小的静脉不易找到）也可在颈静脉注射。

②方法：采用后肢外侧面小隐静脉注射时，助手将犬侧卧保定，固定好头部。在后肢胫部下1/3的外侧浅表皮下找到该静脉，局部剪毛、消毒。用胶管结扎后肢股部或由助手用手紧握，此时静脉血回流受阻而使静脉血管充盈、怒张。术者左手握在要注射部位的上方，右手持5号半注射针头沿静脉走向刺入皮下及血管，若有回血，证明已刺入静脉，此时可将针头顺血管腔再刺入少许，解开结扎带或助手松开手，术者用左手固定针头，右手徐徐将药液注入。

采用前臂皮下静脉注射时，对犬的保定及注射方法与后肢外侧面小隐静脉相同，而且位于前肢内侧面皮下的头静脉比后肢外侧面小隐静脉更粗更易固定，因此在犬的一般注射或取血时，更常采用该静脉。

（5）猫的静脉注射法

①部位：常选择前肢腕关节下掌中部内侧的头静脉或后肢股内侧皮下的隐静脉。

②方法：采用前肢内侧面头静脉注射时，将猫侧卧或伏卧保定，固定好头部，局部剪毛、消毒。助手用橡胶带扎紧或用手握紧前肢上部，使头静脉充盈怒张，术者用右手持注射针头顺静脉刺入皮下，再与血管平行刺入静脉，此时针头若有回血，助手松开手或解开橡胶带。术者将针头沿血管腔稍微前送，固定好针头，进行注射。

（6）静脉注射的注意事项

①要严格遵守无菌操作规程，对所有注射用具、注射部位都要严格消毒。

②动物确实保定，看准静脉并明确注射部位后再扎入针头，避免多次扎针而引起血肿。

③注入药液前应该排净注射器或输液胶管中的气泡，严防将气泡注入静脉。

④对所要注射的药品质量应严格检查，不同药液混合使用时要注意配伍禁忌。对组织刺激性强的药液要严防漏于血管外，油类制剂禁止进行静脉注射。

⑤给动物补液时，速度不宜过快，大家畜以 30～60mL/min 为宜，犬、猫等小动物以 25～40 滴/min 为宜。药液在注入前应加温使其接近动物体温。

⑥静脉注射过程中，要随时注意观察动物的表现，如动物有不安、出汗、呼吸困难、肌肉战栗等症状时，应该立即停止注射，待查明原因后再行处置。

⑦要随时观察药液的注入情况，一旦出现液体输入突然过慢或停止，或者注射局部明显肿胀以及针头滑出血管时，应该立即检查，进行调整，直至恢复正常。

（7）药液外漏的处理

静脉内注射时，常由于未刺入血管或刺入后，因病畜骚动而针头移位脱出血管外，致使药液漏于皮下。故当发现药液外漏时，应立即停止注射，根据不同的药液采取下列措施处理。

①立即用注射器抽出外漏的药液：生理盐水、等渗葡萄糖类的等渗溶液，一般很快自然吸收；高渗盐溶液，则应向肿胀局部及其周围注入适量的灭菌注射用水进行稀释；刺激性强或有腐蚀性的药液，向其周围组织内注入生理盐水，如氯化钙液外漏时，可注入 10%硫酸钠或 10%硫代硫酸钠 10～20mL，使氯化钙变为无刺激性的硫酸钙和氯化钠。

②局部可用 5%～10%硫酸镁进行温敷，以缓解疼痛。

③当大量药液外漏时，应做早期切开，并用高渗硫酸镁溶液引流。

5. 刺种法

刺种法主要用于家禽的免疫接种。

（1）部位　禽翅膀内侧三角区无血管处。

（2）方法

①保定好动物。

②操作者左手抓住鸡的一只翅膀，右手持刺种针插入疫苗瓶中，蘸取稀释的疫苗液，在翅膀内侧无血管处刺针。拔出刺种针，稍停片刻，待疫苗被吸收后，将禽轻轻放开。再将刺针插入疫苗瓶中，蘸取疫苗，准备下次刺种。

（3）注意事项

①为避免刺种过程中打翻疫苗瓶，可用小木块，上面钉 4 根成小正方形的铁钉，固定疫苗瓶。

②要经常摇动疫苗瓶，使疫苗混匀。每次刺种前，都要将刺种针在疫苗瓶中蘸一下，保证每次刺针都蘸有足量的疫苗。及时检查疫苗瓶中疫苗液的深度，以便及时添加。

③注意不要损伤血管和骨骼。

④勿将疫苗溅出或触及接种区以外其他部位。

⑤翼膜刺种多用于鸡痘和禽脑脊髓炎疫苗，一般刺种后 7~10d 后，刺种部位会出现轻微红肿、结痂，14~21d 痂块脱落。这是正常的疫苗反应。如无此反应，则说明免疫失败，应重新补刺。

任务二　动物驱虫技术

任务概况

本任务主要介绍了动物蠕虫病、原虫病、外寄生虫病的驱虫技术。

必备知识

动物寄生虫病是目前危害人类和动物最严重的疾病之一。其中很多寄生虫病属于人兽共患病。而驱虫是动物寄生虫病综合防治措施的重要环节，具有双重意义，一是治疗患病动物，二是减少患病动物和带虫者向外界散播病原体，也就是对健康动物的预防。

在防治寄生虫病中，通常都是实施预防性驱虫，即按照寄生虫病的流行规律定时投药，而不论其发病与否。如北方地区防治绵羊蠕虫病，多采取一年两次驱虫的措施。春季驱虫在放牧前进行，目的在于防止牧场被污染；秋季驱虫在转入舍饲后进行，目的在于将动物已经感染的寄生虫驱除，防止发生寄生虫病畜散播病原体。预防性驱虫尽可能实施成虫期前驱虫，因为这时寄生虫尚未产生虫卵或幼虫，可以最大限度地防止散播病原体。在驱虫中尤其要注意寄生虫产生抗药性，要有计划地经常更换驱虫药物。

（一）动物蠕虫病的驱虫技术

动物蠕虫病包括线虫、绦虫、吸虫三类。动物常见的线虫病有蛔虫病、尖尾线虫病、杆虫病、圆线虫病、毛首线虫病、旋尾线虫病、丝虫病、龙线虫病、犬肾膨结线虫病等；常见的绦虫病有牛带绦虫病、猪带绦虫病、微小膜壳绦虫病、缩小膜壳绦虫病等；常见的吸虫病有片形吸虫病、双腔吸虫病、阔盘吸虫病、裂体吸虫病、姜片吸虫病、枝睾吸虫病和前殖吸虫病等。临床上常用的驱虫药物有以下几种。

1. 阿苯达唑

（1）应用　用于治疗动物线虫病、绦虫病和吸虫病。

（2）用法用量　粉制剂、片剂、混悬液：一次内服，马、猪 5~10mg/kg 体重，牛、羊 10~15mg/kg 体重，禽 10~20mg/kg 体重，犬 25~50mg/kg 体重。10%颗粒制剂：一次内服，马、猪 50~100mg/kg 体重，牛、羊 100~150mg/kg 体重，禽 100~200mg/kg 体重，犬 250~500mg/kg 体重。

（3）注意事项

①食用马禁用；泌乳期禁用；动物妊娠期前 45d 内慎用，对妊娠早期动物有致畸和胚胎毒性的作用。

②犬以 50mg/kg 体重每天 2 次用药，会逐渐产生厌食症；可引起犬的再生障碍性贫血。

2. 氟苯达唑

（1）应用　用于驱除动物胃肠道线虫及绦虫。

（2）用法用量　一次内服，猪 600g/t 饲料，家禽 600~1200g/t 饲料。

（3）注意事项

①动物超剂量服用时，会出现短时间的腹泻。禁用于鸽子和鹦鹉。

②在治疗的同时，猪场和养禽场如能保持良好的卫生环境，治疗效果更佳。

③使用者应避免皮肤直接接触或吸入氟苯达唑。

3. 芬苯达唑

（1）应用　用于治疗动物线虫病和绦虫病。

（2）用法用量　粉制剂：一次内服，马、牛、羊、猪 0.1~0.15g/kg 体重，禽 0.2~1g/kg 体重，犬、猫 0.5~1g/kg 体重，连用 3d。片剂：一次内服，马、牛、羊、猪 5～7.5mg/kg 体重，禽 10～50mg/kg 体重，犬、猫 25～50mg/kg 体重，连用 3d。颗粒制剂：一次内服，马、牛、羊、猪 5～7.5mg/kg 体重，禽 0.01～0.05g/kg 体重，犬、猫 5～50mg/kg 体重。

（3）注意事项

①供食用的马不得使用。由于死亡的寄生虫释放抗原，可继发产生过敏性反应，特别是在高剂量时。犬或猫内服时偶见呕吐，曾有一例报道，犬服药后各类白细胞减少。

②片剂单剂量对于犬、猫往往无效，必须治疗 3d；可能伴有致畸胎和胚胎毒性的作用，妊娠前期忌用。

③敏感虫体对其能产生耐药，甚至与其他苯并咪唑类产生交叉耐药现象。

4. 奥芬达唑

（1）应用　用于治疗动物线虫病和绦虫病。

（2）用法用量　颗粒制剂：一次内服，马、犬 100mg/kg 体重，牛 50mg/kg 体重，羊 50～75mg/kg 体重，猪 40mg/kg 体重。片剂：一次内服，马、犬10mg/kg 体重，牛 5mg/kg 体重，羊 5～7.5g/kg 体重，猪 4mg/kg 体重。

（3）注意事项

①产乳供人食用的牛、羊，在泌乳期不得使用；供食用的马禁用；妊娠早期动物慎用。

②单剂量对于犬一般无效，必须连用 3d。

③敏感虫体对奥芬达唑能产生耐药，甚至与其他苯并咪唑类产生交叉耐药现象。

④犬大剂量应用时可能产生食欲不振；可引起犬的再生障碍性贫血；有胚胎毒性和致畸作用。

5. 双羟萘酸噻嘧啶

（1）应用　用于治疗动物胃肠道线虫病。

（2）用法用量　一次内服：马 7.5～15mg/kg 体重，犬、猫 5～10mg/kg 体重。

（3）注意事项

①由于作用（毒性）机制相似，噻嘧啶与甲噻嘧啶或左旋咪唑同用可能使毒性增强；与有机磷或乙胺嗪同时使用，不良反应将会加强；与哌嗪具有拮抗作用，不可同时使用。

②禁与肌松药、抗胆碱酯酶药和有机磷杀虫药合用；严重衰弱的动物慎用。

③小动物使用时，可发生呕吐。

6. 碘硝酚

（1）应用　用于治疗动物羊线虫、羊鼻蝇蛆、螨和蜱感染。

（2）用法用量　一次皮下注射：羊 10~20mg/kg 体重。

（3）注意事项

①碘硝酚不得用于秋季螨病的防治。

②因为碘硝酚对组织中幼虫效果差，故 3 周后应重复用药。

③安全范围窄，通常表现为肝毒性症状；治疗量时，可见心率、呼吸加快，体温升高；剂量过大时可见失明、呼吸困难、抽搐甚至死亡。

7. 伊维菌素

（1）应用　用于防治动物线虫病，螨病和寄生性昆虫病。

（2）用法用量　一次内服：羊 2mg/kg 体重，猪 3mg/kg 体重。一次皮下注射：牛、羊 0.2mg/kg 体重；猪 0.3mg/kg 体重。

（3）注意事项

①伊维菌素与乙胺嗪同时使用，可能产生严重的或致死性脑病。

②产乳供人食用的牛、羊，在泌乳期不得使用；母猪妊娠前期 45d 慎用。

③伊维菌素对虾、鱼及水生生物有剧毒，残留药物的包装及容器切勿污染水源。

④每个皮下注射点，不宜超过 10mL。

⑤注射液用于治疗牛皮蝇蚴病时，如杀死的幼虫在关键部位，将会引起严重的不良反应；注射时，注射部位有不适或暂时性水肿。

8. 阿维菌素

（1）应用　用于治疗动物的线虫病、螨病和寄生性昆虫病。

（2）用法用量　内服：羊、猪 0.3mg/kg 体重。透皮剂：一次浇淋或涂擦，牛、猪 0.1mL/kg 体重，由肩部向后沿背中线浇淋；犬、兔两耳耳部内侧涂擦。

皮下注射：羊 0.2mg/kg 体重，猪 0.3mg/kg 体重。

（3）注意事项

①阿维菌素与乙胺嗪同时使用，可能产生严重的或致死性脑病。

②阿维菌素毒性较强，应慎用；对虾、鱼和水生生物有剧毒，残存药物的包装切勿污染水源；泌乳期禁用。

③其性状不稳定，特别对光线敏感，可迅速氧化灭活，应注意贮存和使用条件。

④注射液仅限于皮下注射，因肌内、静脉注射易引起中毒反应；每个皮下注射点，不宜超过 10mL；含甘油缩甲醛和丙二醇的阿维菌素注射剂，仅适用于羊、猪，用于其他动物，特别是犬和马时易引起严重局部反应。

9. 多拉菌素

（1）应用　用于治疗动物的线虫病、虱、螨等外寄生虫病。

（2）用法用量　一次肌肉注射，猪 1mL/33kg 体重。

（3）注意事项

①使用时操作人员不应进食或吸烟，操作后要洗手。

②在阳光照射下其迅速分解灭活，应避光保存。

③其残留药物对鱼类及水生生物有毒，应注意保护水资源。

10. 盐酸左旋咪唑

（1）应用　用于牛、羊、猪、犬、猫和禽的胃肠道线虫、肺线虫及猪肾虫病。

（2）用法用量　一次皮下、肌肉注射或内服：牛、羊、猪 7.5mg/kg 体重，犬、猫 10mg/kg 体重，禽 25mg/kg 体重。

（3）注意事项

①具有烟碱作用的药物如噻嘧啶、甲噻嘧啶、乙胺嗪，胆碱酯酶抑制药如有机磷、新斯的明可增加左旋咪唑的毒性，不宜联用；其可增强布鲁氏菌疫苗等的免疫反应和效果。

②产蛋供人食用的家禽，在产蛋期不得使用；产乳供人食用的动物，在泌乳期不得使用。

③过度疲劳、极度衰弱或严重肝肾损伤患畜应慎用；疫苗接种、去角或去势等引起应激反应的牛应慎用或推迟使用。

④中毒时可用阿托品解毒和其他对症治疗。

⑤用本品可出现副交感神经兴奋症状，口鼻出现泡沫或流涎，兴奋或颤抖，舔唇和摇头等不良反应。症状一般在 2h 内减退。

⑥绵羊给药后可引起暂时性兴奋，山羊可产生抑郁、感觉过敏和流涎；猪可引起流涎或口鼻冒出泡沫；犬可见胃肠功能紊乱如呕吐、腹泻，神经毒性反应如喘气、摇头、焦虑或其他行为变化，粒细胞缺乏症，肺水肿，免疫介导性皮疹等；猫可见流涎、兴奋、瞳孔散大和呕吐等。

11. 氯硝柳胺

（1）应用　用于治疗动物绦虫病、反刍动物前后盘吸虫感染。

（2）用法用量　一次内服：牛 40~60mg/kg 体重，羊 60~70mg/kg 体重，禽 50~60mg/kg 体重，犬、猫 80~100mg/kg 体重。

（3）注意事项

①氯硝柳胺可以与左旋咪唑合用，治疗犊牛和羔羊的绦虫与线虫混合感染；与普鲁卡因合用，可提高氯硝柳胺对小鼠绦虫的疗效。

②动物在给药前，应禁食 12h。

③犬、猫对本品较敏感，2 倍治疗量可使犬、猫出现暂时性下痢，4 倍治疗量可使犬肝脏出现病灶性营养不良，肾小球出现渗出物。

12. 硝氯酚

（1）应用　用于治疗牛、羊片形吸虫病。

（2）用法用量　一次内服：黄牛 3~7mg/kg 体重，水牛 1~3mg/kg 体重，羊 3~4mg/kg 体重。

（3）注意事项

①硝氯酚配成溶液给牛灌服前，若先灌服浓氯化钠溶液，能反射性使食管沟关闭，使药物直接进入皱胃，可增强驱虫效果，若采用此方法必须适当减少剂量，以免发生不良反应；硝氯酚中毒时，静脉注射钙制剂可增强其毒性。

②治疗量对动物比较安全；过量引起发热、呼吸困难、窒息等中毒症状，可根据症状选用尼可刹米、毒毛花苷 K、维生素 C 等对症治疗，但禁用钙制剂静脉注射。

③过量用药动物可出现发热、呼吸急促和出汗，持续 2~3d，偶见死亡。

13. 碘醚柳胺

（1）应用　用于治疗牛、羊肝片吸虫病。

（2）用法用量　一次内服：牛、羊 0.35~0.6mL/kg 体重。

（3）注意事项

①碘醚柳胺与阿苯达唑合用，治疗牛、羊的肝片吸虫病和胃肠道线虫病，并不改变两者的安全指数。

②产乳供人食用的牛、羊，在泌乳期不得使用；不得超量使用。

14. 三氯苯达唑

（1）应用　用于防治牛、羊肝片吸虫感染。

（2）用法用量　一次内服：牛 12mg/kg 体重，羊 10mg/kg 体重。治疗急性肝片吸虫病，应在 5 周后重复用药一次。

（3）注意事项

①产乳供人食用的牛、羊，在泌乳期不得使用。

②对鱼类毒性较大，残留药物、容器切勿污染水源。

③对药物过敏者，使用时应避免皮肤直接接触和吸入，用药时应戴手套，禁止饮食和吸烟，用药后应洗手。

15. 吡喹酮

（1）应用　粉剂、片剂用于治疗动物血吸虫病、绦虫病和囊尾蚴病。硅胶棒用于预防和控制以犬为终宿主的绦虫感染（包括棘球绦虫、多头绦虫和泡状带绦虫等）。

（2）用法用量　一次内服，每 10kg 体重，牛、羊 1~3.5 片，犬、猫 0.25~

0.5 片，禽 1~2 片。

(3) 注意事项

①吡喹酮与阿苯达唑、地塞米松合用时，可降低吡喹酮的血药浓度。4 周龄以内幼犬和 6 周龄以内的猫慎用。

②吡喹酮与非班太尔配伍的产品可用于各种年龄的犬猫，还可以安全用于怀孕的犬猫。

③硅胶棒必须由经过培训的人员进行埋植；埋植中要保证严格的无菌操作；有皮肤及全身疾病的犬禁用。

（二）动物原虫病的驱虫技术

动物原虫病主要有球虫病、锥虫病、梨形虫病、弓形体病等。对动物的危害较严重，有时会造成动物大批死亡，直接危害畜牧业的发展。临床上常用的驱虫药物有以下几种。

1. 地克珠利

(1) 应用　用于预防禽、兔球虫病。

(2) 用法用量　混饲。0.2%地克珠利，禽、兔 0.5g/kg 饲料；0.5%地克珠利，禽、兔 0.2g/kg 饲料；5%地克珠利，禽、兔 0.02g/kg 饲料。

(3) 注意事项

①地克珠利可在商品饲料和养殖过程中使用；产蛋供人食用的家禽，在产蛋期不得使用。

②地克珠利药效期短，停药 1d，抗球虫作用明显减弱，2d 后作用基本消失。因此，必须连续用药以防球虫病再度暴发；其混料浓度极低，药料应充分拌匀，否则影响疗效。

2. 托曲珠利

(1) 应用　用于预防仔猪和犊牛的球虫病。

(2) 用法用量　一次内服：犊牛 15mg/kg 体重；3~5 日龄的仔猪，20mg/kg 体重。

(3) 注意事项

①托曲珠利使用前充分摇匀；开盖后请于三个月内使用完毕。

②勿用于体重超过 80kg 的牛和育肥期犊牛；同栏犊牛建议同时全部用药。

③对因感染球虫已出现下痢的犊牛，应进行其他辅助性（对症性）治疗。

④托曲珠利的主要代谢产物为托曲珠利砜，该成分稳定（半衰期大于 1 年）而且能溶于土壤中，该成分对植物有毒性。对用药后牛的粪便，应用至少 3 倍重量的未用药牛粪便进行稀释后才能排泄到土壤中。

3. 莫能菌素

（1）应用　用于预防鸡球虫病。

（2）用法用量　混饲根据莫能菌素规格的不同，用量也不同。100g：10g（1000 万 IU），鸡 0.9～1.1g/kg 饲料；100g：20g（2000 万 IU），鸡 0.45～0.55g/kg 饲料；100g：40g（4000 万 IU），鸡 0.225～0.275g/kg 饲料。

（3）注意事项

①10 周龄以上火鸡、珍珠鸡及鸟类对本品较敏感，不宜应用；超过 16 周龄鸡禁用；蛋鸡产蛋期禁用；马属动物禁用。

②饲喂前必须将莫能菌素与饲料混匀，禁止直接饲喂未经稀释的莫能菌素；禁止与泰妙菌素、竹桃霉素合用，否则有中毒的危险；搅拌配料时，防止与人的皮肤、眼睛接触。

③饲料中添加量超过 120mg/kg 时，可引起鸡增长率和饲料转化率下降。超剂量使用莫能菌素时，可导致牛增重率下降，甚至中毒死亡。

4. 尼卡巴嗪

（1）应用　用于预防鸡球虫病。

（2）用法用量　混饲：鸡 0.100～0.125g/kg 饲料。

（3）注意事项

①夏季高温季节慎用，使用时会增加应激和死亡率。

②蛋鸡产蛋期及种鸡禁用，尼卡巴嗪能使产蛋率、受精率及鸡蛋质量下降和棕色蛋壳色泽变浅。

5. 氯苯胍

（1）应用　用于防治鸡、兔的球虫病。

（2）用法用量　片剂，一次内服：鸡、兔 10～15mg/kg 体重。预混剂，混饲：鸡 0.3～0.6g/kg 饲料；兔 1～1.5g/kg 饲料。

（3）注意事项

①氯苯胍可在商品饲料和养殖过程中使用；产蛋供人食用的鸡，在产蛋期不得使用。

②长期或高浓度（60mg/kg 饲料）混饲，可引起鸡肉、鸡蛋异臭。但较低浓度（≤30mg/kg 饲料）不会产生上述现象。

③应用氯苯胍防治某些球虫病时停药过早，常导致球虫病复发，应连续用药。

6. 喹嘧胺

（1）应用　用于治疗动物锥虫病。

（2）用法用量　一次肌肉、皮下注射：马、牛、骆驼 4～5mg/kg 体重。临用前配成 10%水悬液。

（3）注意事项

①肌肉或皮下注射时可引起注射部位肿胀和硬结。

②马属动物对本品较敏感，注射后 0.25～2h 常出现兴奋不安、肌肉震颤、出汗、体温升高、频排粪尿、呼吸困难与心搏加快等症状，一般可在 3～5h 消失。反应严重的患畜可肌肉注射阿托品缓解症状。

7. 三氮脒

（1）应用　用于治疗动物巴贝斯虫病、泰勒虫病、伊氏锥虫病和媾疫锥虫病。

（2）用法用量　一次肌肉注射：马 3～4mg/kg 体重，牛、羊 3～5mg/kg 体重。临用前配成 5%～7%溶液。

（3）注意事项

①三氮脒毒性大、安全范围较小。应严格掌握用药剂量，不得超量使用。

②骆驼敏感，通常不用；马较敏感，慎用；超量应用可使乳牛产奶量减少；水牛不宜连用，1 次即可；其他动物必要时可连用，但须间隔 24h。连用不得超过 3 次。

③局部肌肉注射有刺激性，可引起肿胀，应分点深层肌肉注射。

④三氮脒毒性较大，可引起副交感神经兴奋反应。用药后常出现不安、起卧、频繁排尿、肌肉震颤等反应。过量使用可引起死亡。

（三）动物外寄生虫病的驱虫技术

螨、蜱、虱、蚤、库蠓、蚊、蝇、蝇蛆、伤口蛆等节肢动物均属外寄生虫，不仅引起动物外寄生虫病，严重影响动物健康和导致巨大经济损失，而且传播许多寄生虫病、传染病和许多人兽共患病。临床上常用的驱虫药物有以下几种。

1. 辛硫磷

（1）应用　用于驱杀猪螨、虱、蜱等体外寄生虫。

（2）用法用量　外用：每 10kg 体重，猪 0.75mL。沿猪脊背从两耳根浇洒到尾根；耳部感染严重者，可在每侧耳内另外浇洒 0.19mL。

（3）注意事项

①禁与强氧化剂、碱性药物合用；禁止与其他有机磷化合物和胆碱酯酶抑制剂合用。

②避免与操作人员的皮肤和黏膜接触。

2. 二嗪农

（1）应用　用于驱杀动物的体表寄生虫蜱、螨、虱。

（2）用法用量　药浴：绵羊，每 1L 水加本品 1mL（初液）或 3mL（补充液)；牛，每 1L 水加本品 2.5mL（初液）或 6mL（补充液）。项圈：将圈套于犬、猫颈部，以能插入一指头的空隙为其松紧度，剪去多余的部分；犬、猫，每只一次 1 条，使用期 4 个月。

（3）注意事项

①禽、猫、蜜蜂对二嗪农较敏感。

②药浴时必须精确计量药液浓度，动物应全身浸泡 1min 为宜。

③禁止与其他有机磷化合物和胆碱酯酶抑制剂同时使用。须长期佩戴此项圈，洗澡时无需取下项圈；如发生皮肤过敏现象，请立即取下项圈；操作结束后请洗手，不能将药品抛弃于池塘或河流等水源中。

3. 甲基吡啶磷

（1）应用　用于控制动物厩舍内蝇等昆虫。

（2）用法用量　涂布。甲基吡啶磷可湿性粉（10%），取 250g 充分混合于 200mL 温水中调成糊状，每 $200m^2$ 涂 30 点；甲基吡啶磷可湿性粉（50%），取 50g 和糖 200g 加适量温水调成糊状，每 $200m^2$ 涂 30 点。

（3）注意事项

①使用时应避免与皮肤和黏膜接触。

②甲基吡啶磷及其废弃物应注意不能污染河流、池塘及下水道。

③动物吸入中毒时需将其转移到新鲜空气环境中。当皮肤接触或溅入眼中时需立即用大量水清洗。误食时需大量饮水并服用大量活性炭。

④药物加水稀释后应当日用完。混悬液停放 30min 后，宜重新搅拌均匀后应用。

4. 蝇毒磷

（1）应用　用于防治牛皮蝇蛆、蜱、螨、蚤、蝇等体外寄生虫。

（2）用法用量　外用，0.1%溶液按 1∶（2~5）稀释，配成 0.02%~0.05% 的乳剂。

（3）注意事项

①蝇毒磷与其他有机磷类、胆碱酯酶抑制剂有协同作用，同时应用时毒性增强。

②禁止与其他有机磷化合物以及胆碱酯酶抑制剂合用。

5. 精制马拉硫磷

（1）应用　用于杀灭动物体外寄生虫。

（2）用法用量　药浴或喷雾，20%溶液，按 1∶（67~100）稀释，配成 0.2%~0.3%水溶液。

（3）注意事项

①马拉硫磷与其他有机磷类、胆碱酯酶抑制剂有协同作用，同时应用时毒

性增强。

②马拉硫磷不能和碱性物质或氧化物质接触。对眼睛、皮肤有刺激性，动物中毒时可用阿托品进行解救；动物体表用马拉硫磷数小时内应避开日光照射和风吹，必要时间隔 2~3 周重复用药一次。1 月龄以内动物禁用。

6. 氰戊菊酯

（1）应用　用于驱杀动物外寄生虫，如螨、虱、蚤等。

（2）用法用量　5%溶液喷雾：加水以 1∶（250~500）稀释。

（3）注意事项

①配制溶液时，水温以 12℃为宜，如水温超过 25℃会降低药效，水温超过 50℃时则失效。

②避免使用碱性水，并忌与碱性药物合用，以防药液分解失效。

③对蜜蜂、鱼虾、家蚕毒性较强，使用时不要污染河流、池塘、桑园、养蜂场所。

7. 溴氰菊酯

（1）应用　防治牛，羊体外寄生虫病，如疥螨，蜱，虱，蝇和虻等。

（2）用法用量　药浴：每 1L 水，牛、羊 5~15mg（预防），30~50mg（治疗）。

（3）注意事项

①有机磷杀虫剂能降低溴氰菊酯的代谢率，增强其毒性，避免与有机磷杀虫剂联合使用。

②对皮肤、黏膜、眼睛、呼吸道有刺激性，特别是对大面积皮肤病或组织损伤者影响更为严重，用时应注意防护。

③对鱼类等冷血动物毒性较大，残余药液勿倾入池塘或河流。蜜蜂、家禽亦敏感。用完的容器应彻底冲洗并安全抛弃；对塑料制品有腐蚀性。

8. 双甲脒

（1）应用　用于杀灭螨、蜱、虱等外寄生虫。

（2）用法用量　药浴、喷洒、涂擦：配成 0.025%~0.05%溶液。

（3）注意事项

①产乳供人食用的动物，在泌乳期不得使用；产蜜供人食用的蜜蜂，在流蜜期不得使用。

②对鱼类有剧毒，禁用；勿将药液污染鱼塘、河流；马敏感，慎用；对皮肤有刺激性，使用时防止药液沾污皮肤和眼睛。

9. 精制敌百虫

（1）应用　用于驱杀动物胃肠道线虫、猪姜片虫、马胃蝇蛆、牛皮蝇蛆、羊鼻蝇蛆和着、螨、虱、蚤等。

（2）用法用量　常用量内服：马 0.03～0.05g/kg 体重，牛 0.02～0.04g/kg 体重，绵羊、猪 0.08～0.1g/kg 体重，山羊 0.05～0.07g/kg 体重。极量内服：马一次不超过 20g，牛一次不超过 15g。外用：每 0.3g 兑水 30mL 配成 1%溶液（以敌百虫计）。

（3）注意事项

①与其他有机磷杀虫剂、胆碱酯酶抑制剂和肌松药合用时，可增强对宿主的毒性；碱性物质能使敌百虫迅速分解成毒性更大的敌敌畏，因此忌用碱性水质配制药液，并禁与碱性药物合用。

②禁与碱性药物合用；孕畜及心脏病、胃肠炎的患畜禁用，家禽敏感，慎用。

③中毒时，用阿托品与解磷定等解救。

10. 环丙氨嗪

（1）应用　用于控制动物厩舍内蝇幼虫的繁殖。

（2）用法用量　混饲：每 1000kg 饲料，鸡 500g。连用 4～6 周。

（3）注意事项

①环丙氨嗪药料浓度达 25mg/kg 时，可使饲料消耗量增加，达 500mg/kg 以上可使饲料消耗量减少，1000mg/kg 以上长期喂养可能因摄食过少而死亡。

②每公顷土地施用饲喂本品的鸡粪以 1000～2000kg 为宜，超过 9000kg 可能对植物生长不利。

任务思考

（1）简述牛、羊药物灌服法的注意事项。

（2）牛的胃管投药是如何操作的？

（3）简述禽的点眼、滴鼻给药方法。

（4）动物静脉注射时药物外漏该如何处理？

（5）动物蠕虫包括哪些？简述三种常用药物的使用方法。

（6）简述伊维菌素与阿维菌素的区别。

（7）预防家禽球虫的药物有哪些？

（8）精制敌百虫的使用注意事项有哪些？

项目六　预防接种技术

认知与解读

畜牧业在我国农业经济当中占有重要地位，其为人们提供了生活所需的肉蛋奶以及其他高营养食品，尤其是发展现代畜牧业对于推动农业产业升级意义重大。在畜牧业发展过程中动物预防接种工作环节至关重要。动物预防接种工作与养殖业的发展、自然生态环境保护、人们身体健康关系十分密切。动物预防接种，一是提高动物机体的抗病能力，减少病原感染动物群，阻断病原在场内循环传播；二是通过提高母畜体内的母源抗体来保护仔畜；三是在疫病发生早期，紧急大量接种相对应的疫苗，让动物在短期内产生较高抗体，以防疫病在动物群中传播，达到迅速控制疫病的目的。本项目主要介绍了预防接种概述、疫苗概述、免疫接种方法与免疫反应的处置、免疫标识与免疫档案建立。

任务一　预防接种概述

任务概况

本任务主要介绍了免疫接种的类型、接种前的准备和免疫接种的注意事项。

必备知识

免疫接种指给动物接种疫苗或免疫血清，使动物机体产生或被动获得对某一病原微生物特异性抵抗力的一种手段。通过免疫接种，使动物产生获得特异性抵抗力，预防疫病的发生，保护人、畜健康，促进畜牧业生产健康发展。

（一）免疫接种的类型

根据免疫接种的时机不同，可分为预防接种、紧急接种和临时接种。

1. 预防接种

预防接种指在经常发生某类传染病的地区、有某类传染病潜在的地区或受到邻近地区某类传染病威胁的地区，为了预防这类传染病发生和流行，有组织、有计划地给健康动物进行的免疫接种。

2. 紧急接种

紧急接种指在发生传染病时，为了迅速控制和扑灭传染病的流行，而对疫区和受威胁区尚未发病的动物进行的免疫接种。紧急接种应先从安全地区开始，逐头（只）接种，以形成一个免疫隔离带。然后再到受威胁区，最后再到疫区对假定健康动物进行接种。

3. 临时接种

临时接种指在引进或运出动物时，为了避免在运输途中或到达目的地后发生传染病而进行的预防免疫接种。临时接种应根据运输途中和目的地传染病流行情况进行免疫接种。

（二）免疫接种的准备工作

1. 准备疫苗、器械、药品等

（1）疫苗和稀释液　按照免疫接种计划或免疫程序规定，准备所需要的疫苗和稀释液。

（2）器械

①接种器械根据不同方法，准备所需要的接种器械：注射器、针头、镊子；刺种针；点眼（滴鼻）滴管；饮水器、玻璃棒、量筒、容量瓶；喷雾器等。

②消毒器械：剪毛剪、镊子、煮沸消毒器等。

③保定动物器械。

④其他：带盖搪瓷盘、疫苗冷藏箱、冰壶、体温计、听诊器等。

（3）药品　毛巾、防护服、胶靴、工作帽、护目镜、口罩等。

（4）药品

①注射部位消毒：75%酒精、5%碘酊、脱脂棉等。

②人员消毒：75%酒精、2%碘酊、来苏儿或新洁尔灭、肥皂等。

③急救药品：0.1%盐酸肾上腺素、地塞米松磷酸钠、盐酸异丙嗪、5%葡萄糖注射液等。

（5）其他物品　免疫接种登记表、免疫证、免疫耳标、脱脂棉、纱布、冰块等。

2. 器械的消毒

见项目四中任务三器具的消毒。

3. 人员消毒和防护

（1）消毒　免疫接种人员剪短手指甲，用肥皂、消毒液（来苏儿或新洁尔灭溶液等）洗手，再用75%酒精消毒手指。

（2）个人防护　穿工作服、胶靴，戴橡胶手套、口罩、帽等。

（3）注意事项　不可使用对皮肤能造成损害的消毒液洗手；在进行气雾免疫和布鲁氏菌病免疫时应戴护目镜。

4. 检查待接种动物健康状况

为了保证免疫接种动物安全及接种效果，接种前应了解预定接种动物的健康状况。

（1）检查动物的精神、食欲、体温，不正常的不接种或暂缓接种。

（2）检查动物是否发病、是否瘦弱，发病、瘦弱的动物不接种或暂缓接种。

（3）检查是否存在幼小的、年老的、怀孕后期的动物，这些动物应不予接种或暂缓接种。

（4）对上述动物进行登记，以便以后补种。

5. 检查疫苗外观质量

检查疫苗外观质量，凡发现疫苗瓶破损、瓶盖或瓶塞密封不严或松动、无标签或标签不完整（包括疫苗名称、批准文号、生产批号、出厂日期、有效期、生产厂家等）、超过有效期、色泽改变、发生沉淀、破乳或超过规定量的分层、有异物、有霉变、有摇不散凝块、有异味、无真空等，一律不得使用。

6. 详细阅读使用说明书

详细阅读疫苗使用说明书，了解疫苗的用途、用法、用量和注意事项等。

7. 预温疫苗

疫苗使用前，应从贮藏容器中取出疫苗，置于室温（15~25℃），平衡疫苗温度；鸡马立克氏病活疫苗应将从液氮罐中取出的疫苗，迅速放入27~35℃温水中速融（不能超过10s）后稀释。

8. 稀释疫苗

（1）按疫苗使用说明书注明的头（只）份，用规定的稀释液，按规定的稀释倍数和稀释方法稀释疫苗。无特殊规定可用注射用水或生理盐水，有特殊规定的应用规定的专用稀释液稀释疫苗。

（2）稀释时先除去稀释液和疫苗瓶封口的火漆或石蜡。

（3）用酒精棉球消毒瓶塞。

（4）用注射器抽取稀释液，注入疫苗瓶中，振荡，使其完全溶解。

(5) 补充稀释液至规定量。

如原疫苗瓶装不下，可另换一个已消毒的大瓶。

9. 吸取疫苗

(1) 轻轻振摇，使疫苗混合均匀。

(2) 排净注射器、针头内水分。

(3) 用75%酒精棉球消毒疫苗瓶瓶塞。

(4) 将注射器针头刺入疫苗瓶液面下，吸取疫苗。

(三) 免疫接种的注意事项

1. 注意无菌操作

注射器及针头需蒸煮灭菌、高压灭菌或使用一次性注射器。针头大小要适宜，若过短、过粗，拔出针头时，疫苗易顺针孔流出，或将疫苗注入脂肪层；针头过长，易伤及骨膜、脏器。

2. 注意动物健康状况

为了保证免疫接种动物安全和接种效果，接种前后了解预定接种动物的健康状况。

只有健康动物能接种，体质瘦弱的动物接种后，难以达到应有的免疫效果。当动物已感染发病时，注射疫苗可能会导致死亡；对处于潜伏期感染期的动物易造成疫情暴发。

幼龄和孕前期、孕后期的动物，不宜接种或暂缓接种疫苗。由于幼龄动物免疫反应较差，可从母体获得母源抗体，疫苗易受母源抗体干扰，所以初生动物不宜免疫接种；怀孕期的动物，应谨慎接种疫苗以防引起流产。

任务二 疫苗概述

任务概况

本任务主要介绍了疫苗的概念、分类、有效期、失效期、批准文号、贮藏和运输。

必备知识

(一) 疫苗的概念

疫苗指由病原微生物、寄生虫以及其组分或代谢产物所制成的、用于人工主动免疫的生物制品。给动物接种疫苗，刺激机体免疫系统发生免疫应答，产生抵抗特定病原微生物或寄生虫感染的免疫力，从而预防动物疫病。

（二）疫苗的分类

由细菌、病毒、立克次氏体、螺旋体、支原体等完整微生物制成的疫苗，称为常规疫苗。常规疫苗按其病原微生物性质分为活疫苗、灭活疫苗、类毒素。

利用分子生物学、生物工程学、免疫化学等技术研制的疫苗，称为新型疫苗，主要有亚单位疫苗、基因工程疫苗、合成肽疫苗、核酸疫苗等。

1. 活疫苗

活疫苗是指用通过人工诱变获得的弱毒株，或者是自然减弱的天然弱毒株（但仍保持良好的免疫原性），或者是异源弱毒株所制成的疫苗。如布鲁氏菌病活疫苗、猪瘟活疫苗、鸡马立克氏病活疫苗（Ⅱ型）、鸡马立克氏病火鸡疱疹病毒活疫苗等。

（1）活疫苗的优点

①免疫效果好：接种活疫苗后，活疫苗在一定时间内，在动物机体内有一定的生长繁殖能力，机体犹如发生一次轻微的感染，所以活疫苗用量较少，而机体所获得的免疫力比较坚强而持久。

②接种途径多：可通过滴鼻、点眼、饮水、口服、气雾等途径，刺激机体产生细胞免疫、体液免疫和局部黏膜免疫。

（2）活疫苗的缺点

①可能出现毒力返强：一般来说，活疫苗弱毒株的遗传性状比较稳定，但由于反复接种传代，可能出现病毒返祖现象，造成毒力增强。

②贮存、运输要求条件较高：一般冷冻干燥活疫苗，需-15℃以下贮藏、运输，因此必须具有低温贮藏、运输设施，进行贮藏、运输，才能保证疫苗质量。

③免疫效果受免疫动物用药状况影响：活疫苗接种后，疫苗菌、毒株在机体内有效增殖，才能刺激机体产生免疫保护力，如果免疫动物在此期间用药，就会影响免疫效果。

2. 灭活疫苗

灭活疫苗是选用免疫原性良好的细菌、病毒等病原微生物经人工培养后，用物理或化学方法将其杀死（灭活），使其传染因子被破坏而仍保留其免疫原性所制成的疫苗。灭活疫苗根据所用佐剂不同又可分为氢氧化铝胶佐剂、油乳佐剂、蜂胶佐剂等灭活疫苗。

（1）灭活疫苗的优点

①安全性能好，一般不存在散毒和毒力返祖的危险。

②一般只需在2~8℃贮藏和运输，易于贮藏和运输。

③受母源抗体干扰小。

（2）灭活疫苗的缺点

①接种途径少：主要通过皮下或肌肉注射进行免疫。

②产生免疫保护所需时间长：由于灭活疫苗在动物体内不能繁殖，因而接种剂量较大，产生免疫力较慢，通常需2~3周后才能产生免疫力，故不适于紧急预防免疫。

③疫苗吸收慢：注射部位易形成结节，影响肉的品质。

3. 类毒素

将细菌在生长繁殖中产生的外毒素，用适当浓度（0.3%~0.4%）的甲醛溶液处理后，其毒性消失而仍保留其免疫原性，称为类毒素。类毒素经过盐析并加入适量的磷酸铝或氢氧化铝胶等，即为吸附精制类毒素，注入动物机体后吸收较慢，可较久地刺激机体产生高滴度抗体以增强免疫效果。如破伤风类毒素，注射一次，免疫保护期1年，第二年再注射一次，免疫保护期可达4年。

4. 新型疫苗

目前在预防动物疫病中，已广泛使用的新型疫苗主要有亚单位疫苗，如仔猪大肠杆菌病K88、K99双价基因工程疫苗，仔猪大肠杆菌病K88、*LTB*双价基因工程疫苗；基因缺失疫苗，如猪伪狂犬病病毒*TK/gG*双基因缺失活疫苗、猪伪狂犬病病毒*gG*基因缺失灭活疫苗；基因重组活载体疫苗，如禽流感重组鸡痘病毒载体活疫苗；合成肽疫苗，如猪口蹄疫O型合成肽疫苗。

（三）疫苗的有效期、失效期、批准文号

1. 有效期

疫苗的有效期指在规定的贮藏条件下能够保持质量的期限。

疫苗的有效期按年月顺序标注：年份（四位数）/月份（两位数）。计算是从疫苗的生产日期（生产批号）算起。如某批疫苗的生产批号是20230731，有效期2年，即该批疫苗的有效期到2025年7月31日。如具体标明有效期到2023年06月，表示该批疫苗在2023年6月30日之前有效。

2. 失效期

疫苗的失效期是指疫苗超过安全有效范围的日期。如标明失效期为2023年7月1日，表示该批疫苗可使用到2023年6月30日，即7月1日起失效。

疫苗的有效期和失效期虽然在表示方法上有些不同，计算上有差别，但任何疫苗超过有效期或达到失效期，均不能再销售和使用。

3. 疫苗的批准文号

疫苗批准文号的编制格式为疫苗类别名称+年号+企业所在地省份（自治

区、直辖市）序号+企业序号+疫苗品种编号。

（四）疫苗的贮藏与运输

1. 疫苗的贮藏

（1）阅读疫苗的使用说明书　掌握疫苗的贮藏要求，严格按照疫苗说明书规定的要求贮藏。

（2）选择贮藏条件

①选择贮藏设备：根据不同疫苗品种的贮藏要求，设置相应的贮藏设备，如低温冰柜、电冰箱、液氮罐、冷藏柜等。

②设置贮藏温度：不同的疫苗要求不同的贮藏温度。

冻干活疫苗：一般要求在-15℃条件下贮藏，温度越低，保存时间越长。如猪瘟活疫苗、鸡新城疫活疫苗等。

灭活疫苗：一般要求在2~8℃条件下贮藏，不能低于0℃，更不能冻结，如口蹄疫灭活疫苗、禽流感灭活疫苗等。

细胞结合型疫苗：如马立克氏病血清Ⅰ型、Ⅱ型疫苗等必须在液氮中（-196℃）贮藏。

③避光，防止潮湿：所有疫苗都应贮藏于冷暗、干燥处，避免光照直射和防止受潮。

（3）分类存放　按疫苗的品种和有效期分类存放，并标以明显标志，以免混乱而造成差错。超过有效期的疫苗，必须及时清除并销毁。

（4）建立疫苗管理台账　详细记录出入疫苗品种、批准文号、生产批号、规格、生产厂家、有效日期、数量等。应根据说明书要求存放在相应的设备中。

（5）疫苗贮藏的注意事项

①按规定的温度贮藏。

②在贮藏过程中，应保证疫苗的内、外包装完整无损。防止内、外包装破损，以致无法辨认其名称、有效期等。

2. 疫苗的运输

（1）包装　运输疫苗时，要妥善包装，防止运输过程中发生损坏。

（2）保温

①冻干活疫苗：应冷藏运输。如果量小，可将疫苗装入保温瓶或保温箱内，再放入适量冰块进行包装运输；如果量大，应用冷藏运输车运输。

②灭活疫苗：宜在2~8℃的温度下运输。夏季运输要采取降温措施，冬季运输采取防冻措施，避免冻结。

③细胞结合型疫苗：鸡马立克氏病血清Ⅰ型、Ⅱ型疫苗必须用液氮罐冷冻

运输。运输过程中，要随时检查温度，尽快运达目的地。

(3) 疫苗运输的注意事项

①应严格按照疫苗贮藏温度要求进行运输。

②尽快运输。

③所有运输过程中，必须避免日光暴晒。

任务三 免疫接种方法与免疫反应的处置

任务概况

本任务主要介绍了免疫接种的方法，免疫接种后动物出现的反应、不良反应的处理方法和预防。

必备知识

(一) 免疫接种方法

马、牛可选择在颈侧、尾根、肩胛中央，猪可选择在耳根后，羊可选择在颈侧或尾根部，鸡宜在肉髯部位进行皮内注射免疫接种；幼禽选择颈背部，牛、马等大动物可在颈侧部进行皮下注射免疫接种；马、牛、骆驼等宜选臀部或颈部，羊、犬、兔宜在颈部，家禽宜选翅膀基部、胸部或腿部进行肌肉注射免疫接种；家禽选择翅膀内侧三角区无血管处进行刺种免疫接种；幼禽选择眼结膜囊内、鼻孔内进行点眼、滴鼻免疫接种；家禽可选用饮水进行免疫接种；羊、禽可用气雾法进行免疫接种等。具体操作方法见项目五中任务一动物给药技术。

(二) 免疫反应的处置

1. 免疫接种后动物出现的反应

免疫接种后，在免疫反应时间内，要观察免疫动物的饮食、精神状况等，并抽查检测体温，对有异常表现的动物应予登记，严重时应及时救治。

(1) 正常反应 疫苗注射后出现短时间的精神不好或食欲稍减等症状，属正常反应，一般可不作任何处理，待自行消退。

(2) 严重反应 严重反应主要表现为反应程度较严重或反应动物超过正常反应的比例。常见的反应有震颤、流涎、流产、瘙痒、皮肤丘疹、注射部位出现肿块、糜烂等综合症状，最严重的可引起免疫动物的急性死亡。

（3）合并症　只个别动物发生的综合症状，反应比较严重，需要及时救治。

①血清病：抗原抗体复合物产生的一种超敏反应，多发生于一次大剂量注射动物血清制品后，注射部位出现红肿、体温升高、荨麻疹、关节痛等，需精心护理和注射肾上腺素等。

②过敏性休克：个别动物于注射疫苗后30min内出现不安、呼吸困难、四肢发冷、出汗、大小便失禁等，需立即救治。

③全身感染：指活疫苗接种后因机体防御功能较差或遭到破坏时发生的全身感染和诱发潜伏感染，或因免疫器具消毒不彻底致使注射部位或全身感染。

④变态反应：多为荨麻疹。

2. 不良反应的处理方法

（1）个别动物注苗后出现轻度精神萎靡或不安，食欲减少和体温稍高等一般反应，通常不需要治疗，将其置于适宜环境下1～2d，症状即可自行减轻或消失，不需使用任何药物。

（2）免疫接种后如产生严重不良反应，应采用抗休克、抗过敏、抗炎症、抗感染、强心补液、镇静解痉等急救措施。

当动物注射疫苗后出现急性过敏反应，气喘、呼吸加快、眼结膜充血、发抖、皮肤发紫、口吐白沫、时常排粪、后肢不稳或倒地抽搐，如抢救不及时很可能死亡。需尽快肌注盐酸异丙嗪或地塞米松磷酸钠、皮下注射0.1%盐酸肾上腺素进行急救。对过敏症状严重的猪，使用抗组胺类药物可缓解或消除荨麻疹；使用盐酸苯海拉明可消除眼睑水肿、腹泻及支气管痉挛等过敏症状；使用扑尔敏可降低毛细血管通透性，减轻肿胀、渗出；若发生过敏反应的猪出现心脏衰竭、皮肤发绀，可注射安钠咖；注意保温，并给予充足、干净的饮水。

（3）对局部出现的炎症反应，应采用消炎、消肿、止痒等处理措施；对神经、肌肉、血管损伤的病例，应采用理疗、药疗和手术等处理方法。

（4）对合并感染的病例用抗生素治疗。

3. 不良免疫反应的预防

为减少、避免动物在免疫过程中出现不良反应，应注意以下事项。

（1）保持动物舍温度、相对湿度、光照适宜，通风良好；做好日常消毒工作。

（2）制定科学的免疫程序，选用适宜的毒力或毒株的疫苗。

（3）应严格按照疫苗的使用说明进行免疫接种，注射部位要准确，接种操作方法要规范，接种剂量要适当。

（4）免疫接种前对动物进行健康检查，掌握动物健康状况。凡发病的，精神、食欲、体温不正常的，体质瘦弱的、幼小的、年老的、怀孕后期的动物均应不予接种或暂缓接种。

（5）对疫苗的质量、保存条件、保存期均要认真检查，必要时先做小群动物接种实验，然后再大群免疫。

（6）免疫接种前，避免动物受到寒冷、转群、运输、脱水、突然换料、噪声、惊吓等应激反应。可在免疫前后3~5d在饮水中添加速溶多维或维生素C、维生素E等以降低应激反应。

（7）免疫前后给动物提供营养丰富、均衡的优质饲料，提高机体非特异免疫力。

（8）如果出现大范围的不良反应，建议暂时不进行接种或改用其他厂家的疫苗。

（9）如果条件允许的话，最好能分点注射，孕畜建议采取此法。

（10）在注射前准备抗过敏药物，如肾上腺素，当出现严重不良反应时以便及时处理。

任务四　免疫标识与免疫档案建立

任务概况

本任务主要介绍了免疫标识的佩戴和免疫档案的建立。

必备知识

为了规范畜牧业生产经营行为，加强动物免疫标识和免疫档案的管理，建立动物及动物产品可追溯制度，有效防控重大动物疫病，保障动物产品质量安全，在预防免疫开始前，村级动物防疫员应先核查动物免疫标识的携带情况，对未佩戴动物免疫标识的应及时加带耳标或电子标识。

（一）免疫标识的佩戴

1. 佩戴时间

新出生动物，在出生后30d内加施动物耳标；30d内离开饲养地的，在离开饲养地前加施；从国外引进的动物，在到达目的地10d内加施。动物耳标严重磨损、破损、脱落后，应当及时重新加施，并在养殖档案中记录新耳标编码。

2. 佩戴工具

耳标佩戴工具使用耳标钳，耳标钳由动物耳标生产企业提供，并与本企业提供的动物耳标规格相配备。

3. 佩戴位置

首次在左耳中部加施，需要再次加施的，在右耳中部加施。

4. 消毒

佩戴动物耳标之前，应对耳标、耳标钳、动物佩戴部位进行严格的消毒。

5. 佩戴方法

用耳标钳将主耳标头穿透动物耳部，插入辅标锁扣内，固定牢固，耳标颈长度和穿透的耳部厚度适宜。主耳标佩戴于动物耳朵的外侧，辅耳标佩戴于动物耳朵的内侧。电子标识是在动物颈部通过皮下注射进行植入。

6. 登记

村级动物防疫员对动物所佩戴的耳标信息进行登记，造户成册。

7. 动物耳标的回收与销毁

（1）回收　猪、牛、羊加施的动物耳标在屠宰环节由屠宰企业剪断收回，交当地农业农村主管部门，回收的耳标不得重复使用。

（2）销毁　回收的动物耳标由县级农业农村主管部门统一组织销毁，并做好销毁记录。

（3）检查　县级以上农业农村主管部门负责动物饲养、出售、运输、屠宰环节动物耳标的监督检查。

（4）记录　各级动物疫病预防控制机构应做好动物耳标的订购、发放、使用等情况的登记工作。各级农业农村主管部门应做好动物耳标的回收、销毁等情况的登记工作。

（二）免疫档案的建立

村级动物防疫员在进行免疫接种后，要及时、准确填写免疫档案。免疫档案的内容包括动物养殖场名称（动物散养户姓名）、地址、动物种类、数量、免疫日期、疫苗名称、动物养殖代码、动物标识顺序号、免疫人员以及用药记录等。由各地州、市、县统一制定免疫档案格式，各地农业农村主管部门要规范建立免疫档案。村级动物防疫员以村或饲养场分年度建立免疫档案，做到一村（场）一册、一户一页、一畜一格，种（奶）畜每畜一册建立免疫档案。

目前大部分省、自治区、直辖市已使用无纸化防疫信息平台，村级动物防疫员在给动物进行免疫接种后可通过手机 APP 客户端、电脑网页客户端进行动物免疫档案的建立。

任务思考

（1）动物免疫接种的类型有哪些？
（2）简述免疫接种的注意事项。
（3）常规动物疫苗可分为哪几种？其优缺点有哪些？
（4）疫苗运输过程中需要注意哪些问题？
（5）当动物免疫接种后出现严重反应，该如何处理？
（6）简述猪耳标的佩戴方法。

项目七　国家重大动物疫病免疫技术

认知与解读

动物疫病是影响畜牧生产最为重要的影响因素，动物疫病可直接影响动物健康，患病动物会发生重大死亡，造成不同程度的经济损失。大力推进动物防疫工作，全面提升行业部门的动物疫病科学防控水平，强化动物疫病净化和消灭，做好疫病源头控制，有效维护畜牧业全产业链安全。重大动物疫病的防控可以让动物疫病的发生率大大下降，死亡率也会明显降低，为畜牧业的进一步发展及兽医公共卫生安全提供有利的条件。本项目主要介绍了重大动物疫病种类及其免疫技术。

任务一　重大动物疫病种类

任务概况

本任务主要介绍了重大动物疫情和一类、二类、三类动物疫病。

必备知识

根据动物疫病对养殖业生产和人体健康的危害程度，可分为三类。一类、二类、三类动物疫病具体病种名录由国务院农业农村主管部门制定并公布，国务院农业农村主管部门应根据动物疫病发生、流行情况和危害程度，及时增加、减少或者调整一类、二类、三类动物疫病具体病种名录。

重大动物疫情是指高致病性禽流感等发病率或者死亡率高的动物疫病，突然发生，迅速传播，给养殖业生产安全造成严重威胁、危害，以及可能对公众身体健康与生命安全造成危害的情形，包括特别重大动物疫情。

（一）一类动物疫病

一类动物疫病指对人、动物构成特别严重危害，可能造成重大经济损失和社会影响，需要采取紧急、严厉的强制预防、控制等措施的疫病。

一类动物疫病包括口蹄疫、猪水疱病、非洲猪瘟、尼帕病毒性脑炎、非洲马瘟、牛瘟、牛传染性胸膜肺炎、牛海绵状脑病、痒病、小反刍兽疫、高致病性禽流感。

（二）二类动物疫病

二类动物疫病指对人、动物构成严重危害，可能造成较大经济损失和社会影响，需要采取严格预防、控制等措施的疫病。

1. 多种动物共患病

多种动物共患病包括狂犬病、布鲁氏菌病、炭疽、蓝舌病、日本脑炎、棘球蚴病、日本血吸虫病。

2. 牛病

牛病包括牛结核病、牛传染性鼻气管炎（传染性脓疱外阴阴道炎）、牛结节性皮肤病。

3. 绵羊和山羊病

绵羊和山羊病包括山羊传染性胸膜肺炎、绵羊痘和山羊痘。

4. 猪病

猪病包括猪瘟、猪繁殖与呼吸综合征、猪流行性腹泻。

5. 马病

马病包括马传染性贫血、马鼻疽。

6. 禽病

禽病包括新城疫、鸭瘟、小鹅瘟。

7. 兔病

兔病包括兔出血病。

8. 蜜蜂病

蜜蜂病包括美洲蜜蜂幼虫腐臭病、欧洲蜜蜂幼虫腐臭病。

9. 鱼类病

鱼类病包括鲤春病毒血症、草鱼出血病、传染性脾肾坏死病、锦鲤疱疹病毒病、刺激隐核虫病、淡水鱼细菌性败血症、病毒性神经坏死病、传染性造血器官坏死病、流行性溃疡综合征、鲫造血器官坏死病、鲤浮肿病。

10. 甲壳类病

甲壳类病包括白斑综合征、十足目虹彩病毒病、虾肝肠胞虫病。

（三）三类动物疫病

三类动物疫病指常见多发，对人、动物构成危害，可能造成一定程度的经济损失和社会影响，需要及时预防、控制的疫病。

1. 多种动物共患病

多种动物共患病包括伪狂犬病、轮状病毒感染、产气荚膜梭菌病、大肠杆菌病、巴氏杆菌病、沙门氏菌病、李氏杆菌病、链球菌病、溶血性曼氏杆菌病、副结核病、类鼻疽、支原体病、衣原体病、附红细胞体病、Q热、钩端螺旋体病、东毕吸虫病、华支睾吸虫病、囊尾蚴病、片形吸虫病、旋毛虫病、血矛线虫病、弓形虫病、伊氏锥虫病、隐孢子虫病。

2. 牛病

牛病包括牛病毒性腹泻、牛恶性卡他热、地方流行性牛白血病、牛流行热、牛冠状病毒感染、牛赤羽病、牛生殖道弯曲杆菌病、毛滴虫病、牛梨形虫病、牛无浆体病。

3. 绵羊和山羊病

绵羊和山羊病包括山羊关节炎/脑炎、梅迪-维斯纳病、绵羊肺腺瘤病、羊传染性脓疱皮炎、干酪性淋巴结炎、羊梨形虫病、羊无浆体病。

4. 马病

马病包括马流行性淋巴管炎、马流感、马腺疫、马鼻肺炎、马病毒性动脉炎、马传染性子宫炎、马媾疫、马梨形虫病。

5. 猪病

猪病包括猪细小病毒感染、猪丹毒、猪传染性胸膜肺炎、猪波氏菌病、猪圆环病毒病、格拉瑟病、猪传染性胃肠炎、猪流感、猪丁型冠状病毒感染、猪塞内卡病毒感染、仔猪红痢、猪痢疾、猪增生性肠病。

6. 禽病

禽病包括禽传染性喉气管炎、禽传染性支气管炎、禽白血病、传染性法氏囊病、马立克病、禽痘、鸭病毒性肝炎、鸭浆膜炎、鸡球虫病、低致病性禽流感、禽网状内皮组织增殖病、鸡病毒性关节炎、禽传染性脑脊髓炎、鸡传染性鼻炎、禽坦布苏病毒感染、禽腺病毒感染、鸡传染性贫血、禽偏肺病毒感染、鸡红螨病、鸡坏死性肠炎、鸭呼肠孤病毒感染。

7. 兔病

兔病包括兔波氏菌病、兔球虫病。

8. 蚕、蜂病

蚕、蜂病包括蚕多角体病、蚕白僵病、蚕微粒子病、蜂螨病、瓦螨病、亮热厉螨病、蜜蜂孢子虫病、白垩病。

9. 犬猫等动物病

犬猫等动物病包括水貂阿留申病、水貂病毒性肠炎、犬瘟热、犬细小病毒病、犬传染性肝炎、猫泛白细胞减少症、猫嵌杯病毒感染、猫传染性腹膜炎、犬巴贝斯虫病、利什曼原虫病。

10. 鱼类病

鱼类病包括真鲷虹彩病毒病、传染性胰脏坏死病、牙鲆弹状病毒病、鱼爱德华氏菌病、链球菌病、细菌性肾病、杀鲑气单胞菌病、小瓜虫病、粘孢子虫病、三代虫病、指环虫病。

11. 甲壳类病

甲壳类病包括黄头病、桃拉综合征、传染性皮下和造血组织坏死病、急性肝胰腺坏死病、河蟹螺原体病。

12. 贝类病

贝类病包括鲍疱疹病毒病、奥尔森派琴虫病、牡蛎疱疹病毒病。

13. 两栖与爬行类病

两栖与爬行类病包括两栖类蛙虹彩病毒病、鳖腮腺炎病、蛙脑膜炎败血症。

任务二　重大动物疫病免疫技术

任务概况

本任务主要介绍了重大动物疫病的免疫原则、要求、病种、范围和常见动物疫病的免疫技术。

必备知识

（一）免疫原则与要求

坚持人病兽防、关口前移，预防为主、应免尽免，落实完善免疫效果评价制度，强化疫苗质量管理和使用效果跟踪监测，保证“真苗、真打、真有效”。

强制免疫动物疫病的群体免疫密度应常年保持在90%以上，应免畜禽免疫密度应达到100%，高致病性禽流感、口蹄疫和小反刍兽疫免疫抗体合格率常年保持在70%以上。

（二）病种和免疫范围

1. 高致病性禽流感

对全国所有鸡、鸭、鹅、鹌鹑等人工饲养的禽类，根据当地实际情况，在科学评估的基础上选择适宜疫苗，进行H5亚型和（或）H7亚型高致病性禽流感免疫。对供研究和疫苗生产用的家禽、进口国（地区）明确要求不得实施高致病性禽流感免疫的出口家禽，以及因其他特殊原因不免疫的，有关养殖场（户）逐级报省级农业农村部门同意后，可不实施免疫。

2. 口蹄疫

对全国有关畜种，根据当地实际情况，在科学评估的基础上选择适宜疫苗，进行O型和（或）A型口蹄疫免疫。对全国所有牛、羊、骆驼、鹿进行O型和A型口蹄疫免疫；对全国所有猪进行O型口蹄疫免疫，各地根据评估结果确定是否对猪实施A型口蹄疫免疫。

3. 小反刍兽疫

对全国所有羊进行小反刍兽疫免疫。开展非免疫无疫区建设的区域，经省级农业农村部门同意后，可不实施免疫。

4. 布鲁氏菌病

对种畜以外的牛羊进行布鲁氏菌病免疫，种畜禁止免疫。各省份根据评估情况，原则上以县为单位确定本省份的免疫区和非免疫区。免疫区内不实施免疫的、非免疫区实施免疫的，养殖场（户）应逐级报省级农业农村部门同意后实施。各省份根据评估结果，自行确定是否对奶畜免疫；确需免疫的，养殖场（户）应逐级报省级农业农村部门同意后实施。免疫区域划分和奶畜免疫等标准由省级农业农村部门确定。

5. 包虫病

内蒙古、四川、西藏、甘肃、青海、宁夏、新疆和新疆生产建设兵团等重点疫区对羊进行免疫；四川、西藏、青海等省份可使用5倍剂量的羊棘球蚴病基因工程亚单位疫苗开展牦牛免疫，免疫范围由各省份自行确定。

省级农业农村部门可根据辖区内动物疫病流行情况，对猪瘟、新城疫、猪繁殖与呼吸综合征、牛结节性皮肤病、羊痘、狂犬病、炭疽等疫病实施强制免疫。

（三）常见动物疫病的免疫技术

1. 高致病性禽流感

（1）流行形势　2021年，全球高致病性禽流感流行形势复杂，疫情数量是2020年的一倍多，流行病毒亚型主要为H5N1和H5N8亚型，上半年以H5N8亚型为主，9月份后以H5N1亚型为主。我国周边地区高致病性禽流感疫情呈频发态势。2021年，我国高致病性禽流感流行形势总体平稳，共报告发生8起H5亚型高致病性禽流感疫情，其中6起H5N8亚型、1起H5N6亚型和1起H5N1亚型，均为野禽疫情，疫情呈点状发生态势。从监测情况看，流行的H5亚型主要为H5N6亚型和H5N8亚型，也监测到H5N1亚型。从病毒基因看，2021年流行毒株的HA基因主要属于2.3.4.4h和2.3.4.4b分支，上半年监测到的毒株以2.3.4.4h分支为主，下半年监测到的毒株以2.3.4.4b分支为主。H7亚型高致病性禽流感的HA基因同源性未见明显差异。

2022年我国高致病性禽流感疫情形势平稳，报告发生1起野禽感染H5Nl亚型禽流感疫情。从流行毒株看，H5亚型高致病性禽流感毒株以2.3.4.4b分支病毒为主，也能分离到2.3.4.4h分支病毒。

（2）疫苗选择　高致病性禽流感三价灭活疫苗（H5N6 H5-Re13株+H5N8 H5-Re14株+H7N9 H7 Re4株）和高致病性禽流感三价灭活疫苗（H5N2 rHN5801株+rGD59株+H7N9 rHN7903株），疫苗产品信息可在中国兽药信息网“兽药政务信息系统管理平台”中“国家兽药产品基础数据查询”模块进行查询。

（3）推荐免疫程序

①规模场

a. 种鸡、蛋鸡：雏鸡14~21日龄时进行初免，间隔3~4周加强免疫，开产前再强化免疫，之后根据免疫抗体检测结果，每间隔4~6个月免疫一次。

b. 商品代肉鸡：7~10日龄时，免疫一次。饲养周期超过70日龄的，需加强免疫。

c. 种鸭、蛋鸭、种鹅、蛋鹅：14~21日龄时进行初免，间隔3~4周加强免疫，之后根据免疫抗体检测结果，每间隔4~6个月免疫一次。

d. 商品肉鸭、肉鹅：7~10日龄时，免疫一次。

e. 鹌鹑等其他禽类：根据饲养用途，参考鸡的免疫程序进行免疫。

②散养户：春秋两季分别进行一次集中免疫，每月定期补免。有条件的地方可参照规模场的免疫程序进行免疫。

③紧急免疫：发生疫情时，对疫区、受威胁区内的养殖场可根据应急监测或风险评估情况开展紧急免疫。边境地区受境外疫情威胁时，根据风险评估结果，可对高风险区进行紧急免疫。

（4）免疫效果监测

①检测方法：采用GB/T 18936—2020《高致病性禽流感诊断技术》规定的血凝试验（HA）和血凝抑制试验（HI）方法检测高致病性禽流感病毒H5

和 H7 亚型抗体。

②免疫效果评价：免疫 21d 后，HI 抗体效价不低于 1∶16（2^4或 4log2），判定为个体免疫合格。免疫合格个体数量占免疫群体总数不低于 70%，判定为群体免疫合格。

2. 口蹄疫

（1）流行形势　全球口蹄疫主要在非洲、中东、亚洲及南美洲部分地区流行。口蹄疫病毒的 7 个血清型中，O 型和 A 型流行区域最广；南非 I 型、Ⅱ型和Ⅲ型主要在非洲大陆流行；亚洲 I 型主要在中东和南亚地区流行；C 型自 2004 年在巴西和肯尼亚引发疫情之后再未见报道。2021 年，东南亚地区口蹄疫疫情形势依旧复杂，柬埔寨、马来西亚、缅甸、泰国和越南等国均有疫情发生，且引发疫情的毒株复杂，对我国口蹄疫防控的威胁持续存在。

当前，我国口蹄疫疫情形势总体平稳，O 型疫情呈点状发生，亚洲 I 型口蹄疫维持无疫状态，2020 年至 2022 年未发生 A 型口蹄疫疫情。2022 年报告发生 1 起疫情，为 O 型 CATHAY 毒株引发。从监测情况看，当前我国 O 型口蹄疫流行毒株为 CATHAY、Ind-200le 和 Mya-98 等毒株，A 型为 Sea-97 毒株。

（2）疫苗选择　选择与本地流行毒株抗原性匹配的疫苗，疫苗产品信息可在中国兽药信息网“兽药政务信息系统管理平台”中“国家兽药产品基础数据查询”模块进行查询。

（3）推荐免疫程序

①规模场：考虑母畜免疫情况、幼畜母源抗体水平等因素，确定幼畜初免日龄。如根据母畜免疫次数、母源抗体等差异，仔猪可选择在 28~60 日龄时进行初免，羔羊可在 28~35 日龄时进行初免，犊牛可在 90 日龄左右进行初免。所有新生家畜初免后，间隔 1 个月后进行一次加强免疫，以后每间隔 4~6 个月再次进行加强免疫。

②散养户：春秋两季分别对所有易感家畜进行一次集中免疫，每月定期补免。有条件的地方可参照规模场的免疫程序进行免疫。

③紧急免疫：发生疫情时，对疫区、受威胁区内的养殖场可根据应急监测或风险评估情况开展紧急免疫。边境地区受境外疫情威胁时，根据风险评估结果，可对高风险区进行紧急免疫。

（4）免疫效果监测

①检测方法：采用 GB/T 18935—2018《口蹄疫诊断技术》规定的方法进行抗体检测。使用灭活疫苗免疫的，采用液相阻断 ELISA、固相竞争 ELISA 检测免疫抗体；使用合成肽疫苗免疫的，采用 VP1 结构蛋白 ELISA 检测免疫抗体。

②免疫效果评价：猪免疫 28d 后，其他家畜免疫 21d 后，抗体效价达到以

下标准判定为个体免疫合格。

液相阻断 ELISA：牛、羊等反刍动物抗体效价不低于 2^7，猪抗体效价不低于 2^6。

固相竞争 ELISA：抗体效价不低于 2^6。

VPl 结构蛋白抗体 ELISA：按照方法或试剂使用说明判定抗体阳性。

免疫合格个体数量占免疫群体总数不低于 70%的，判定为群体免疫合格。

3. 小反刍兽疫

（1）流行形势　2021 年，全球小反刍兽疫流行状况没有明显变化，疫病主要在非洲北部和中部以及蒙古。我国西部和南部周边国家疫情形势不明朗，疫情传入风险持续存在。2021 年，全国共报告发生 14 起疫情，形势总体平稳。从监测情况看，交易市场和屠宰厂（场）病毒污染面大，部分养殖场也有感染，青藏高原部分山区存在野生动物感染。从流行毒株看，国内流行毒株仍属于基因 IV 系，未发生明显的遗传变异。我国小反刍兽疫疫苗对国内流行毒株有效，疫情风险点主要存在于免疫薄弱的环节和场点。

我国小反刍兽疫疫情平稳，2022 年全国仅新疆报告 1 起输入性疫情。从监测情况看，国内流行毒株仍属于基因 IV 系，未发生明显的遗传变异。

（2）疫苗选择　选择使用小反刍兽疫活疫苗，疫苗产品信息可在中国兽药信息网“兽药政务信息系统管理平台”中“国家兽药产品基础数据查询”模块进行查询。

（3）推荐免疫程序

①规模场：对未免疫羊和超过免疫保护期的羊进行免疫，新生羔羊 1 月龄后进行免疫。

②散养户：春季或秋季对未免疫羊和超过免疫保护期的羊进行一次集中免疫，每月定期补免。

③紧急免疫：疫区和受威胁区内养殖场可根据应急监测或风险评估结果，开展紧急免疫。

（4）免疫效果监测

①检测方法：采用 GB/T 27982—2011《小反刍兽疫诊断技术》规定的 ELISA 方法进行抗体检测。

②免疫效果评价：免疫 28d 后，抗体检测阳性，判定为个体免疫合格。免疫合格个体数量占免疫群体总数不低于 70%的，判定为群体免疫合格。

4. 布鲁氏菌病

（1）流行形势　布鲁氏菌病是全球流行的人兽共患传染病，高发地区在中东地区、地中海沿岸地区、亚洲、非洲大部分地区和南美洲地区。我国畜间布鲁氏菌病呈现高位流行态势，主要流行地区为华北、西北和东北地区，有向南方省份扩散的态势。从监测结果来看，北方地区牛羊场布鲁氏菌病流行率仍然在高位运行，羊场群体和个体阳性率有上升趋势，南方地区部分牛羊场也有阳性检出。牛羊群中流行的布鲁氏菌病菌株种型以牛种布鲁氏菌和羊种布鲁氏菌为主，在牛羊混合饲养的地区，存在布鲁氏菌跨畜种混合感染的情况。我国家畜布鲁氏菌病防控形势不容乐观。

（2）疫苗选择　选择使用布鲁氏菌病活疫苗，疫苗产品信息可在中国兽药信息网“兽药政务信息系统管理平台”中“国家兽药产品基础数据查询”模块进行查询。

（3）推荐免疫程序

①规模场

a. 牛：3~8月龄健康犊牛皮下注射免疫布鲁氏菌病活疫苗（A19株）或布鲁氏菌病基因缺失活疫苗（A19-ΔVirB12株）。

b. 羊：3月龄以上的羊皮下注射免疫布鲁氏菌病活疫苗（MS株），口服、皮下或肌肉注射免疫布鲁氏菌病活疫苗（S2株），皮下注射免疫布鲁氏菌病基因缺失活疫苗（M5-90Δ26株）。

c. 其他疫苗：按产品使用说明书进行免疫。

②散养户：春秋两季分别进行一次集中免疫，可参照规模场的免疫程序进行免疫。

（4）免疫后抗体转阳率的测定　采用GB/T 18646—2018《动物布鲁氏菌病诊断技术》规定的虎红平板凝集试验和ELISA方法检测抗体。评估免疫后的抗体转阳率，一般在免疫后4周进行抗体检测，布鲁氏菌病活疫苗（A19株）和布鲁氏菌病活疫苗（M5株）注射免疫的抗体转阳率一般不低于80%，布鲁氏菌病活疫苗（S2株）的抗体转阳率各地可根据历年转阳率情况确定。

5. 包虫病

（1）流行形势　内蒙古、陕西、宁夏、甘肃、青海、四川、云南、西藏、新疆等包虫病重点流行地区疫情总体平稳，但部分地区家犬的棘球绦虫感染率依然较高，为主要的传染源。

（2）疫苗选择　选择使用羊棘球蚴病基因工程亚单位疫苗，疫苗产品信息可在中国兽药信息网“兽药政务信息系统管理平台”中“国家兽药产品基础数据查询”模块进行查询。

（3）推荐免疫程序

①羊：对断奶羔羊进行首免，一个月后再次进行免疫。每年加强免疫一次。

②牦牛：四川、西藏、青海等省份的包虫病高发地区，经省级农业农村主管部门同意后，可使用5倍剂量的羊棘球蚴病基因工程亚单位疫苗，试点开展

牦牛包虫病免疫。

（4）免疫效果监测

①检测方法：采用 ELISA 方法检测 EG95 蛋白抗体。

②免疫效果评价：免疫 7d 后，抗体检测阳性判定为个体免疫合格。免疫合格个体数量占免疫群体总数不低于 70%的，判定为群体免疫合格。

6. 猪瘟

（1）流行形势 当前，猪瘟主要在东南亚、中南美洲和东欧等地区流行。我国猪瘟控制程度好，呈平稳态势，流行率极低。临床上，以散发性疫情和猪场的非典型病例和个体感染为主。从监测数据来看，猪瘟病毒在猪群中的感染率低，免疫状况总体较好。

（2）疫苗选择 选择使用猪瘟活疫苗或亚单位疫苗，疫苗产品信息可在中国兽药信息网“兽药政务信息系统管理平台”中“国家兽药产品基础数据查询”模块进行查询。

（3）推荐免疫程序

①猪瘟活疫苗：考虑母猪免疫情况、仔猪母源抗体水平等因素，确定仔猪初免日龄。如根据母猪免疫次数、母源抗体等差异，仔猪可选择 28~60 日龄进行初免。种猪每 6 个月免疫一次。

②猪瘟亚单位疫苗：商品猪 8~10 周免疫，种猪每 6 个月免疫 1 次。

（4）免疫效果监测

①检测方法：采用 GB/T 16551—2020《猪瘟诊断技术》规定的 ELISA 方法进行抗体检测。

②免疫效果评价：免疫 21d 后，抗体检测阳性判为个体免疫合格。免疫合格个体数量占免疫群体总数不低于 70%的，判定为群体免疫合格。

7. 猪繁殖与呼吸综合征

（1）流行形势 当前，猪繁殖与呼吸综合征主要在北美、欧洲和亚洲地区流行。我国猪繁殖与呼吸综合征的流行范围仍较广、流行毒株复杂多样，临床疫情持续不断，对养猪生产危害严重。类 NADC30 毒株及其重组毒株仍是当前我国猪群流行优势毒株。

（2）疫苗选择 猪繁殖与呼吸综合征疫苗的安全性是首要考虑因素，要科学合理选择灭活疫苗和活疫苗。在猪繁殖与呼吸综合征发病猪场或阳性不稳定场，可选择使用和本场流行毒株匹配的活疫苗；在阳性稳定场，需逐渐减少使用活疫苗；在阴性场、原种猪场和种公猪站，需停止使用活疫苗。当前，商品化疫苗与类 NADC30 毒株亲缘关系较远，免疫后均无法阻止类 NADC30 毒株的感染，交叉保护不足，但疫苗免疫能一定程度上降低感染猪的病毒血症滴度，缩短排毒时间。疫苗产品信息可在中国兽药信息网“兽药政务信息系统管理平台”中“国家兽药产品基础数据查询”模块进行查询。

(3) 推荐免疫程序　在阳性不稳定猪场，可以结合生物安全与免疫管理的方式进行，生物安全方面实施闭群管理，一次性引入足够量后备猪，与生产母猪群、仔猪等同步免疫活疫苗，间隔4周加强免疫一次，监测种群排毒和全进全出管理。

种母猪一年免疫3~4次活疫苗，仔猪也需进行免疫；商品猪根据种猪群疫病状态及保育阶段猪只发病日龄评估，可以在猪群感染时间前推3~4周进行免疫，哺乳猪的首次免疫时间应不早于14日龄。其他疫苗，按产品使用说明书进行免疫。

(4) 免疫效果监测

①检测方法：采用ELISA方法进行抗体检测。

②免疫效果评价：由于检测的抗体水平与免疫保护效果无直接相关性，抗体检测主要用于评估免疫后抗体转阳率，抗原和抗体检测均为阴性的群体免疫28d后，抗体转阳率应大于80%。免疫效果评价可结合聚合酶链式反应（PCR）方法进行综合判定。

8. 新城疫

(1) 流行形势　我国家禽新城疫流行态势平稳。从监测情况来看，鸡新城疫防控效果较好，但鸽新城疫强毒株流行强度有所增加，鹅新城疫强毒株污染面有扩大趋势。

(2) 疫苗选择　选择使用新城疫灭活疫苗或弱毒活疫苗，疫苗产品信息可在中国兽药信息网“兽药政务信息系统管理平台”中“国家兽药产品基础数据查询”模块进行查询。

(3) 推荐免疫程序

①商品肉鸡：7~10日龄时，用新城疫活疫苗或灭活疫苗进行初免，2周后，用新城疫活疫苗加强免疫一次。

②种鸡、商品蛋鸡：3~7日龄，用新城疫活疫苗进行初免；10~14日龄，用新城疫活疫苗或灭活疫苗进行二免；12周龄，用新城疫活疫苗或灭活疫苗进行强化免疫；17~18周龄或开产前，再用新城疫灭活疫苗免疫一次。开产后，根据免疫抗体检测情况进行强化免疫。

(4) 免疫效果监测

①检测方法：采用GB/T 16550—2020《新城疫诊断技术》规定的血凝试验（HA）和血凝抑制试验（HI）方法进行抗体检测。

②免疫效果评价：HI效价不低于2^5，判为个体免疫合格。个体免疫抗体合格数量占免疫群体总数不低于70%的，判定为群体免疫合格。

9. 牛结节性皮肤病

（1）流行形势　近年来全球疫情主要集中于东亚和南亚地区。我国牛结节性皮肤病流行形势总体平稳，从监测情况看，病原分布范围扩大，多集中于南方省份。

（2）疫苗选择　选择使用山羊痘活疫苗，疫苗产品信息可在中国兽药信息网“兽药政务信息系统管理平台”中“国家兽药产品基础数据查询”模块进行查询。

（3）推荐免疫程序　采用5倍免疫剂量的山羊痘疫苗，对2月龄以上牛进行免疫，一年免疫一次。

10. 狂犬病

（1）流行形势　我国动物狂犬病疫情稳中有降，人间狂犬病疫情稳步下降，发病范围逐步减小。患病犬仍然是我国狂犬病的主要传染源。

（2）疫苗选择　选择使用狂犬病灭活疫苗，疫苗产品信息可在中国兽药信息网“兽药政务信息系统管理平台”中“国家兽药产品基础数据查询”模块进行查询。

（3）推荐免疫程序　对3月龄以上的犬进行首免，之后每年定期免疫。根据当地狂犬病流行情况对家畜等其他动物进行免疫。

11. 动物炭疽

（1）流行形势　我国炭疽疫源地分布广泛，老疫区主要集中在西北和东北地区。当前，动物炭疽传染源仍以感染的牛羊等家畜为主。

（2）疫苗选择　选择使用无荚膜炭疽芽孢苗或Ⅱ号炭疽芽孢疫苗，疫苗产品信息可在中国兽药信息网“兽药政务信息系统管理平台”中“国家兽药产品基础数据查询”模块进行查询。

（3）推荐免疫程序　对近3年发生过炭疽疫情的地方，在风险评估的基础上，科学确定免疫范围，开展预防性免疫，每月定期补免。对发生疫情的地区，可根据应急监测和风险评估情况对易感家畜进行紧急免疫。

任务思考

（1）一类动物疫病有哪些？

（2）重大动物疫病病种和免疫范围有哪些？

（3）简述口蹄疫的推荐免疫程序。

（4）简述猪繁殖与呼吸综合征的疫苗选择。

（5）简述新城疫的推荐免疫程序。

（6）简述高致病性禽流感的流行形势。

项目八　疫情巡查与报告

认知与解读

动物疫情关系到社会公共利益和公众安全，一旦发现，必须立即报告。为了有效提升动物疫病防控工作成效，村级动物防疫员需要对责任区内动物养殖情况进行巡查，协助开展动物疫病监测、流行病调查，排查可能引发动物疫情的各类隐患、线索，第一时间发现疑似动物疫情，按规定程序及时上报，并采取有力的防控措施，将疫情带来的危害降到最低。本项目主要介绍了疫情的巡查和疫情的报告。

任务一　疫情的巡查

任务概况

本任务主要介绍了如何建立和完善巡查制度、村级动物防疫员巡查内容及职责、疫情巡查的方法和要求以及法律责任。

必备知识

村级动物防疫员作为动物疫情观察责任人，有责任和义务对责任区内养殖场（户）养殖情况进行监管，定期、不定期对动物发病情况进行日常性全面观察、调查；收集非法生产、调运、屠宰、加工、经营等线索，及时发现引发疫情的隐患因素，确保第一时间发现动物疫病异常情况，及时按规程上报，真正做到动物疫情“早发现、早报告、早诊断、早处置”，把疫情控制在最小范围内，把疫情造成的损失降至最低。

（一）建立和完善巡查制度

村级动物防疫员要实时掌握责任区内养殖场（户）养殖情况。一是建立村级动物防疫员疫病网格巡查制度，责任包户到人，定期、不定期走访、询问，实时观察、监管养殖情况，建立台账，做好记录。二是借助网格管理，建立和完善信息上报制度，督促养殖场（户）在调运、屠宰、发生动物疫病、死亡，尤其是突发群体性死亡时及时主动上报；同时鼓励养殖场（户）相互监督，拓宽情报信息上报、收集途径，促进信息互联互通。

（二）村级动物防疫员巡查内容及职责

（1）村级动物防疫员需做好责任区内养殖场（户）《中华人民共和国动物防疫法》《动物疫情报告管理办法》《重大动物疫情应急条例》等法律法规宣传工作，指导养殖场（户）根据法律法规要求规范养殖行为，鼓励养殖场（户）发现异常时立即上报情报信息。

（2）村级动物防疫员结合实际动物防疫工作，深入责任区的养殖场（户），采取座谈、走访、询问、踏栏检查等多种形式开展动物疫情观察、调查、侦查工作，及时掌握其饲养、存栏、出栏、调运、免疫、发病、用药等情况，并做好记录。

（3）督促养殖场（户）开展重大动物疫病强制免疫，做好春、秋季动物免疫后常规抗体监测及流行病调查的样品采集。同时结合责任区特殊性，做好区域性、针对性免疫接种。

（4）监督养殖场（户）是否存在使用违禁药物、违禁饲料添加剂，私自调运、屠宰、处理病死畜等违法行为。

（5）村级动物防疫员发现动物出现连续发病、群体发病或群体死亡等异常情况时，必须立即报告，同时做好病畜（禽）、同群畜（禽）的隔离，有关场所和用具消毒，不得出售、转移该场所动物，不得抛弃死亡动物等控制措施。

（三）疫情巡查的方法和要求

1. 方法

（1）询问　向动物主人了解近期动物是否出现异常的情况，包括采食、饮水、发病等。

（2）查看　深入到动物饲养圈舍，查看动物精神状况，粪便、尿液颜色、形状是否异常，必要时可进行体温测量。

2. 要求

（1）巡查应定期进行　在疫病高发季节，应增加巡查频率；对河流、水沟、野生动物栖息地和出没地等也要进行巡查。

(2) 应做好巡查记录。

(四) 法律责任

因工作不到位、玩忽职守，造成疫情扩散或者动物卫生安全事件的，按照《中华人民共和国动物防疫法》等法律法规的规定，追究相关责任人责任。

任务二　疫情的报告

任务概况

本任务主要介绍了动物疫情报告责任人、报告时机及对象，动物疫情报告的形式和内容，动物疫情上报程序，疫病确诊，疫情认定、通报与公布，采取防控措施和法律责任。

必备知识

村级动物防疫员作为动物疫情报告责任人，在日常巡查中发现动物连续发病、群体发病和死亡等异常情况，应当立即向所在地的乡镇、街道畜牧兽医站或农业（畜牧业）发展服务中心等相关部门报告，并紧急采取相应的处置措施。

(一) 动物疫情报告责任人、报告时机及对象

(1) 凡从事动物疫病监测、检测、检验检疫、研究、诊疗以及动物饲养、屠宰、经营、隔离、运输等活动的单位和个人，发现动物染疫或者疑似染疫的应当立即向所在地农业农村主管部门或者动物疫病预防控制机构报告，并迅速采取隔离等控制措施，防止动物疫情扩散。

(2) 村级动物防疫员作为动物疫情报告责任人，有责任和义务在发现动物染疫或者疑似染疫时，立即向乡镇或特定区域的派出机构进行报告。染疫是指动物患传染性疾病；疑似染疫是指尚未确诊，但有症状或症候表明动物可能染疫。发现动物染疫或者疑似染疫是指动物疫情报告责任人发现动物出现发病急或者连续发病、传播快、死亡率高或者出现群体发病、连续死亡、生产性能下降明显、常规治疗和防控措施无效等异常情况。把握动物疫情的报告时机是十分必要的，是控制动物疫情“早”字方针的体现。

（二）动物疫情报告的形式和内容

1. 报告的形式

村级动物防疫员可以通过书面、电话、传真、电子邮件或到当地动物防疫主管部门报告等形式如实上报动物疫情。

2. 报告的内容

（1）动物疫情发生的时间、地点。

（2）染疫、疑似染疫动物种类和数量、同群动物数量、免疫情况、死亡数量、临床症状、病理变化、诊断情况。

（3）动物疫情流行病学调查和疫源追踪的情况。

（4）目前已采取的控制措施。

（5）疫情报告的单位、负责人、报告人及联系方式。

（三）动物疫情上报程序

农业农村部主管全国动物疫情报告、通报和公布工作。县级以上地方人民政府农业农村主管部门负责本行政区域内的动物疫情报告和通报工作。中国动物疫病预防控制中心及县级以上地方人民政府建立的动物疫病预防控制机构，承担动物疫情信息的收集、分析预警和报告工作。中国动物卫生与流行病学中心负责收集境外动物疫情信息，开展动物疫病预警分析工作。国家兽医参考实验室和专业实验室承担相关动物疫病确诊、分析和报告等工作。动物疫情报告实行快报、月报和年报。

1. 快报

有下列情形之一，应当进行快报。

（1）发生非洲猪瘟、口蹄疫、高致病性禽流感、小反刍兽疫等重大动物疫情。

（2）新发动物疫病或新传入动物疫病。

（3）无规定动物疫病区、无规定动物疫病小区发生规定动物疫病。

（4）二、三类动物疫病呈暴发流行。

（5）动物疫病的寄主范围、致病性以及病原学特征等发生重大变化。

（6）动物发生不明原因急性发病、大量死亡。

（7）农业农村部规定需要快报的其他情形。

符合快报规定情形，县级动物疫病预防控制机构应当在 2h 内将情况逐级报至省级动物疫病预防控制机构，并同时报所在地人民政府兽医主管部门。省级动物疫病预防控制机构应当在接到报告后 1h 内，报本级人民政府兽医主管部门确认后报至中国动物疫病预防控制中心。中国动物疫病预防控制中心应当在接到报告后 1h 内报至农业农村部畜牧兽医局。

快报应当包括基础信息、疫情概况、疫点情况、疫区及受威胁区情况、流行病学信息、控制措施、诊断方法及结果、疫点位置及经纬度、疫情处置进展以及其他需要说明的信息等内容。

进行快报后，县级动物疫病预防控制机构应当每周进行后续报告；疫情被排除或解除封锁、撤销疫区，应当进行最终报告。后续报告和最终报告按快报程序上报。

2. 月报和年报

县级以上地方动物疫病预防控制机构应当每月对本行政区域内动物疫情进行汇总，经同级人民政府兽医主管部门审核后，在次月 5 日前通过动物疫情信息管理系统将上月汇总的动物疫情逐级上报至中国动物疫病预防控制中心。中国动物疫病预防控制中心应当在每月 15 日前将上月汇总分析结果报农业农村部畜牧兽医局。中国动物疫病预防控制中心应当于 2 月 15 日前将上年度汇总分析结果报农业农村部畜牧兽医局。

月报、年报包括动物种类、疫病名称、疫情县数、疫点数、疫区内易感动物存栏数、发病数、病死数、扑杀与无害化处理数、急宰数、紧急免疫数、治疗数等内容。

（四）疫病确诊

疑似发生口蹄疫、高致病性禽流感和小反刍兽疫等重大动物疫情的，由县级动物疫病预防控制机构负责采集或接收病料及其相关样品，并按要求将病料样品送至省级动物疫病预防控制机构。省级动物疫病预防控制机构应当按有关防治技术规范进行诊断，无法确诊的，应当将病料样品送相关国家兽医参考实验室进行确诊；能够确诊的，应当将病料样品送相关国家兽医参考实验室作进一步病原分析和研究。

疑似发生新发动物疫病或新传入动物疫病，动物发生不明原因急性发病、大量死亡，省级动物疫病预防控制机构无法确诊的，送中国动物疫病预防控制中心进行确诊，或者由中国动物疫病预防控制中心组织相关兽医实验室进行确诊。

（五）疫情认定、通报与公布

动物疫情由县级以上人民政府兽医主管部门认定，其中重大动物疫情由省级人民政府兽医主管部门认定。新发动物疫病、新传入动物疫病疫情以及省级人民政府兽医主管部门无法认定的动物疫情，由农业农村部认定。

发生口蹄疫、高致病性禽流感、小反刍兽疫、新发动物疫病和新传入动物疫病疫情，农业农村部将及时向国务院有关部门和军队有关部门以及省级人民政府兽医主管部门通报疫情的发生和处理情况；依照我国缔结或参加的条约、协定，向世界动物卫生组织、联合国粮农组织等国际组织及有关贸易方通报动物疫情发生和处理情况。

发生人兽共患传染病疫情，县级以上人民政府兽医主管部门应当按照《中华人民共和国动物防疫法》要求，与同级卫生主管部门及时相互通报。

农业农村部负责向社会公布全国动物疫情，省级人民政府兽医主管部门可以根据农业农村部授权公布本行政区域内的动物疫情，其他单位和个人不得发布动物疫情。

（六）采取防控措施

村级动物防疫员在报告动物疫病的同时，应当采取将染疫、疑似染疫动物与其他动物隔离，有关场所和用具消毒，不得转移、出售该场所动物，不得抛弃死亡动物等防控措施；同时，应保存好新近死亡的动物，以便动物疫病预防控制机构进行检测诊断。

（七）法律责任

任何单位和个人不得瞒报、谎报、迟报、漏报动物疫情，不得授意他人瞒报、谎报、迟报动物疫情，不得阻碍他人报告动物疫情。否则，按《中华人民共和国动物防疫法》有关规定严肃处理。

任务思考

（1）村级动物防疫员如何开展巡查工作？

（2）试述如何完善疫病网格巡查制度。

（3）动物疫情报告内容包括哪些？

（4）当村级动物防疫员在巡查中发现疑似疫情时，应当如何处置？

（5）适用动物疫情快报的情形有哪些？

项目九　样品的采集与送检

认知与解读

在动物疫病防控工作中，动物疫病监测是动物疫病防控工作中最重要的技术手段，为动物疫病的预防、诊断、治疗、预警、预报等工作提供了科学依据，而样品采集与送检工作是动物疫病监测的重要环节，采集的样品质量好坏会直接影响实验室检验、监测结果的准确性和有效性，直接影响动物疫病防控工作成效。基层村级动物防疫员要结合实际情况，熟练掌握各种动物不同疫病样品的采集方法和程序。本项目主要介绍了样品的采集技术和送检技术。

任务一　样品的采集技术

任务概况

本任务主要介绍了采样原则、采样前的准备及采样后处置、样品分类及采集方法。

必备知识

动物疫病监测、病死动物实验室诊断等均需要进行样品采集，样品采集是每位基层村级动物防疫员的基本功。村级动物防疫员要熟知样品采集采样原则，掌握各种动物不同疫病的采样方法和程序，结合现场实际情况、实验室要求以及初步判断病因等，合理计划，灵活运用专业知识采集不同动物、不同症状、不同部位的样品。采样结束后，规范处置废弃物，避免感染人兽共患病和污染环境，造成动物疫病扩散。

（一）采样原则

（1）结合当地的地理条件和养殖情况，根据动物的饲养密度、年龄、品种、交通条件等因素，选择具有代表性的采样地点。按照检测对象和项目要求，采集的样品数量和种类应有所侧重，采样应根据发病动物典型临床症状、病变、是否治疗和有无并发症等情况，选择未治疗、病变明显、兼顾并发症等的患病动物或病死动物采样。

（2）根据动物的实际情况和实验目的，选择适当的采样时机。对疫苗免疫动物进行抗体监测，一般在免疫后21d采血。采集死亡动物的病料，应在动物死亡后2h内采集，无法完成时，夏天不超过6h，冬天不超过24h。监测病原或需要分离病原时，应在发热期或症状明显期采样。

（3）活体动物采样时，应避免过度刺激或伤害动物。需剖检采集样本时，应先排除炭疽。如果发现患病动物存在天然孔流出黑红色的煤焦油状血液、突然死亡、尸僵不全等疑似炭疽症状，不得剖检。剖检前需采集样品的，应先采样后剖检，避免人为污染样品。剖检采集样本时，应从胸腔到腹腔，先采实质器官做到无菌，避免外源性的污染，最后采污染的组织，如胃肠组织、粪便等。

病料应在使用治疗药物前采取，用药后会影响病料中微生物的检出。采取的病料必须有代表性，采取的组织器官应病变部位明显，采样部位不能用消毒剂处理，采集样品的数量要满足诊断检测的需要，且备必要的复检使用。采取病料时应根据不同的疫病或检验目的，采其相应血样、活体组织、脏器、肠内容物、分泌物、排泄物或其他材料。病因不明时，采取的病料要尽可能齐全，除了内脏、淋巴结和局部病变组织外，还应采取脑组织。

（二）采样前的准备及采样后处置

根据采集样品的不同，要准备好采样器械、样品容器、采样记录用品、样品保存液、人员防护用具、环境消毒用品和废弃物收纳容器等。

（1）采样前，应对采样工具、容器需进行无菌处理，采样要做到无菌操作，防止外源性污染和样品交叉污染。

（2）采样人员经过生物安全培训，加强个人防护意识，使用合格的医用防护用品，严格做好个人防护，避免感染人兽共患病和污染环境，造成动物疫病扩散。

（3）样品采集人员需熟知动物疫病防控相关的法律法规及专业知识，熟练掌握各种动物不同疫病的采样方法和程序。根据采样目的，采样人员需清楚采集样品种类、部位、数量、采集顺序，熟知采集不同样品操作、保存方法以及注意事项。

（4）采样结束后，要对废弃物进行集中无害化处理，并对采样环境进行彻底消毒，避免污染环境，防止传播疫病。

（三）样品分类及采集方法

1. 根据采集部位分类

（1）血液样品　血液作为最常用的样品，可以作为血清学试验的样品，也可以作为病原学试验的样品，样品有全血（抗凝血）、血浆、血清。采血前，需对采血部位的皮肤剃毛、消毒后，方可采血。不同动物，采集部位有所不同，主要通过耳静脉、颈静脉、前腔静脉、尾静脉、翅静脉或心脏进行采血。

全血样品使用含有 EDTA 等抗凝剂的真空采血管采集血液样品。血浆样品可用全血 1500～2000r/min 离心 10min，混匀后，静置，上清即为血浆。血清样品用不加抗凝剂的血液，在室温下倾斜 30°静置 2～4h（或 37℃ 1h），待血液完全凝固后，析出上清即为血清。

（2）组织样品　组织样品应保持新鲜，避免接触消毒剂或抗菌、抗病毒等药物。采取样品时，应根据动物发病情况或初步诊断结果，有选择地采取相应病变最严重的脏器或典型的病变内容物，常采集部位有心、肝、脾、肺、肾、脑、肠、淋巴结、扁桃体等，组织块质量大于 10g，同一动物的不同组织样品应分别单独置于无菌容器中。采集猪活体扁桃体应使用专用扁桃体采集器，先用开口器开口，可以看到突起的扁桃体，把采样钩放在扁桃体上，快速扣动扳机取出扁桃体放离心管中。采集时遵循先外后内，先胸腔后腹腔、先清洁后污染的原则，注意事项见采样原则。

（3）分泌液和渗出液样品　常采集的分泌液和渗出液样品有眼结膜分泌物、鼻腔分泌物、咽喉分泌物、泄殖腔分泌物、气管分泌物、食道-咽部分泌物、水泡皮、水泡液样品等。采集部位不同，采集方法略有不同。通常采集时用拭子在采集部位黏膜处轻轻擦拭或缓慢旋转 2 圈或 3 圈，蘸取分泌物，浸入灭菌的保存液中保存。采集食道-咽部分泌物（O-P 液），要求被检动物禁食（可饮少量水）12h，采样探杯使用时要做好消毒和清洗。采集发病动物舌面或蹄部未破裂的水泡皮和水泡液，样品采集部位可用清水清洗，用灭菌注射器吸出水泡液 1mL 及以上，置于灭菌容器中（可加双抗）送检，剪取新鲜水泡皮 3～5g 放入灭菌容器中送检。采集已破口脓灶脓汁宜用拭子蘸取，未破口脓灶用注射器抽取脓汁。

（4）粪便样品　采集新鲜、湿润的粪便 10g 及以上，少量粪便样品可投入无菌缓冲盐水或肉汤试管内；较多量可保存于带螺帽的容器或灭菌塑料袋中送检；采集肠道内容物样品，可将病变最明显的胃肠部分两端结扎，从两端剪断，置于保存液中送检；做细菌检验的粪便，最好是在动物使用抗菌药物之前采集；寄生虫检验粪便应选自新排出的粪便或直接从直肠内采得。

（5）生殖道及乳汁样品 生殖道样品主要采集动物流产排出的胎儿、死胎、胎盘、阴道分泌物、阴道冲洗液、阴茎包皮冲洗液、精液、受精卵等。采集乳汁时，乳房先用消毒药水洗净，最初所挤的3~4把乳汁弃去，然后再采集10mL左右乳汁于灭菌试管中。

（6）皮肤样品 皮肤样品常采集活动物的病变皮肤，如新鲜的水疱皮、结节、痂皮等；活动物疥螨、痒螨等寄生虫病检测样品常在患病皮肤与健康皮肤交界处刮取皮屑。

（7）脑样品 全脑做病毒检查，可将脑浸入30%甘油盐水液中或将整个头部割下，用浸过消毒液的纱布包裹，置于不漏水的容器内保存。牛、羊海绵状脑病采样时先打开头盖骨，取脑干延髓的脑门区域，需冷冻保存，其余大脑、小脑、脑干组织采集后立即置于10%福尔马林中，越快越好。狂犬病内氏小体检查的脑组织取样应较大，一部分供在载玻片上作触片用，另一部分供固定。

（8）其他 采集尿液样品应在早上进行，用清洁的容器接取中段尿液。大动物胃液采集可用多孔胃管抽取，活体动物瘤胃内容物，可以在动物反刍时采集。

（9）环境样品 环境样品主要包括物体表面样品、污水样品等。采集物体表面样品时，拭子充分浸润灭菌的30%或50%甘油磷酸盐保存液后在表面重复涂抹，将拭子放回采样管浸润，取出后再次涂抹采样，重复3次以上。采集血槽、泔水等污水样品时，用拭子直接浸入吸附污水，应多点分布式采样。同一动物、同一环境区域采集的不同位置的棉拭子可置于同一个容器中。

2. 根据检测种类分类

（1）细菌学检测样品 采集发病典型或刚死亡的整体动物送实验室为最好。无菌采集，冷藏，保存液中不加任何抗生素。

（2）病毒学检测样品 应在动物病初、体温升高期间采集。以组织脏器、血液、粪便等样品为主。冷藏或冷冻，保存液中加抗生素。

（3）血清学检测样品 静脉采血3mL左右，注射器内留一定空间，静置过程不可低温冷冻，以免溶血。析出的血清短时间内保存，可置4℃左右；如保存时间较长应冻结，注意不能反复冻融。

（4）病理学检测样品 保证样品新鲜，应选择病变最典型最明显的部位，且连同部分健康组织一并采集。浸泡于酒精或福尔马林溶液中，冷藏保存和运输。

3. 根据主要重大动物疫病监测样品种类分类

（1）高致病性禽流感/新城疫　咽喉/泄殖腔拭子、气管分泌物、肺、新鲜粪便、血清等。

（2）口蹄疫　O-P 液、水泡皮、水泡液、扁桃体、淋巴结、血清等。

（3）高致病性猪繁殖与呼吸综合征　扁桃体、淋巴结、血清等。

（4）小反刍兽疫　鼻腔/眼结膜拭子、淋巴结、脾、肺、肠黏膜、血清等。

（5）非洲猪瘟/猪瘟　抗凝血、脾、扁桃体、淋巴结、肾、骨髓、血清等。

（6）布鲁氏菌病　组织样品、阴道冲洗液、精液、关节液、胃内容物、乳样、血清等。

（7）包虫病　肝肺包囊、新鲜粪便、血清等。

（8）狂犬病　脑组织、血清等。

（9）牛结节性皮肤病　皮肤结痂、抗凝血、唾液、鼻拭子、血清等。

任务二　样品的送检技术

任务概况

本任务主要介绍了样品编号与采样记录，样品的包装、保存、运输、交接与追溯。

必备知识

样品准确性和效能，除受到采样人员样品采集时各种因素的影响，同时受到送检过程中包装、保存、运输环节等因素的影响。村级动物防疫员要熟练掌握规范送检的各个环节，包括样品编号、记录、保存、包装及运输的要求，确保样品及时安全有效送至检测部门。

（一）样品编号

样品采集后按照“动物畜别-样品类型-样品序号”方式进行编号。动物畜别和样品类型可分别用汉语拼音的第一个字母大写表示，如有重复，可用第二个字母大写表示，如猪 Z、牛 N、羊 Y、鸡 J、鸭 A，血清 X、扁桃体 B、淋巴结 L、拭子 S、环境样品 H。样品序号用数字依次连续编号。

（二）采样记录

采样人员做好样品信息记录，填写采样登记表，确保样品及相关信息可追溯。采样登记表应准确记录采样时间、地点，畜主姓名、联系方式，样品种类、数量、编号，采样动物信息（畜种、品种、年龄、性别及标示号）及免疫状况（免疫时间、疫苗种类、疫苗生产厂家及批号等）。疑似感染动物采样时，记录同群动物数量、饲养管理情况、发病过程、临床症状、用药情况。采样登记表用钢笔或签字笔填写，采样人和被采样单位签章，一式三份，采样单位一份、被采样单位一份、随样一份。采样登记表见附录。

（三）样品包装

（1）样品的包装应严密，做到防污染、防渗漏，每个样品都要单独包装。采集的样品经过包装、表面消毒后由专人以最快最直接的途径送往检测部门，样品运送要做到冷链运输。样品在送检过程中要缓冲放置，避免剧烈震动。

（2）样品盛放在密封、无菌、耐冷冻的容器里，容器外注明样品种类、编号及采样日期。血清、拭子放在离心管里，食道-咽部分泌物放在带螺旋盖的样品采集管里，组织、粪便样品放在大小适合的带螺旋盖的样品采集管或密封袋里，每管/袋限一份样品。

（3）将密闭后的样品装入密封袋，同一采样地点的同类型样品可装入同一个密封袋，不同类型样品分别包装，避免样品间交叉污染。密封袋外贴封条和标签，注明采样地点、样品种类、编号、数量及采样日期等信息，封条上有采样人签章和贴封日期。

（4）高致病性动物病原微生物样品运输包装应符合《病原微生物实验室生物安全管理条例》的相关规定。

（5）将采样登记表放入一个独立的密封、防水的包装袋内，随样品一起送达检测部门。

（四）样品保存和运输

样品采集后，样品应放在密封容器中低温保存，由专人立即送往检测部门，期间防止渗漏，避免造成环境污染或疫情扩散。

1. 样品的保存

采集的样品在无法于12h内送检的情况下，应根据不同的检验要求，将样品按所需温度分类保存于冰箱、冰柜中。血清应放于-20℃冻存，全血应放于4℃保存。供细菌检验的样品应于4℃保存，或用灭菌后浓度为30%~50%的甘油-生理盐水4℃保存。供病毒检验的样品应在0℃以下低温保存，也可用灭菌后浓度为30%~50%的灭菌甘油-生理盐水0℃以下低温保存。长时间-20℃冻存不利于病毒分离。

根据实际情况和实验目的，选用相应的样品保存液。常用的样品保存液有阿氏液（Alsever's Solution）、肉汤、0.01mol/L pH7.4 的等渗磷酸盐缓冲液（PBS）、抗生素-PBS 样品保存液、25%~50%甘油-生理盐水缓冲液、10%福尔马林溶液等。

2. 样品的运输

如需长途运输，样品应在冷藏和密封状态下运输，于保温箱中加冰袋保存（必要时可使用液氮和干冰保存），样品运输期间应避免反复冻融。对于可在采集后 24h 内送达实验室的样品，可放在 4℃左右的容器中冷藏运输；对于不能在 24h 内送达实验室但不影响检验结果的样品，应以冷冻状态运输。

（五）样品的交接

样品由专人负责运送，同时采取有效措施确保样品安全、完整、无泄漏，严防发生被盗、丢失等事件。运送人员和接收人员对样品进行双签收；接样或检测部门要认真核对样品来源、种类、数量、保存方法、送检单位和送检人的联系方式、送检日期等信息；核实无误后，详细填写接样单，现场对样品进行编号、登记，按规定对样品处理、保存，以备检测使用。疑似阳性样品送至省级动物疫病预防控制机构进行检测，同时附采样登记表及相关情况说明。

（六）样品的追溯

样品编号和填写采样单目的就是对检测结果的追溯。《中华人民共和国动物防疫法》规定动物免疫抗体监测、动物疫病病原监测、动物疫病应急流行病学调查等均实行可追溯制度。

追溯内容包括动物来源、饲养周期、防疫情况、免疫程序、疫苗及兽药的使用情况；抗体监测要求追溯到每栋，每舍；病原学监测必须追溯到每只或每头。

任务思考

（1）试述高质量样品的特征。

（2）如何得到高质量的样品？

（3）某养殖户羔羊群体发生腹泻，排黏性带血稀粪，经 1~3d 死亡，请简述如何采样。

（4）试述送检注意事项。

（5）如何得到合格样品？

（6）样品的保存和运输需要注意什么？

项目十　病死动物及病害动物产品的无害化处理

认知与解读

病死动物及病害动物产品无害化处理是村级动物防疫员从事常规动物防疫工作的重要环节，对预防动物疫病传播、确保畜牧业健康发展、保障公民身体健康和维护公共卫生安全有着重要意义。本项目主要介绍了病死动物及病害动物产品无害化处理的技术和监管。

任务一　病死动物及病害动物产品无害化处理的技术

任务概况

本任务主要介绍了病死动物及病害动物产品无害化处理的概述，病死动物及病害动物产品的暂存、包装与运送，病死动物及病害动物产品无害化处理的方法。

必备知识

病死动物及病害动物产品的无害化处理就是在当地农业农村主管部门监督下，防疫人员做好个人防护的前提下，采用专用车辆将病死动物及病害动物产品从检出地运送到无害化处理场所经过物理、化学、生物等方法处理，消除其携带的病原体，消除危害的过程。

（一）病死动物及病害动物产品无害化处理的概述

1. 病死动物及病害动物产品

病死动物及病害动物产品指国家规定的染疫死亡、因病死亡、死因不明或者经检验检疫可能危害人体或者动物健康的死亡动物；或经来源于病死动物的产品，或者经检验检疫可能危害人体或者动物健康的动物产品，主要包括以下几种。

(1) 染疫或者疑似染疫死亡、因病死亡或者死因不明的。

(2) 经检疫、检验可能危害人体或者动物健康的。

(3) 因自然灾害、应激反应、物理挤压等因素死亡的。

(4) 屠宰过程中经肉品品质检验确认为不可食用的。

(5) 死胎、木乃伊胎等。

(6) 因动物疫病防控需要被扑杀或销毁的。

(7) 其他应当进行无害化处理的。

2. 无害化处理

凡从事动物饲养、屠宰、经营、隔离以及动物产品生产、经营、加工、贮藏等活动的单位和个人，应当按照国家有关规定做好病死动物、病害动物产品的无害化处理。从事动物、动物产品运输的单位和个人，应当配合做好病死动物和病害动物产品的无害化处理。任何单位和个人不得买卖、加工、随意弃置病死动物和病害动物产品。

村级动物防疫员需经过生物安全培训，严格做好个人防护，需熟知动物疫病防控相关的法律法规及专业知识，熟练掌握病死动物及病害动物产品的暂存、包装、运送与无害化处理操作，灵活运用无害化处理各种方法，避免感染人兽共患病和污染环境，造成动物疫病扩散。

3. 无害化处理场所

病死动物和病害动物产品无害化处理场所指病死动物无害化处理场以及养殖场、屠宰厂（场）、隔离场内的无害化处理区域。省级农业农村行政主管部门结合本行政区域畜牧业发展规划和畜禽养殖、疫病发生、畜禽死亡等情况，编制病死动物和病害动物产品集中无害化处理场所建设规划，合理布局病死动物无害化处理场，经本级人民政府批准后实施，并报农业农村部备案。无害化处理场所是由当地农业农村主管部门监管，专门处理病害动物及其产品的场所。

（二）病死动物及病害动物产品的暂存、包装与运送

1. 暂存

病死动物及病害动物产品集中暂存点应当具备下列条件。

(1) 有独立封闭的贮存区域，暂存场所应能防水、防渗、防漏、防鼠、防盗，易于清洗消毒。

(2) 采用冷冻或冷藏方式进行暂存，防止无害化处理前病害动物及病害动

物产品腐败。

(3) 有清洗消毒及动物防疫所需的其他设施设备。

(4) 暂存场所应设置明显警示标识。

(5) 应定期对暂存场所及周边环境进行清洗消毒。

(6) 应当配备专人负责管理。

2. 包装

(1) 包装材料应符合密闭、防水、防渗、防破损、耐腐蚀等要求。

(2) 包装材料的容积、尺寸和数量应与需处理病害动物及病害动物产品的数量、体积相匹配。

(3) 包装后应进行密封。

(4) 使用后，一次性包装材料应作销毁处理，可循环使用的包装材料应进行清洗消毒。

3. 运送

(1) 采用专用密闭容器或专用封闭厢式车辆作为运送工具。车厢四壁及底部应使用密闭、防水、防渗、防破损、耐腐蚀易于清洗和消毒的材料。运送车辆、密闭容器应与病死动物及病害动物产品数量、体积相匹配，应尽量一次性将病死动物及病害动物产品全部运走。运送车辆上配备人员防护、清洗消毒等应急防疫用品及符合动物防疫需要的其他设施设备。运送大、中型病死动物或大量病死动物及病害动物产品可使用吊车、铲车、叉车等辅助工具。

(2) 装载完毕后需对装载过程中接触病死动物及病害动物产品的工具等物品进行消毒；对病死动物及病害动物产品存放过的地方以及排泄物、垫料、包装物等污染物进行消毒；车辆驶离前，应对车轮及车厢外部进行消毒。

(3) 运送车辆应加施明显标识，车厢需密封、上锁，开启处张贴警示封条，加装车载定位系统，记录转运时间和路径等信息。

(4) 车辆驶离暂存、养殖等场所前，应对车轮及车厢外部进行消毒。应尽量选择远离动物饲养、销售等场所，生活饮用水源地，人口聚集区，公路铁路等主要交通干线的路线进行运送。

(5) 运送过程中不应损坏包装物。若途中发生渗漏，应将运送车辆停靠在车辆、人员较少的地点，设置警戒线，按照规范重新包装、消毒后再继续运送。

(6) 卸载宜采用全自动化设备，应直接卸载到无害化处理设施或指定暂存点存放。不得拆除包装材料，包装材料应与病死动物及病害动物产品一同处理。

(7) 卸载后，应对密封容器进行消毒或销毁，对运送车辆及相关工具等进行彻底清洗、消毒。

（三）病死动物及病害动物产品无害化处理的方法

1. 深埋法

深埋法指按照相关规定，将病死动物及病害动物产品投入深埋坑中并覆盖、消毒，处理病死动物及病害动物产品的方法。深埋法是处理病死动物及病害动物产品的一种常用、可靠、简便易行的方法，常用的有直接深埋法和化尸窖法。

深埋法适用于发生动物疫情或自然灾害等突发事件时病死及病害动物的应急处理，以及边远和交通不便地区零星病死动物的处理。不得用于患有炭疽等芽孢杆菌类疫病，以及牛海绵状脑病、痒病的染疫动物及产品、组织的处理。

（1）直接深埋法

①选址要求：应选择地势干燥，处于下风向的地点；远离学校、公共场所、居民住宅区、村庄、动物饲养和屠宰场所、饮用水源地、河流等地区。

②技术工艺

a. 深埋坑体容积以实际处理动物尸体及相关动物产品数量确定。深埋坑底应高出地下水位 1.5m 以上，要防渗、防漏。坑底洒一层厚度为 2~5cm 的生石灰或漂白粉等消毒剂。

b. 将动物尸体及相关动物产品投入坑内，最上层距离地表 1.5m 以上，再洒上生石灰或漂白粉等消毒剂消毒。覆盖距地表 20~30cm，厚度不少于 1~1.2m 的覆土。

c. 深埋覆土不要太实，以免腐败产气造成气泡冒出和液体渗漏。

d. 深埋后，在深埋处设置警示标识。深埋后，第一周内应每日巡查 1 次，第二周起应每周巡查 1 次，连续巡查 3 个月，深埋坑塌陷处应及时加盖覆土。深埋后，立即用氯制剂、漂白粉或生石灰等消毒剂对深埋场所进行 1 次彻底消毒。第一周内应每日消毒 1 次，第二周起应每周消毒 1 次，连续消毒 3 周以上。

e. 深埋工作应在现场督察人员的指挥、控制下严格按程序进行，所有工作人员在工作开始前必须接受培训。

（2）化尸窖法

①选址要求：畜禽养殖场的化尸窖结合本场地形特点，宜建在下风向。乡镇、村的化尸窖选择地势较高，远离居民区、水源地、动物饲养和屠宰等场所、公路和铁路等主要交通干线，处于下风向的地点。

②技术工艺

a. 化尸窖为砖和混凝土，或者钢筋和混凝土密封结构，防渗防漏。在顶部设置投置口，加盖密封并加双锁；设置异味吸附、过滤等除味装置。投放前，在化尸窖底部铺洒一定量的生石灰或消毒液。投放后，投置口密封并加盖加锁，对投置口、化尸窑及周边环境进行消毒。当化尸窑内动物尸体达到容积的3/4时，停止使用并密封。

b. 化尸窑周围设置围栏、设立醒目警示标志以及专业管理人员姓名和联系电话公示牌，实行专人管理。注意化尸窑维护，发现化尸窑破损、渗漏及时处理。

c. 当封闭化尸窑内的动物尸体完全分解后，对残留物进行清理，清理出的残留物进行焚烧或者掩埋处理，化尸窑池进行彻底消毒后，方可重新启用。

d. 病死动物尸体腐化需要合适温湿度，由于北方冬季寒冷、干燥且持续时间较长，化尸窖法的效果较差。

2. 焚烧法

焚烧法指在焚烧容器内，使病死动物及病害动物产品在富氧或无氧条件下进行氧化反应或热解反应的方法。焚化常采用的方法有焚化炉焚烧法和柴堆火化法。

焚烧法既费钱又费力，通常在不适合用深埋法处理病死动物及病害动物产品时用。适用于国家规定的染疫动物及其产品、病死或者死因不明的动物尸体，屠宰前确认的病害动物、屠宰过程中经检疫或肉品品质检验确认为不可食用的动物产品，以及其他应当进行无害化处理的动物及动物产品。

（1）焚化炉焚烧法　焚化炉焚烧法指使用专业焚化炉，使病死动物及病害动物产品的在富氧或无氧条件下进行氧化反应或热解反应的方法。

①直接焚烧法：将病死动物及病害动物产品或破碎产物，投至焚烧炉本体燃烧室，经充分氧化、热解，产生的高温烟气进入二次燃烧室继续燃烧，产生的炉渣经出渣机排出。

②炭化焚烧法：将病死动物及病害动物产品投至热解炭化室，在无氧情况下经充分热解，产生的热解烟气进入二次燃烧室继续燃烧，产生的固体炭化物残渣经热解炭化室排出。

（2）柴堆火化法

①选址要求：应远离居民区、建筑物、易燃物品，上面不能有电线、电话线，地下不能有自来水、燃气管道，周围有足够的防火带，位于主导风向的下方，避开公共视野。

②技术工艺：根据准备的火坑形状分为十字坑法、单坑法、双层坑法三种。坑底堆放干草或木柴，坑沿横放数条粗湿木棍，将病死动物及病害动物产品放在架上，较大的动物在底部，较小的动物放在上部，最好把尸体的背部向下，头尾交叉，在其周围及上面再放些木柴，然后在木柴上倒些燃料，需求燃料的种类和数量应根据当地资源而定，最后压以砖瓦或铁皮。焚烧结束后，掩埋燃烧后的灰烬，表面撒上消毒剂，填土高于地面，场地及周围消毒，设立警

示牌。因该方法对环境造成污染，也容易引起火灾和人员伤害，所以建议谨慎使用。

3. 化制法

化制法指在密闭的高压容器内，通过向容器夹层或容器内通入高温饱和蒸汽，在干热、压力或蒸汽、压力的作用下，处理病死动物及病害动物产品的方法，分为干化法和湿化法两种。不得用于患有炭疽等芽孢杆菌类疫病，以及牛海绵状脑病、痒病的染疫动物及产品、组织的处理。

（1）干化法　视情况对病死动物及病害动物产品进行破碎等预处理。病死动物及病害动物产品或破碎产物输送入高温高压灭菌容器。处理物中心温度不低于140℃，压力不低于0.5MPa（绝对压力），时间不低于4h（具体处理时间随处理物种类和体积大小而设定）。加热烘干产生的热蒸汽经废气处理系统后排出。加热烘干产生的动物尸体残渣传输至压榨系统处理。

（2）湿化法　视情况对病死动物及病害动物产品进行破碎预处理。将病死动物及病害动物产品或破碎产物送入高温高压容器，总质量不得超过容器总承受力的五分之四。处理物中心温度不低于135℃，压力不低于0.3MPa（绝对压力），处理时间不低于30min（具体处理时间随处理物种类和体积大小而设定）。高温高压结束后，对处理产物进行初次固液分离。固体物经破碎处理后，送入烘干系统；液体部分送入油水分离系统处理。

4. 高温法

高温法指常压状态下，在封闭系统内利用高温处理病死动物及病害动物产品的方法。

视情况对病死动物及病害动物产品进行破碎等预处理。处理物或破碎产物体积（长×宽×高）不超过125cm^3（5cm×5cm×5cm）。向容器内输入油脂，容器夹层经导热油或其他介质加热。将病死动物及病害动物产品或破碎产物输送入容器内，与油脂混合。常压状态下，维持容器内部温度不低于180℃，持续时间不低于2.5h（具体处理时间随处理物种类和体积大小而设定）。加热产生的热蒸汽经废气处理系统后排出。加热产生的动物尸体残渣传输至压榨系统处理。

5. 化学处理法

（1）硫酸分解法　硫酸分解法指在密闭的容器内，将病死动物及病害动物产品用硫酸在一定条件下进行分解的方法。

可视情况对病死动物及病害动物产品进行破碎等预处理。将病死动物及病害动物产品或破碎产物投至耐酸的水解罐中，按每吨处理物加入水150~300kg，后加入98%的浓硫酸300~400kg（具体加入水和浓硫酸量随处理物的含水量而设定）。密闭水解罐，加热使水解罐内升至100~108℃，维持压力不低于0.15MPa，反应时间不低于4h，至罐体内的病死动物及病害动物产品完全分解为液态。

（2）化学消毒法　化学消毒法适用于被病原微生物污染或可疑被污染的动物皮毛消毒。

①盐酸食盐溶液消毒法：用2.5%盐酸溶液和15%食盐水溶液等量混合，将皮毛浸泡在此溶液中，并使溶液温度保持在30℃左右，浸泡40h，$1m^2$的皮毛用10L消毒液（或按100mL 25%食盐水溶液中加入盐酸1mL配制消毒液，在室温15℃条件下浸泡48h，皮毛与消毒液之比为1∶4）。浸泡后捞出沥干，放入1%~2%氢氧化钠溶液中，以中和皮毛上的酸，再用水冲洗后晾干。

②过氧乙酸消毒法：将皮毛放入新鲜配制的2%过氧乙酸溶液中浸泡30min。将皮毛捞出，用水冲洗后晾干。

③碱盐液浸泡消毒法：将皮毛浸入5%碱盐液（饱和盐水内加5%氢氧化钠）中，室温（18~25℃）浸泡24h，并随时加以搅拌。取出皮毛挂起，待碱盐液流净，放入5%盐酸溶液内浸泡，使皮毛上的酸碱中和。将皮毛捞出，用水冲洗后晾干。

任务二　病死动物及病害动物产品无害化处理的监管

任务概况

本任务主要介绍了病死动物及病害动物产品确认、溯源和收集的监管，病死动物及病害动物产品包装、运送、移交的监管和法律责任。

必备知识

农业农村主管部门应对辖区病死动物及病害动物产品的确认、溯源、收集、包装、运输、移交、无害化处理等环节进行监管。

（一）病死动物及病害动物产品确认、溯源和收集的监管

1. 确认

（1）从事动物饲养、屠宰、经营、运输的单位和个人是病死动物无害化处理的第一责任人，负有对病死动物及时进行无害化处理并向当地农业农村主管部门报告的义务。任何单位和个人不得抛弃、收购、贩卖、转运、屠宰、加工和食用病死动物及病害动物产品。

（2）所在地农业农村主管部门接到报告后，应立即派专业人员到现场，对病死动物及病害动物产品进行身份确认、数量核实，作初步诊断分析、死因鉴定等，具体包括了解来源、数量、品种、同群情况、饲养情况、免疫情况、出现病症或死亡时间、地点、主要病症、用药情况等。

2. 溯源

（1）发现病死及死因不明动物所在地的县级以上农业农村主管部门，应当及时组织开展死亡原因或流行病学调查，掌握疫情发生、发展和流行情况，为疫情的确诊、控制提供依据。出现大批动物死亡事件或发生重大动物疫情的，由省级农业农村主管部门组织进行死亡原因或流行病学调查。属于外来病或国内新发疫病的，农业农村部指定的疫病诊断实验室和国家动物流行病学研究中心要派人协助进行流行病学调查工作。

（2）除发生疫情的当地县级以上农业农村主管部门外，任何单位和个人未经省级兽医行政主管部门批准，不得到疫区采样、分离病原、进行流行病学调查。当地农业农村主管部门或获准到疫区采样和流行病学调查的单位和个人，未经原审批的省级农业农村主管部门批准，不得向其他单位和个人提供所采集的病料及相关样品和资料。

（3）在对病死及死因不明动物采样、诊断、流行病学调查等过程中，要采取有效措施做好个人防护和消毒工作。

3. 收集

（1）任何单位和个人发现病死或死因不明动物时，应当立即报告当地农业农村主管部门，并做好临时看管工作。

（2）在江河、湖泊、水库等水域发现的死亡畜禽，由所在地县级人民政府组织收集、处理并溯源。在城市公共场所和乡村发现的死亡畜禽，由所在地街道办事处、乡级人民政府组织收集、处理并溯源。在野外环境发现的死亡野生动物，由所在地野生动物保护主管部门收集、处理。

（二）病死动物及病害动物产品包装、运送、移交的监管

农业农村主管部门应对病死动物及病害动物产品包装、运送、移交全过程进行监督指导，确保各环节操作规范，防止污染环境，造成动物疫病扩散。

（1）病死动物及病害动物产品应由专人运送、移交至无害化处理中心，严防发生被盗、丢失等事件。

（2）移交病死动物及病害动物产品时，移交方应向接收方如实详细告知相关情况；接收方应建立接收记录，包括病死动物及病害动物产品来源、种类、数量、动物标识号、转运人员、联系方式、车牌号、接收时间及经手人员等；核实无误后，运送人员和接收人员进行双签收。

（3）病死动物及病害动物产品需要暂存的，应按照规范暂存于集中暂存点，并配备专人负责管理，设置明显警示标识、做好清洗消毒及相关档案记录。

（三）法律责任

农业农村主管部门应对病死动物及病害动物产品无害化处理过程及其产生的副产品处置进行全程监管，并按照规定做好相关记录、归档等工作。

对违反规定经营病死动物及病害动物产品的或不按规定处理病死动物及病害动物产品的单位和个人，按《中华人民共和国动物防疫法》有关规定处理。

任务思考

（1）试述某养殖户家中羊出现小反刍兽疫症状，如何进行无害化处理。

（2）试述病死动物及病害动物产品运送中的注意事项。

（3）试述病死动物及病害动物产品无害化处理的监管工作主要职责。

（4）思考病死动物及病害动物产品无害化处理监管工作中存在的问题及解决方案。

（5）某养殖户私自将病死动物进行屠宰销售，该如何处理？

项目十一　常见动物疫病的防控技术

认知与解读

为规范村级动物防疫员从事动物防疫工作时，科学、全面、合理地开展动物疫病防治活动，村级动物防疫员需掌握常见动物疫病的防控技术，能正确对动物疫情进行疫情确认、处置、监测、免疫等，保障畜牧业的高质量发展，助力乡村振兴。本项目主要介绍了常见动物传染病与动物寄生虫病的防控技术。

任务一　常见动物传染病的防控技术

任务概况

本任务主要介绍了常见人兽共患、牛、羊、马属动物、猪、禽、犬、猫、兔传染病的流行病学、临床症状和防控要点。

必备知识

（一）人兽共患动物传染病的防控

1. 口蹄疫

口蹄疫俗称“口疮”、“蹄癀”，是由病毒引起偶蹄动物的一种急性热性高度接触性传染病。特征是在口腔黏膜、蹄部和乳房皮肤出现水疱和溃烂。本病在世界各地均有发生，目前在非洲、亚洲和南美洲流行较严重。动物感染本病将导致其生产性能下降约25%，由此带来的贸易限制和卫生管理等费用难以估算。因此，世界各国都特别重视对本病的研究和防治。

（1）流行病学

①传染源：患病动物和带毒动物是本病主要的传染源。患病动物通过水疱皮、水疱液以及发热期的乳、唾液、眼泪、粪尿、呼出的气溶胶等排毒。特别是猪通过气溶胶排毒量最大。潜伏期和康复后动物是本病危险的传染源。

②传播途径：本病通过直接接触和间接接触传播，经呼吸道、消化道、损伤的皮肤黏膜而感染。近年证明，通过污染的空气经呼吸道传染更为重要。饲料、垫草、用具、饲养管理人员以及犬、猫、鼠类、家禽等都可成为本病的传播媒介。

③易感动物：口蹄疫的易感动物多达30余种，但主要是偶蹄动物，其中奶牛、黄牛最易感，牦牛、水牛和猪次之，绵羊、山羊、骆驼再次之。一般幼龄动物较成年动物易感。人也可感染。实验动物中豚鼠、10日龄以内的乳鼠易感，后者是检出病料中微量病毒最好的实验动物。

④流行特点：本病传播迅速、流行猛烈、发病率高、死亡率低。一年四季均可发生，但在牧区一般从秋末开始，冬季加剧，春季减少，夏季平息，在农区这种季节性则不明显。该病常呈流行性或大流行性，自然条件下每隔1~2年或3~5年流行一次，往往沿交通线蔓延扩散或传播，也可跳跃式地远距离传播。单纯性猪口蹄疫仅猪发病，不感染牛、羊，不出现迅速扩散和跳跃式流行，主要发生于猪集中饲养的地区及交通密集的沿线。从流行病学的观点来看，绵羊是本病的“贮存器”，猪是“扩大器”，牛是“指示器”。

（2）临床症状

①牛：潜伏期平均2~4d，最长1周左右。病牛体温升高到40~41℃，精神沉郁，食欲减退，流涎咂嘴，开口时有吸吮声。1~2d后，在唇内面、齿龈、舌面和颊部黏膜出现蚕豆至核桃大水疱。此时病牛大量流涎，嘴角唇边挂满口涎。水疱约经一昼夜破溃形成边缘整齐浅表的红色溃烂，之后体温降至正常，溃烂逐渐愈合，全身状况好转。如继发感染，则溃烂加深，愈合后形成瘢痕。在口腔出现水疱的同时或稍后，趾间、蹄部柔软部皮肤发生水疱，并很快破溃形成浅表溃疡，以后干燥结痂而愈合。如继发感染则发生化脓、坏死、跛行，重者蹄匣脱落。乳头和乳房部皮肤有时也出现水疱和烂斑。

本病多取良性经过，一般经1~3周可痊愈。恶性口蹄疫在上述病程中病情突然恶化，因心脏麻痹而死亡，病死率达20%~50%。犊牛患病时多呈恶性，水疱病状不明显，主要表现出血性肠炎和心肌炎，病死率高达60%~90%。

②羊：潜伏期1周左右。病状与牛相似但较轻。绵羊蹄部病状明显，山羊口腔病状明显，羔羊常因出血性胃肠炎和心肌炎而死亡。

③猪：潜伏期1~2d，病初体温升高至40~41℃，食欲减退或不食，口黏膜（包括舌、唇、咽等）形成小水疱或糜烂。病猪鼻镜、乳房也常有水疱和烂

斑。蹄冠、蹄叉、蹄踵等部出现发红、敏感，不久出现水疱，水疱破裂后表面出血，形成糜烂，10d左右痊愈。哺乳猪发病时，多呈急性胃肠炎和心肌炎而死亡，病死率可达60%~80%。

④人：主要由于饮食带毒乳，或通过挤奶接触患病动物等引起感染。主要表现为唇、齿龈、颊部黏膜及指尖、指甲基部等处发生水疱，水疱破裂后形成薄痂或溃烂。病程1周左右，愈后良好。儿童感染后发生卡他性胃肠炎，严重者可因心肌麻痹而死亡。

（3）防控要点　防治本病应根据本国实际情况采取相应对策。无病国家一旦暴发本病应采取屠宰病畜、消灭疫源的措施；已消灭本病的国家通常采取禁止从有病国家输入活畜或动物产品，杜绝疫源传入；有本病的地区或国家，多采取以检疫诊断为中心的综合防治措施，一旦发现疫情，应立即实现封锁、隔离、检疫、消毒等措施，迅速通报疫情，查源灭源，并对易感畜群进行预防接种，以及时拔除疫点。

①预防接种：发生口蹄疫时，需用与当地流行的相同病毒型、亚型的弱毒疫苗或灭活疫苗进行免疫预防。弱毒疫苗由于毒力与免疫力之间难以平衡，不太安全。因此目前各国主要研制和应用灭活疫苗。不少国家采用单层或悬浮的BHK21细胞系和IB-RS-2细胞系培养生产灭活疫苗，灭活剂多采用主要作用于核酸、蛋白抗原性保护较好且毒性小的二乙烯亚胺，灭活后加油类佐剂。对疫区和受威胁区内的健畜进行紧急接种，在受威胁地区的周围建立免疫带以防疫情扩展。康复血清或高免血清用于疫区和受威胁的家畜，可控制疫情和保护幼畜。

②消毒：疫点严格消毒，粪便堆积发酵处理，场地、物品、器具要严格消毒。预防人的口蹄疫，主要依靠个人自身防护。

2. 炭疽

炭疽是由细菌引起的家畜、野生动物和人的一种急性热性败血性传染病。临诊特征是突然高热，可视黏膜发绀和天然孔出血。其病变的特点是呈败血症变化，以尸僵不全、血凝不良、脾脏显著肿大、皮下和浆膜下呈出血性胶样浸润为特征。

（1）流行病学

①传染源：本病的主要传染源是患病动物。存在于患病动物各组织器官的炭疽杆菌通过动物的分泌物、排泄物，特别是濒死动物天然孔出血以及处理不当的尸体向外散播。

②传播途径：主要经消化道感染，也可经损伤的皮肤、黏膜及吸血昆虫叮咬感染，此外还可经呼吸道感染。

③易感动物：各种家畜、野生动物、人均有易感性，其中草食动物最易

感。家畜中羊、牛、马和鹿最易感，水牛和骆驼次之，猪易感性较低，犬和猫更低。人的易感性较低。实验动物中小鼠、豚鼠最易感。

④流行特点：炭疽多发于夏秋季节。在吸血昆虫多、雨水泛滥时容易发生传播。以往流行呈地方流行性，现在多为散发。

（2）临床症状　潜伏期一般1~3d，最长可达14d。根据病程长短可分为最急性型、急性型和亚急性型。

①牛：最急性型病牛突然昏迷倒地，呼吸困难，可视黏膜发绀，全身战栗，心悸，濒死期天然孔出血，常在数分钟至数小时内死亡。多见于使役或放牧中。

急性型最常见，病牛体温上升到42℃，病初兴奋不安、吼叫乱撞，之后又转为高度沉郁，食欲减退或废绝，反刍泌乳停止，可视黏膜发绀并有出血点，呼吸困难，肌肉震颤。妊娠牛可发生流产。濒死期体温下降，天然孔流血，一般经1~2d死亡。

亚急性型病情较缓，在喉部、颈部、胸部、胸前、腹下、肩胛或乳房等部皮肤，以及直肠或口腔黏膜等处发生局限性炎性肿胀。初期硬固有热痛，后变冷无痛，中央部发生坏死，有时形成溃疡，称为炭疽痈。有时舌肿大呈暗红色，有时发生咽炎，呼吸极度困难。发生肠道炭疽痈时，病牛下痢，粪中带血。病程数日至一周以上。

②羊：多为最急性型炭疽。病羊突然倒地，昏迷，磨牙，全身战栗，天然孔出血，几分钟内死亡。

③猪：潜伏期长，多为慢性经过。生前无明显临诊病状，屠宰后检查时，有的在颌下淋巴结或肠系膜淋巴结、肺等部位发现炭疽病变。有的病猪发生咽炭疽，病初体温升高，咽喉部肿胀，甚至蔓延到颈和胸部，病猪呼吸困难，黏膜发绀，最后窒息死亡。个别病猪也可出现急性型。

（3）防控要点

①预防措施：在疫区或常发地区，每年对易感动物进行预防注射，常用的疫苗是无毒炭疽芽孢疫苗，接种14d后产生免疫力，免疫保护期为一年。另外，要加强检疫和大力宣传有关本病的危害性及防治办法，特别是告诫广大牧民不可食用死于本病动物的肉品。

②扑灭措施：发生本病时，应尽快上报疫情，划定疫点、疫区，采取隔离封锁等措施，对病畜要隔离治疗，禁止病畜的流动，对发病畜群要逐一测温，凡体温升高的可疑患畜可用青霉素等抗生素或抗炭疽血清注射，两者同时注射效果更佳，对发病羊群可全群预防性给药，受威胁区及假定健康动物作紧急预防接种，逐日观察至2周。

③消毒：天然孔及切开处，用浸泡过消毒液的棉花或纱布堵塞，连同粪

便、垫草一起焚烧，尸体可就地深埋，病死畜躺过的地面应除去表土 15~20cm 并与 20%漂白粉混合后深埋。畜舍及用具场地均应彻底消毒。

④封锁：禁止疫区内牲畜交易和输出畜产品及草料。禁止食用病畜乳、肉。人炭疽的预防应着重于与家畜及其畜产品频繁接触的人员，凡在近 2~3 年有炭疽发生的疫区人群、畜牧兽医人员，应在每年的 4~5 月前接种“皮上划痕人用炭疽活疫苗”，连续 3 年。发生疫情时，病人应住院隔离治疗，病人的分泌物、排泄物及污染的用具、物品及被子衣服均要严格消毒，与病人或病死畜接触者要进行医学观察，皮肤有损伤者同时用青霉素预防，局部用 2%碘酊消毒。

3. 布鲁氏菌病

布鲁氏菌病简称布病，是由细菌引起的急性或慢性人兽共患病。特征是生殖器官、胎膜发炎，引起流产、不育、睾丸炎。

（1）流行病学

①传染源：主要是患病动物和带菌动物。病母畜流产或分娩时，经胎儿、胎衣、羊水和阴道分泌物排出大量的布鲁氏菌，流产后还可长时间经乳汁排菌，污染环境，散播病原。患睾丸炎的公畜精液中含有病菌，可随交配而传播。有时经粪便排菌。

②传播途径：本病主要由于动物摄食被污染的饲料和饮水而经消化道感染，其次是通过皮肤、黏膜和交配感染，也可通过吸血昆虫的叮咬而感染。人类布病主要是由于接触带有病原菌的各种污染物及食品，如患病动物的流产物、乳、肉和毛皮等，通过皮肤、黏膜、眼结膜引起感染，也可经消化道、呼吸道感染。

③易感动物：本病的易感动物种类很多，如羊、牛、猪、水牛、牦牛、羚羊、鹿、骆驼、野猪、马、犬、猫、狐、狼、野兔、猴、鸡、鸭及一些啮齿类动物等。家畜中羊、牛和猪最易感。一般性成熟动物较幼龄动物易感。人对本病的易感性很强，牛、羊、猪三型布鲁氏菌对人均有致病作用，但以羊型的最大，猪型次之，牛型的最小。由羊型和猪型布鲁氏菌引起的人的布鲁氏菌病，病情严重，治疗困难。

④流行特点：本病无明显季节性，但在产仔季节多发。母畜感染后一般只发生一次流产，以后多不再流产（带菌免疫），使本病的流行有一定的特点，即初发流产时流产率高，以后则逐年减少。

（2）临床症状

①牛：潜伏期 2 周至 6 个月。母牛最显著的症状是流产。实验感染虽见有弛张热，但在自然感染时临诊上常被忽略。流产可以发生在妊娠的任何时期，最常发生在第 6 至第 8 个月，已经流产过的母牛如果再流产，一般比第一次流

产时间要迟。流产时除在数日前表现分娩预兆，如阴唇乳房肿大，荐部与胁部下陷，以及乳汁呈初乳性质等外，还有生殖道的发炎症状，即阴道黏膜发生粟粒大红色结节，由阴道流出灰白色或灰色黏性分泌液。流产时，胎水多清朗，但有时浑浊含有脓样絮片。常见胎衣滞留，特别是妊娠晚期流产者。流产后常继续排出污灰色或棕红色分泌液，有时恶臭，分泌液迟至 1~2 周后消失。早期流产的胎儿，通常在产前已经死亡。发育比较完全的胎儿，产出时可能存活但衰弱，不久死亡。公牛有时可见阴茎潮红肿胀，更常见的是睾丸炎及附睾炎。急性病例则睾丸肿胀疼痛。还可能有中度发热与食欲不振，以后疼痛逐渐减退，约 3 周后，通常只见睾丸和附睾肿大，触之坚硬。临诊上常见的症状还有关节炎，甚至可以见于未曾流产的牛，关节肿胀疼痛，有时持续躺卧。通常是个别关节患病，最常见于膝关节和腕关节。腱鞘炎比较少见，滑液囊炎特别是膝滑液囊炎较常见。有时有乳房炎的轻微症状。

如流产胎衣不滞留，则病牛迅速康复，又能受孕，但以后可能再度流产。如胎衣未能及时排出，则可能发生慢性子宫炎，引起长期不育。但大多数流产牛经两个月后可以再次受孕。

在新感染的牛群中，大多数母牛都将流产一次。如在牛群中不断加入新牛，则疫情可能长期持续，如果牛群不更新，由于流产过 1~2 次的母牛可以生产，疫情似是静止，再加以饲养管理得到改善，病牛也可能有半数自愈。但这种牛群绝非健康牛群，一旦新易感牛只增多，还可引起大批流产。

②羊：常不表现症状，而首先被注意到的症状也是流产。流产前，食欲减退，口渴，委顿，阴道流出黄色黏液等。流产发生在妊娠后第 3 或第 4 个月。有的山羊流产 2~3 次，有的则不发生流产，但也有报道山羊群中流产 40%~90%。其他症状可能还有乳房炎、支气管炎、关节炎及滑液囊炎，后两者可引起跛行。公羊睾丸炎、乳山羊的乳房炎常较早出现，乳汁有结块，乳量可能减少，乳腺组织有结节性变硬。绵羊型布鲁氏菌可引起绵羊附睾炎。

③犬：由犬型布鲁氏菌引起的感染，主要病状是流产；而由牛型、羊型和猪型布鲁氏菌引起的感染，多呈隐性感染。病犬流产发生在妊娠 40~50d，流产后阴道长期排出分泌物。公犬无病状或发生附睾炎、前列腺炎、睾丸萎缩。

④人：感染后主要表现为长期低热（过去的波浪热已不多见），多汗，关节痛，脾肿大，睾丸炎（多为一侧性），滑膜囊炎和腱鞘炎，有头痛、失眠、坐骨神经痛和多发性关节炎等病症，躯干及四肢有皮疹。病程较长，容易复发。

（3）防控要点

①检疫及分群隔离饲养：在本病的清净地区，每年至少进行一次检疫，引进家畜时需经产地检疫，并隔离观察 2 个月，期间进行 2 次血清学检疫，均为

阴性者方可混群。在疫区每年至少两次对易感家畜进行检疫，猪、羊在5月龄以上、牛在8月龄以上、接种过疫苗的动物在注射后12~36个月时检疫。检出的阳性牲畜，如数量不多，应及早淘汰；如数量多淘汰困难或经济价值极高的病畜，应建立病畜群，隔离饲养，培育健康幼龄动物，逐步淘汰净化。阴性者作为假定健康畜进行多次检疫，经一年以上无阳性者出现，可认为是健康群。

②培养健康畜群：患病母畜所生幼畜，出生后吃3~7d初乳，而后隔离饲养，喂以消毒乳或健康牛乳。至牛8月龄、羊5月龄、和猪4月龄时，用血清学方法做两次检查，每次间隔2~3周，阳性者按病畜处理，阴性者以后每隔3个月检查1次。第一胎出生1个月后，用血清学方法检均为阴性反应，流产物检菌阴性，再每隔6个月检查1次，直至第二胎出生1个月后，并作1次血清学检查和细菌检查，均呈阴性反应时，才能认为培养健康畜群成功。

③严格消毒：流产胎儿、胎衣应深埋或烧毁，被污染的圈舍、场地、用具等以2%热烧碱液或10%石灰乳进行彻底消毒，粪便经生物热发酵消毒，乳与乳制品加热后食用，皮张、羊毛在收购地点消毒、包装后方可外运。

④定期免疫接种：生产中普遍使用猪二号菌苗（S2）、羊五号菌苗（M5）和S19菌苗，均有较好的免疫效果。布鲁氏菌组分苗在动物试用效果良好，布鲁氏菌无凝集原性M-111菌苗，已在羊、牛中试用。

猪二号菌苗适用于牛、牦牛、山羊、绵羊和猪。此苗毒力稳定，安全有效，可用口服、皮下注射、肌注及气雾等方法接种，免疫保护期牛2年、羊3年、猪1年。

羊五号菌苗适用于山羊、绵羊、牛和牦牛，对猪无效。可用气雾、肌注、皮下注射和口服接种，免疫保护期2~3年。

S19菌苗主要用于牛，也可用于绵羊，对山羊的效果较差，对猪无效。一般皮下接种。

对于经常受布鲁氏菌威胁的职业人员等应用104M冻干活菌苗接种，免疫保护期1年，第2年复种1次，以后不必再接种。

本病尚无特效疗法，一般采用淘汰病畜来防止本病的流行和散播。

4. 狂犬病

狂犬病俗称疯狗病，是由病毒引起的一种急性接触性传染病。特征是神经兴奋和意识障碍，继而局部或全身麻痹而死。狂犬病是自古以来即为欧亚人民所熟知的一种可怕的人兽共患病。由于其症状明显而严重，病死率极高，一旦发病，几乎全部死亡。

（1）流行病学

①易感动物与传染源：几乎所有的温血动物对本病均易感。在自然界中主要的易感动物是犬科、猫科动物以及某些啮齿类动物和蝙蝠，它们是狂犬病病

毒主要的自然贮藏宿主和传染源。而对人和家畜主要的传染源是发病犬，其次是带毒犬。近年国内报道外观健康的家犬带毒率平均为14.9%。

②传播途径：病毒主要通过咬伤传播，也可由带病毒的唾液经损伤的皮肤和黏膜而引起感染，此外，经呼吸道、消化道和胎盘也可引起感染。

③流行特点：本病散发，无季节性，流行的连锁性明显，致死率高达100%。

④人群易感性：人被患病动物咬伤后并不全部发病，在狂犬病疫苗使用以前的年代，被狂犬咬伤后的发病率为30%~35%，而目前被狂犬咬伤后如能得到及时的疫苗接种，其发病率可降至0.2%~0.3%。

⑤影响发病的因素：发病率受被咬伤口的部位等因素的影响。一般头面部咬伤者比躯干、四肢咬伤者发病率高，因头面部的周围神经分布相对较多，使病毒较易通过神经通路进入中枢神经系统。同样理由，伤口越深，伤处越多者发病率也越高。被狼咬伤者其发病率可比被犬咬伤者高一倍以上，这是因为野生动物唾液腺中含病毒量比犬高，且含毒时间更为持久。本病的发生还有明显的年龄性别特征和季节性，一般以青少年及儿童患者较多，男性较多，温暖季节发病较多。出现这种差别的主要原因是在温暖季节这些人的户外活动较多，与犬接触机会多，增加了被咬伤感染的机会。

（2）临床症状　潜伏期因感染病毒的数量、毒力、伤口距中枢的距离及动物的易感性不同而长短不一。一般为2~8周，最短的8d，长的可达数月或一年以上。犬、猫、狼、羊和猪平均为20~60d，牛、马30~90d，人30~60d。

①犬：可分为狂暴型和沉郁型。狂暴型分为前驱期、兴奋期和麻痹期。前驱期病犬神态反常，常躲暗处，呆立凝视或望空乱叫，不听主人呼唤，对刺激的反应性增高，异嗜，吃泥土、碎布等异物，瞳孔散大，性欲增强，嗅性器官，咬伤处发痒，常舔咬伤口。不久出现吞咽困难，唾液增多，后躯软弱。1~2d后进入兴奋期，病犬狂暴不安，攻击人畜或咬伤自己，狂吠，吠声嘶哑，下颌下垂，唾液增多，斜视夹尾，常无目的奔走。狂暴过程中，间有沉郁。3~4d后进入麻痹期，病犬张口垂舌，流涎显著，行走摇摆，垂头拖尾，意识模糊，高度衰弱，最后卧地不起，因呼吸麻痹和全身衰竭而死亡。病程6~8d，有时可延至10d。沉郁型以麻痹病状为主，无兴奋期或有但很短。开始头部肌肉麻痹，随后发生四肢麻痹，进而全身麻痹而死亡。病程一般为5~6d。

②牛：多为狂暴型。病初精神沉郁，反刍及食欲减少，不久表现兴奋不安，间有沉郁，而后反复出现兴奋病状，并逐渐出现麻痹，最后卧地不起，衰弱而死。

③马：病初伤口奇痒，兴奋时惊恐不安，也有的呈沉郁状态。最后发生麻痹，衰竭死亡。病程4~6d。

④猪：病猪兴奋不安，无目的奔跑，最后麻痹而死，病程2~4d。

⑤猫：多为狂暴型，病状与犬相似，多于出现病状后2~4d死亡。发作时具有攻击性。因猫常与人接近且动作敏捷，应特别注意病猫伤人。

⑥人：患本病多为被发病犬咬伤所致。病初表现头痛、乏力、恶心呕吐和被咬伤部位发热发痒，随后出现兴奋，感觉过敏，恐水，怕风，恐惧，流涎，瞳孔散大和咽肌麻痹，通常于发病3~4d后因全身麻痹而死亡。病死率达100%。

(3) 防控要点　预防动物及人类的狂犬病，重要在于对病犬的控制。平时应加强对犬和猫的管理，在流行区对家犬和家猫应进行大规模免疫接种，并挂牌登记；彻底消灭野犬；发现狂犬病患病动物应立即扑杀，尸体深埋或焚烧，严禁剥皮吃肉。

对被咬伤动物伤口的妥善处理是清除狂犬病病毒的重要环节。伤口应用大量肥皂水或0.1%新洁尔灭或清水充分冲洗，再用75%酒精或2%~3%碘酊消毒，同时注射狂犬病疫苗。如咬伤严重（如人头、颈和手指等多处被咬伤），在接种疫苗的同时应注射免疫血清。目前国内常用的兽用狂犬病弱毒细胞培养疫苗适用于家犬的免疫，对猫和牛需用毒力更低的Flury株鸡胚高代弱毒疫苗，免疫保护期在1年以上。从国外引进的ERA株狂犬病弱毒疫苗，毒力较弱，对成年牛、山羊、绵羊、犬和家兔均安全有效，可用于各种动物的免疫。

5. 伪狂犬病

伪狂犬病是由病毒引起家畜和野生动物的一种急性传染病。特征是发热、奇痒（猪除外）和脑脊髓炎。成年猪呈隐性感染，妊娠母猪发生流产、死胎，哺乳仔猪呈脑脊髓炎和败血症的综合病症。

(1) 流行病学

①传染源：病猪、带毒猪及带毒鼠是本病主要传染源，病猪通过眼鼻分泌物、唾液、乳汁等排毒，有的带毒猪可持续排毒1年。带毒鼠经尿液排毒，牧场和畜舍内的鼠类，既是带毒者，又是传播者。母猪感染本病后6~7d乳中便有病毒，仔猪可因哺乳而感染，妊娠母猪感染后可经胎盘感染胎儿。

②传播途径：家畜多因食入病鼠、死鼠、病尸及污染的饲料、饮水经消化道感染，也可经呼吸道、生殖道及损伤的皮肤而感染。猪还可通过直接接触而感染。

③易感动物：本病自然发生于猪、牛、羊、犬、猫、兔、鼠及野生动物中，家畜中猪、牛最易感，马属动物对本病有抵抗力。人偶尔可能感染。

④流行特点：本病多发于冬、春季节，一般为散发，有时呈地方性流行。

(2) 临床症状　潜伏期一般为3~6d，少数达10d。

①猪：2周龄以内哺乳仔猪，病初发热，呕吐、下痢、厌食、精神不振，

呼吸困难，呈腹式呼吸，继而出现神经症状，发抖，共济失调，间歇性痉挛，后躯麻痹，作前进或后退转动，倒地四肢划动，最后衰竭而死亡。3~4 周龄猪主要症状同上，病程略长，多便秘，病死率可达 40%~60%。部分耐过猪常有后遗症，如偏瘫和发育受阻。2 月龄以上猪，症状轻微或隐性感染。怀孕母猪表现为咳嗽、发热、精神不振。随着发生流产、木乃伊胎、死胎和弱仔，这些弱仔猪 1~2d 内出现呕吐、腹泻和神经症状，通常在 24~36h 死亡。

②牛：常于发病后 48h 内死亡，且病状特殊明显，主要表现某部皮肤剧痒。病程 2~3d。有的病例发病后数小时死亡，不表现痒觉。

③兔：常出现典型奇痒症状后死亡。

(3) 防控要点　消灭饲养场的鼠类，注意带毒猪的存在，严格将猪与牛及其他动物分开饲养；引进猪应隔离观察，严防带入病原；常发地区可定期进行预防接种，我国试制的牛、羊伪狂犬病氢氧化铝甲醛灭活疫苗，免疫效果可靠。

发病时应立即隔离或扑杀病畜，尸体销毁或深埋；疫区内未发病的易感动物进行紧急免疫接种；畜舍、用具及污染的环境用 2%氢氧化钠、20%漂白粉等彻底消毒；粪便发酵处理。

6. 日本脑炎

日本脑炎又称流行性乙型脑炎，简称乙脑，是由病毒引起的一种人兽共患病。马表现脑炎，猪表现流产、死胎和睾丸炎，其他动物多为隐性感染。蚊虫为传播媒介。

(1) 流行病学

①传染源：乙脑是自然疫源性疾病，许多动物和人感染后都可成为本病的传染源。感染动物在病毒血症阶段时，血液中含大量病毒。猪感染后病毒血症时间长，血中病毒含量高，且猪的饲养面大，繁殖快，易被蚊虫等吸血昆虫叮咬而扩大病毒的传播，是本病主要的传染源。

②传播途径：本病主要通过蚊虫的叮咬而传播。蚊感染病毒后不仅可以传播还可带毒越冬或经卵传代，成为乙脑病毒的长期贮藏宿主，造成动物—蚊—动物的循环传播。

③易感动物：动物中马、骡、驴、牛、羊、猪、鸡、鸭、鹅和野鸟等都有易感性，其中马最易发病，猪和人次之，其他动物多呈隐性感染，幼龄动物较成年动物易感。实验动物中各年龄小鼠均易感。

④流行特点：本病有明显的季节性，多发于夏季秋初蚊虫活跃时期，大约 80%的病例发生在 7~9 月。一般散发，有时呈地方性流行。

(2) 临床症状

①马：潜伏期为 1~2 周。3 岁以下的幼马，特别是当年幼驹易发病，成年

马多为隐性感染。病初体温升高达39.5~41℃，精神沉郁，食欲减退，可视黏膜潮红或轻度黄染，垂头呆立，部分病马于1~2d后好转，逐渐康复。部分病马继而出现神经病状，表现沉郁、兴奋或麻痹。本病愈后多不良，耐过马有弱视、局部麻痹、精神迟钝等后遗症。

②猪：人工感染潜伏期一般为3~4d。常突然发病，体温升高到40~41℃，稽留，病猪沉郁嗜睡，食欲减少，粪便干硬，尿色深黄。有的病猪表现明显的神经症状，有的病猪后肢呈轻度麻痹，步态踉跄，关节肿大，疼痛，出现跛行。有的病猪视力减退，摆头，乱冲乱撞。最后后躯麻痹，倒地不起而死亡。

妊娠母猪发病时，多在妊娠后期发生流产。流产胎儿可为木乃伊化；也可为死胎，全身水肿；亦可为弱胎，生后几天内发生痉挛而死亡；或者生长发育良好。同一窝仔猪死、弱、好差异很大。母猪流产后大多逐渐恢复正常。

公猪除有一般症状外，常发生睾丸炎。一般2~3d后恢复正常，有的萎缩变硬。

（3）防控要点　平时加强饲养管理，搞好畜舍及其周围的环境卫生，消灭蚊虫（包括越冬蚊虫和早春蚊）和孳生地。常发地区应在蚊虫活动前1~2个月，对4月龄至1岁幼驹和4月龄至2岁的猪，应用乙型脑炎弱毒疫苗进行预防接种，第二年加强免疫一次，免疫保护期可达3年。

发病病畜应立即隔离治疗（主要对马），采取降低颅内压，调节大脑功能，解毒为主的综合治疗措施，同时加强护理。

7. 附红细胞体病

附红细胞体病（简称附红体病），是由附红细胞体引起的人兽共患传染病，以贫血、黄疸和发热为特征。

（1）流行病学　附红体寄生的宿主有鼠类、绵羊、山羊、牛、猪、犬、猫、鸟类、骆马（美洲驼）和人等。一般认为，附红体有相对宿主特异性，感染牛的附红体不能感染山羊、鹿和去脾的绵羊；绵羊附红体只要感染一个红细胞就能使绵羊得病，而山羊却很不敏感；有人试图用感染骆马的附红体感染猪、绵羊和猫，但没有成功，因而认为感染骆马的附红体可能是一个新种。

本病的传播途径尚不完全清楚。报道较多的有接触性传播、血源性传播、垂直传播及媒介昆虫传播等。

（2）临床症状　动物感染附红体后，多数呈隐性经过，在少数情况下受应激因素刺激可出现临诊症状。由于动物种类不同，潜伏期也不同，介于2~45d。发病后的主要表现是发热，食欲不振，精神委顿，黏膜黄染，贫血，背腰及四肢末梢瘀血，淋巴结肿大等，还可出现心悸及呼吸加快，腹泻，生殖力下降，毛质下降等。病程长短不一，短者几天，长者数年，严重者可出现死亡，死亡原因可能与低血糖有关。

（3）防控要点　预防本病要采取综合性措施，尤其要驱除媒介昆虫，做好针头、注射器的消毒，消除应激因素；将四环素类抗生素混于饲料中，可预防猪发生本病。

8. 结核病

结核病是由细菌引起的人兽共患慢性传染病。其病理特征是在多种组织器官形成结核结节、干酪样坏死和钙化病变。

（1）流行病学

①传染源及传播途径：患病动物和人，尤其是开放性患病动物和患者，通过咳嗽、飞沫、呼吸道分泌物、粪尿和乳汁等排出结核杆菌，污染空气、饲料、饮水和环境，主要经呼吸道和消化道侵入易感机体而引起感染，也可经生殖道、胎盘和损伤的皮肤黏膜感染。

②易感动物：约有50种哺乳动物、25种禽类可患本病。家畜中牛最易感，特别是乳牛；其次是黄牛、牦牛和水牛；猪和家禽易感性也较强；单蹄动物和羊极少发病；野生动物中猴、鹿感染较多见。

牛型结核杆菌主要侵害牛，其次是猪、鹿和人，再次是马、狗、猫、绵羊和山羊。人型结核杆菌主要侵害人，其次是猴、犬、牛、猪。禽型结核杆菌主要侵害家禽和鸟类，其次是猪和绵羊，人及犬、猫、牛极少见。

（2）临床症状　潜伏期长短不一，一般为10~45d，长的达数月至数年。通常呈慢性经过，初期症状不明显，仅见消瘦、倦怠，随病情发展症状逐渐明显。

①牛：主要由牛分枝杆菌引起。结核分枝杆菌和禽分枝杆菌对牛毒力较弱，多引起局限性病灶且缺乏肉眼变化，即所谓的“无病灶反应牛”，通常这种牛很少能成为传染源。

最常见的是肺结核、乳房结核和淋巴结核，也可发生肠结核、生殖器结核、脑结核、浆膜结核及全身性结核。牛患肺结核时，病初易疲劳，常发短而干的咳嗽，尤其当起立、运动和吸入冷空气时易发咳嗽。随病情进展，转为湿咳并加重，病牛呼吸加快或气喘，肺部听诊有干性或湿性啰音，严重的可听到胸膜摩擦音，叩诊有浊音区。常见肩前、股前、腹股沟、颌下、咽及颈淋巴结肿大。病势恶化可发生全身性结核，即粟粒性结核。胸膜腹膜发生结核结节，即所谓“珍珠病”，病乳牛常发生乳房结核，病初乳房上淋巴结（腹股沟浅淋巴结）肿大，继而后方乳腺区发生局限性或弥漫性硬结、无热无痛，泌乳量减少，严重时乳汁呈水样稀薄。犊牛多发肠结核，主要表现顽固性下痢和迅速消瘦，发生部位多在空肠和回肠。牛的生殖器结核较少见，表现性功能紊乱，如母畜发情频繁，性欲亢进，慕雄狂，不孕或孕牛流产；公畜睾丸、附睾肿大，有硬结，有的阴茎前部有结节或糜烂等。

②禽：主要危害鸡和火鸡，成年鸡和老鸡多发，鸭、鹅、天鹅、孔雀、鸽也感染。主要经消化道感染。临诊表现消瘦、贫血、鸡冠萎缩、跛行、产蛋减少或停止、腹泻等。最后衰竭死亡或因受损害的肝、脾破裂而死亡。

③猪：猪对禽型、牛型和人型结核杆菌都有易感性。主要经消化道感染。多表现淋巴结核，常在颌下淋巴结、咽淋巴结、颈淋巴结以及扁桃体发生结核病灶，淋巴结肿大、硬固，表面凸凹不平，之后化脓破溃，排出脓汁和干酪样物，不易愈合。当肠道有病灶时常发生下痢。有时病灶可见于肺、肝和脾。

④人：患结核时有全身不适、倦怠乏力、食欲不振、体重减轻、长期低热、心悸和盗汗等共同症状，其他症状随结核菌侵害器官不同而异。常见的有肺结核、颈淋巴结核、肠结核、结核性腹膜炎、结核性脑膜炎、肾结核、骨关节结核、结核性胸膜炎等。

绵羊和山羊的结核病极为少见。马的结核病亦极少见，成年马偶见肺结核和淋巴结核，幼驹可发生肠结核，个别马患脊椎结核。

（3）防控要点　防治动物的结核病应采取加强检疫、防止疫病传人、净化污染群、培育健康畜群等综合性防治措施。

①检疫及分群隔离饲养：检疫是发现和净化畜群结核的重要手段。在本病的清净地区，每年春秋各进行一次检疫。引入牛时需经产地检疫，并隔离观察1月以上，再进行一次检疫，确认健康方可混群饲养。

在疫区对健康牛群每年定期检疫2次，对经过定期检疫污染率在3%以下的假定健康牛群，用结核菌素皮内注射法每年检疫4次；对未进行检疫的牛群及阳性反应检出率在3%以上的牛群，应用结核菌素皮内注射法结合点眼法每年进行4次以上的检疫。通过以上检疫，阳性反应牛应立即隔离饲养，开放性结核病牛予以扑杀，疑似反应牛隔离复检。对于污染的牛群，经过如此反复多次检疫，不断清除阳性反应牛，可逐步达到净化。

②培育健康犊牛：病牛所产犊牛，出生后吃5d初乳，而后隔离饲养，喂以消毒乳或健康牛乳，分别于生后20~30d、100~120d、6月龄进行3次检疫，据检疫结果分群隔离饲养，呈阳性反应的予以淘汰。

③消毒：每年进行2~4次定期消毒，饲养用具每月定期消毒一次，检出病牛后进行临时消毒，粪便发酵处理，尸体深埋或焚烧。动物结核病一般不进行治疗，检出后淘汰。有价值的种畜可用链霉素、异烟肼及对氨基水杨酸钠治疗。

9. 巴氏杆菌病

巴氏杆菌病是由多杀性巴氏杆菌引起的人兽共患的一种传染病。特征是急性型呈败血症变化，故又称出血性败血症；慢性型表现为皮下组织、关节、各器官的局灶性化脓性炎症，多与其他传染病混合感染或继发。

（1）流行病学

①传染源和传播途径：患病动物和带菌动物是本病的主要传染源，巴氏杆菌随其分泌物、排泄物及咳嗽喷嚏排出，污染饲料、饮水、用具和空气，通过消化道、呼吸道侵入易感机体引起传染；也可经损伤的皮肤黏膜及吸血昆虫的传播而引起传染。巴氏杆菌属于条件性病原菌，在饲养管理不良、过度疲劳、长途运输、气候多变等因素使动物抵抗力降低时，均可引发内源性传染。

②易感动物：各种动物和野生动物都可感染，其中猪、家禽和兔最常见；其次是黄牛、牦牛和水牛；绵羊、鹿、骆驼和马也可发病。各种年龄的动物都可感染，但以幼龄动物较为多见。人也可感染。

③流行特点：本病多无明显的季节性。一般散发，有时呈地方流行性。鸭群发病时，可呈流行性。

（2）临床症状

①猪

a. 最急性型：呈败血症变化。全身浆膜、黏膜和皮下组织广泛出血，见大量出血点，尤以咽喉炎及其周围组织的出血性浆液性炎症为特征。

b. 急性型：败血症变化较轻，主要呈大叶性肺炎变化。肺有大小不等的肝变区，切开肝变区，或呈暗红色，或呈灰红色，肝变区中央常有干酪样坏死灶，肺小叶间质增宽，充满胶冻样液体，切面呈大理石样。胸膜附有黄白色纤维素，病程较长时，胸膜与肺发生粘连。

c. 慢性型：肺组织大部分发生肝变，并有大量坏死灶或化脓灶，外面有结缔组织包囊，胸膜常与肺粘连，心包与胸腔积液，胃肠呈卡他性炎症。

②牛

a. 败血型：病初体温升高到40~41℃，随之出现全身症状，继而腹痛、下痢，粪便初为粥状，后呈液状，内含黏液及血液，恶臭。体温随下痢出现而下降，迅速死亡。病程12~24h。多见于犊牛、水牛。

b. 浮肿型：除呈全身症状外，咽喉部、颈部及胸前出现炎性水肿并迅速扩展，初有热痛，后变凉，疼痛减轻，口腔黏膜潮红，舌肿胀呈暗红色伸出口外。病牛呼吸高度困难，大量流涎，故俗称清水症。常因窒息而死亡。病程约1~3d。多见于犊牛、水牛和牦牛。

c. 肺炎型：主要呈纤维素性胸膜肺炎症状。病初出现痛性干咳，继则呼吸困难。在痛咳的同时，排出初为浆液后为脓性的鼻液，胸部听诊有啰音或胸壁摩擦音，叩诊有浊音区，后期呼吸极度困难，有血性下痢，终因衰竭而死亡。病程3d至1周。

③绵羊

a. 最急性型：多见于哺乳羔羊。病羊突然发病，表现寒战、虚弱、呼吸困难。数分钟至数小时死亡。

b. 急性型：精神沉郁，食欲废绝，体温升高至41~42℃，呼吸急促，咳嗽，鼻孔常有出血，结膜潮红有黏液性分泌物。初期便秘，后期下痢，粪中混有黏液、坏死黏膜和血液，有时粪便全部变为血水。颈部、胸下部发生水肿。病羊常在严重腹泻后虚脱而死，病程2~5d。成年羊多可痊愈或转为慢性。

c. 慢性型：主要呈慢性肺炎、胸膜炎和慢性胃肠炎。病羊消瘦，流黏液脓性鼻液，咳嗽并有呼吸困难，有时颈部和胸下部发生水肿。腹泻，粪便恶臭，有角膜炎。病程3周左右。若进行及时合理的治疗多可以痊愈，但生长不良。

④兔

a. 鼻炎型：最常见。表现为上呼吸道卡他性炎症，鼻腔流出浆液性、黏液性、脓性分泌物，由于病兔经常用前足擦揉外鼻孔，使该处被毛潮湿缠结，病兔常打喷嚏、咳嗽，并有鼻塞音。

b. 地方流行性肺炎型：自然病例除有食欲不振，精神沉郁外，即使肺实质发生突变，也无明显的肺炎症状。常因败血症死亡。

c. 败血型：通常无症状迅速死亡。有时与鼻炎型、肺炎型混合发生。

d. 中耳炎型（又称斜颈病）：单纯的中耳炎可能不出现临诊症状，如感染扩散到内耳或脑部则引起斜颈，病兔头颈向一侧倾斜或扭转。如感染扩散到脑膜和脑，则可出现运动失调和其他神经症状。

除上述病型外，本病还可能表现为生殖器官感染、结膜炎或全身各部位脓肿。

⑤禽

a. 最急性型：常见于流行初期，以产蛋高的鸡最常见。病鸡突然发病死亡，或无明显症状，仅见倒地挣扎、拍翅、抽搐，经数分钟或数小时死亡。

b. 急性型：最常见。病鸡主要表现精神沉郁，羽毛松乱，缩颈闭眼，呆立不动，常剧烈腹泻，排出黄绿色或灰白色稀粪。体温高达43℃以上，食欲减退，饮欲增加，口鼻流黏液，呼吸困难，鸡冠、肉髯蓝紫色，最后衰弱死亡。病程1~3d。

c. 慢性型：多见于流行后期，以慢性呼吸道炎症和慢性胃肠炎较多见。病鸡鼻孔流黏液性鼻液，鼻窦肿大，喉有少许分泌物而影响呼吸。常有腹泻。病鸡肉髯肿大、坏死。可发生关节炎，常见于腿和翼关节。病程1月以上，病死率不高。

（3）防控要点

①猪：平时加强饲养管理，消除发病诱因，定期进行预防接种，使猪建立特异性免疫力。一般春秋两次接种。猪肺疫氢氧化铝甲醛灭活菌苗，无论大小一律皮下注射5mL，免疫保护期9个月，或口服猪肺疫弱毒冻干菌苗。

②牛、绵羊：平时加强饲养管理，每年定期用牛出败氢氧化铝菌苗进行预防接种。发生本病时，立即隔离病牛和可疑病牛进行治疗，对同群的假定健康牛可首先用高免血清紧急接种，隔离观察一周后，如无新病例出现再注射疫苗。如无高免血清，也可用疫苗进行紧急免疫接种。对病牛污染的环境和用具进行严格消毒。治疗应用高免血清、抗生素或磺胺类药物。血清和抗菌药物同时应用效果更好。

③兔：平时加强饲养管理，搞好环境卫生，防止伤风、感冒或患寄生虫病，定期进行健康检查和兔舍、用具的消毒。患病兔场可用兔巴氏杆菌氢氧化铝菌苗或兔巴氏杆菌-魏氏梭菌二联灭活菌苗预防注射，均有一定效果。治疗病兔用抗出败血清，或青霉素和链霉素联用。

④禽：平时加强饲养管理，严格执行卫生消毒制度，定期进行预防接种。发病时，及时封锁病禽舍，淘汰病禽，对假定健康群进行药物预防或紧急接种，病死禽尸体深埋或焚烧，对污染的环境和用具进行彻底消毒。

10. 沙门氏菌病

沙门氏菌病又名副伤寒，是由细菌引起的人兽共患传染病。临诊多表现败血症和肠炎，孕畜发生流产。猪沙门氏菌病又称猪副伤寒，主要由猪霍乱沙门氏菌和猪伤寒沙门氏菌引起。牛沙门氏菌病主要由鼠伤寒沙门氏菌和都柏林沙门氏菌引起，临诊以下痢为特征。羊沙门氏菌病主要由鼠伤寒沙门氏菌、羊流产沙门氏菌和都柏林沙门氏菌引起。禽沙门氏菌病包括鸡白痢、禽伤寒和禽副伤寒，鸡白痢是由鸡白痢沙门氏菌引起雏鸡的一种急性败血性传染病；禽伤寒是由鸡伤寒沙门氏菌引起的禽的传染病；禽副伤寒的病原为一群有运动性的沙门氏菌。

（1）流行病学

①传染源及传播途径：患病动物和带菌动物是主要的传染源，病菌通过其粪、尿、乳及流产胎儿、胎衣和羊水等排出，污染饲料和饮水，经消化道引起感染，也可经交配或用病公畜的精液人工授精以及胎盘发生感染，鼠类可传播本病。健康动物消化道、淋巴组织和胆囊内存在本菌，当动物抵抗力降低时，病菌繁殖引起内源性感染。连续通过易感动物，沙门氏菌毒力增强，可扩大传染。

禽沙门氏菌病有多种传播途径，最常见的是通过带菌卵而传播。带菌卵来自康复或带菌母鸡，或健康卵壳污染病菌后成为感染卵。带菌卵孵化时，形成死胚及病雏鸡，病雏鸡通过其分泌物、排泄物等污染饲料、饮水、孵化器、育雏器等，又使与病雏鸡共同饲养的健康雏鸡经消化道、呼吸道或眼结膜而感染，耐过鸡可长期带菌，成年后产带菌卵，带菌卵再进行孵化，如此周而复始，使本病代代相传。

②易感动物：人、家畜和家禽以及其他动物对沙门氏菌属中的许多血清型都有易感性，各种年龄动物均可感染，但以幼龄动物易感性高。

③流行特点：本病一年四季均可发生，但猪多发于多雨潮湿季节；成年牛多发于夏季放牧时期；育成期羔羊常于夏季和早春发病；孕羊主要在晚冬或早春季节发生流产。本病一般呈散发或地方流行性。凡能使动物机体抵抗力降低的因素如饲养管理不良、气候恶劣、长途运输、寄生虫病等均可促进本病的发生。

（2）临床症状

①猪

a. 急性型（败血型）：多见于断奶前后的仔猪。有些突然发病很快死亡，有些体温突然升高至41～42℃，精神不振，食欲废绝，虚弱死亡。病程稍长者呈现下痢，排淡黄恶臭稀粪，呼吸困难，耳根、胸腹部皮肤出现紫红色斑点。病程一般2～4d。病死率很高。

b. 亚急性和慢性型：最为多见。病猪体温升高至40.5～41.5℃，精神不振，食欲减退，寒战，眼有黏液或脓性分泌物，初便秘后下痢，粪便淡黄色或灰绿色，混有血液、坏死组织，恶臭。有些病猪于病的中、后期皮肤出现湿疹，以干涸的痂样物覆盖，揭开见浅表溃疡；有些病猪发生咳嗽。病程2～3周或更长，最后衰竭死亡。病死率25%～50%。耐过猪生长发育不良。

②牛：犊牛多于出生1～2周后发病，体温升高达40～41℃，24h后排灰黄色液状粪便，混有黏液和血液，恶臭，病程5～7d，病死率一般为5%～10%。多数病犊可恢复，病程长者，有腕关节和跗关节肿大，或有支气管肺炎症状。

成年牛感染后可呈隐性经过，症状轻者可自行恢复。急性病例多见于弱牛，症状与犊牛相似，多于发病后1～5d死亡。病程延长时，病牛脱水消瘦，剧烈腹痛。孕牛流产。

③羊

a. 下痢型：病羊体温升高达40～41℃，精神沉郁，食欲减退，排黏性带血恶臭稀粪，病羊委顿虚弱，卧地不起，经1～5d死亡。病死率达25%。

b. 流产型：怀孕绵羊在怀孕后期发生流产。流产前病羊体温升高，有的腹痛，阴道有分泌物。产下病羔表现衰弱，不吮乳，常于出生后1～7d死亡。病母羊可在流产后或无流产时死亡。流产和病死率可达60%。

④禽

a. 鸡白痢：雏鸡多于出壳后4～5d开始发病，1周左右发病和死亡达到高峰。最急性者，无明显症状突然死亡。病程稍长者表现精神不振，羽毛蓬乱，翅膀下垂，离群蹲伏。进而腹泻，排白色糨糊状粪便，肛门周围羽毛被粪便污染，干结后影响排粪，病鸡常发叽叽的叫声。有些病鸡出现眼盲，或关节肿胀和跛行，亦可发生肺炎，出现呼吸困难。病程一般 4~7d。病死率 40%~70%。耐过鸡成为带菌者，发育不良。

中雏症状与幼雏相似，但腹泻明显，粪色不一，病程较长，病死率在 10%~20%。成年鸡多为隐性带菌，母鸡产蛋减少或停止产蛋。少数病鸡表现委顿下痢，产蛋停止。有些病鸡因卵黄囊炎引起腹膜炎，使腹膜增厚而呈“垂腹”现象。

b. 禽伤寒：潜伏期 4~5d，雏鸡和雏鸭感染后症状及病变与鸡白痢相似。在年龄较大的鸡和成年鸡，急性经过者突然停食，精神委顿，羽毛松乱，冠和肉髯暗紫色或苍白皱缩，排黄绿色稀粪，体温上升 1~3℃，一般经 5~10d 死亡，有的可迅速死亡。病死率 10%~50%。亚急性或慢性病例，食欲减退，生长不良，腹泻，病死率低，耐过者长期带菌。

c. 禽副伤寒：潜伏期 12~18h，2 周龄以内的幼禽多呈急性败血症，日龄较大的禽呈亚急性、慢性或隐性经过。

卵内感染或孵化器内感染者，多在 1 周内发病死亡。有的在啄壳前或啄壳时死亡。多数病例表现嗜睡，垂头闭眼，翅下垂，羽毛蓬乱，怕冷聚堆，食欲减少，饮水增加，呈现白色水样下痢，肛门周围污染严重。病程 1~4d。

雏鸭可见颤抖、喘息和眼睑肿胀，常突然死亡。成年鸭感染后主要为水样下痢。

(3) 防控要点

①猪：加强饲养管理，严格执行防疫卫生制度，消除发病诱因，增强机体抵抗力；初生仔猪应早吃初乳，断奶分群时，不要突然改变环境；在本病的常发地区断奶前后（1 月龄以上）的健康仔猪应口服仔猪副伤寒弱毒冻干苗。

发病后将病猪隔离治疗，被污染的猪舍、场地、用具应彻底消毒。耐过猪多数带菌，应隔离肥育。病死猪尸体无害化处理。病猪禁止宰杀食用，以防引起食物中毒及散播病原。

②禽

a. 鸡白痢：预防本病的原则是杜绝病原传入，清除群内带菌鸡与慢性患鸡，建立健康的种鸡群。

建立健康鸡群。挑选健康种鸡、种蛋，建立健康鸡群，坚持自繁自养，全进全出，严防病原传入。引进种鸡、种蛋时，一定要来自健康鸡群，种鸡需隔离观察，经检疫确认健康后才可混群。

定期检疫。种鸡群每年要进行定期检疫，检出的阳性鸡立即淘汰，使鸡群逐步净化。一般经 2~3 次重复检查即可检出全部病鸡。净化后的种鸡应在彻底消毒的环境中饲养，并经常进行定期或不定期消毒，加强种蛋的卫生管理。

种蛋处理。孵化时种蛋应来自健康种鸡群，孵前应用福尔马林蒸气对种蛋、孵化器、孵化室等进行彻底消毒。

消毒。新鸡入舍前，应对鸡舍、用具、设备及周围环境进行一次彻底消毒。饲养过程中，定期进行带鸡消毒。特别是育雏阶段，要搞好室内温度、相对湿度的调控，确定雏鸡合理的饲养密度，注意饲料的全价性。

药物预防。药物预防是控制本病的有效方法。出壳 1~2d 的雏鸡，可用 0.01%高锰酸钾饮水。在发病日龄期间用治疗药物的一半剂量混于饲料和饮水中。为防止长期应用单一的药物预防引起耐药菌株的出现，应将各类药物交替使用。

b. 禽副伤寒：防治本病主要依靠对孵化场和养鸡场实施严格的卫生消毒和隔离措施，方法参照鸡白痢。由于本菌易产生耐药性，治疗时应进行药敏试验，选择敏感药物用于治疗。但病愈后的家禽长期带菌，不可留作种用。

③人：人沙门氏菌病由多种沙门氏菌引起，常由于人吃带有病菌的乳、肉、蛋及其制品而感染，发生食物中毒，表现急性胃肠炎病状。

（二）牛、羊传染病的防控

1. 牛病毒性腹泻-黏膜病

牛病毒性腹泻-黏膜病简称为牛病毒性腹泻或牛黏膜病，是由牛病毒性腹泻-黏膜病病毒引起的一种传染病。以发热、白细胞减少、口腔及消化道黏膜糜烂、坏死和腹泻为特征，但大多数牛是隐性感染。本病呈世界性分布，我国从美国、丹麦、联邦德国、新西兰等十多个国家引进种牛后，于 1980 年首次分离鉴定出了病毒。我国很多省内已在流行该病。

（1）流行病学　病畜和隐性病畜可从鼻液、泪水、粪便中排出病毒，主要通过消化道和呼吸道感染，也可通过胎盘感染。新疫区急性病例多，发病率通常不高，约为 5%，其病死率为 90%~100%，发病者多为 6~18 月龄的犊牛。老疫区急性病例很少，发病率和病死率很低。本病常年均可发生，但易发生于冬春季节。

（2）临床症状　潜伏期 7~14d，临床上分急性和慢性两型。

①急性型：常见于幼犊，死亡率很高，发病初期表现上呼吸道症状，体温升高（40~42℃），双相热。流鼻液、咳嗽、呼吸急促、流泪、流涎、精神委顿等，白细胞减少。口腔黏膜发生糜烂或溃疡。多有腹泻症状，稀粪呈水样，初期淡黄色，后期常伴有肠黏膜和血液，粪恶臭。病犊食欲减少，消瘦，精神倦怠。有的不出现腹泻而突然死亡。乳牛泌乳减少或停止，孕牛可发生流产，或产下先天性缺陷的犊牛，如小脑发育不全，共济失调。有的发生趾间皮肤溃烂、蹄冠炎、蹄叶炎和角膜水肿。重症病牛 5~7d 内因急性脱水和衰竭死亡。

②慢性型：多由急性型转来，很少有明显的炎症症状。口腔黏膜很少发生

坏死和溃疡，但齿龈通常发红。间歇性腹泻，流鼻液，鼻镜干燥，后变成鼻镜糜烂，可连成一片。眼睛流泪或流黏糊透明分泌物，有的角膜混浊，有的表现青光眼，有的发生慢性蹄叶炎和严重的趾间坏死，病牛跛行。有的还表现局限性脱毛和表皮角化，病牛发育不良，衰竭死亡。

（3）防控要点　加强免疫，可用黏膜病弱毒疫苗或猪瘟弱毒疫苗进行免疫。对发病牛进行隔离或急宰，严格消毒，限制牛群活动，防止扩大传染。

2. 牛恶性卡他热

恶性卡他热又称恶性头卡他或坏疽性鼻卡他，是牛的一种病毒性传染病。其主要特征为持续发热，口腔黏膜发炎和眼的损害，多伴有严重的神经紊乱，病死率很高。

（1）流行病学　隐性感染的绵羊、山羊和角马是本病的主要传染源。黄牛、水牛、奶牛易感，多发生于2~5岁的牛，老龄牛及1岁以下的牛发病较少。绵羊、非洲角马也感染，但呈隐性经过，是本病的自然宿主及传播媒介。本病以散发为主，病牛不能接触传染健康牛，主要通过绵羊、角马以及吸血昆虫传播。病牛都有与绵羊接触史，如同群放牧或同栏喂养，特别是在绵羊产羔期最易传播本病。本病可通过胎盘感染犊牛。

本病一年四季均可发生，但以冬季和早春季节发病较多。

（2）临床症状　根据症状和病程可分为最急性型、头眼型、消化道型、皮肤型，其中头眼型多见。

①最急性型：病初体温高达41~42℃，眼结膜潮红，呼吸困难，有时出现急性胃肠炎症状，多在1~2d死亡。

②头眼型：最初症状有高热稽留（41~42℃），精神不振，意识不清，食欲、反刍减少或停止，初便秘，后拉稀。特征性变化是双眼剧烈发炎，畏光，流泪，眼睑闭合，继而发展为虹膜睫状体炎和角膜炎，能在8h内变得不透明。口腔和鼻腔黏膜充血潮红、坏死及糜烂，口腔中流出带有臭味的涎液。病牛虚弱沉郁，肌肉震颤，共济失调，有时出现吼叫、冲撞的兴奋症状，最后全身麻痹。病程4~14d。

③消化道型：高热稽留，严重腹泻，粪便如水样，恶臭味，混有黏液块、纤维素性伪膜和血液，后期大便失禁。

④皮肤型：全身或个别地方皮肤出现丘疹和水泡，形成棕色痂皮，最后脱落。

（3）防控要点　目前本病尚无特殊治疗方法。因绵羊有传播本病的可能，在流行地区应避免牛与绵羊接触。发现本病，应立即隔离，消毒并采取对症治疗，以防继发感染。

3. 牛流行热

牛流行热是由病毒引起的一种急性热性传染病。良性经过，大部分病牛经2~3d即恢复正常，故又称三日热或暂时热。在我国某些地方称为牛流行性感冒。其临诊特征为突发高热、流泪、有泡沫样流涎，鼻漏，呼吸急促，后躯僵硬，跛行，发病高，病死率低。

（1）流行病学　本病广泛流行于非洲、亚洲及大洋洲。我国发生过6次大流行。

本病主要侵害黄牛和奶牛，水牛较少感染，以3~5岁牛多发，肥胖的牛病情较严重，产奶量高的母牛发病率高。

传染源为病牛，本病主要通过吸血昆虫传播，为蚊、蠓、蝇的叮咬而传播。

本病发生有明显季节性，主要发生在炎热多雨、蚊蝇及吸血昆虫繁衍的季节。本病发生有一定周期性，我国每3~5年发生一次地方性流行，每7~12年发生一次大流行。本病发生与牛的品种、年龄有一定关系，主要侵害奶牛和黄牛，水牛较少发生，以3~5岁牛多发，1~2岁和6~8岁的少发，犊牛和9岁以上老牛很少发生，过度使役和产奶高的牛易发。

（2）临床症状　潜伏期3~7d，最初患牛有恶寒战栗的表现，但不易被注意。发病突然，很快波及全群，令人注目的是体温升高至40℃以上，并稽留1~3d，与高热同时还出现眼结膜充血、眼睑水肿，畏光流泪，鼻镜干燥，流水样的鼻漏，口角泡沫样流涎及皮温不整、肌肉震颤。呼吸急促是本病的特征之一，其呼吸次数显著增加，可达70~110次/min，支气管音粗粝，肺泡音高亢，病牛常发出痛苦的吭吭声；有些患牛四肢关节浮肿、后肢僵硬、不愿行走、喜卧，强迫行走则跛行；有些病牛出现消化功能障碍，食欲减少或绝，反刍停止，胃肠蠕动停止，粪便在病初秘结后期则出现水样腹泻，尿量减少、色暗褐、混浊，奶牛泌乳量剧减或停乳，妊娠牛常发生流产、死胎。但多数病例呈现良性经过，病程3~4d。

（3）防控要点　发生疫情后及时隔离病牛，并进行严格的封锁和消毒，消灭蚊蝇等吸血昆虫，以控制该病的流行。预防接种，在流行之前接种牛流行热亚单位疫苗，1岁以上牛间隔3周注射2次，每次皮下注射2mL，免疫保护期为3个月以上，可获得93.33%的保护。

4. 牛传染性胸膜肺炎

牛传染性胸膜肺炎又称牛肺疫，是由支原体引起牛的一种特殊的传染性肺炎。以纤维素性胸膜肺炎为主要特征。

本病曾在许多国家的牛群中引起巨大的经济损失。目前在非洲、拉丁美洲、大洋洲和亚洲还有一些国家存在本病。我国也曾有过流行，现已基本消灭。

(1) 流行病学　易感动物主要是牦牛、奶牛、黄牛、水牛、犏牛、驯鹿及羚羊。发病率为60%~70%，病死率为30%~50%，山羊、绵羊及骆驼在自然情况下不易感染，其他动物及人无易感性。

传染源主要是病牛及带菌牛。据报道，病牛康复15个月甚至2~3年后还能感染健牛。

病原体主要由呼吸道随飞沫排出，也可由尿及乳汁排出，在产犊时还可从子宫渗出物中排出。牛群中流行本病时，流行过程常拖延甚久，舍饲者一般在数周后病情逐渐明显。带菌牛进入易感牛群，常引起急性暴发，以后转为地方流行性。也可经口感染。饲养管理条件差、畜舍拥挤，可以促进本病的流行。

(2) 临床症状　潜伏期为2~4周，短则8d，长的可达4个月。常在清晨冷空气刺激或运动时，发生短干咳嗽，继之食欲减退，反刍迟缓，泌乳减少。

①急性型：体温40~42℃，呈稽留热，干咳，呼吸加快而有呻吟声，鼻孔扩张，前肢外展，呼吸极度困难。由于胸部疼痛不愿行动或下卧，呈腹式呼吸。有时出浆液性或脓性鼻液，可视黏膜发绀。呼吸困难加重后，叩诊胸部，患侧肩胛骨后有浊音或实音区。病后期心脏常衰弱，脉搏细而快，有时因胸腔积液，只能听到微弱心音或不能听到。此外还可见到胸下部及肉垂水肿，食欲丧失，泌乳停止，尿量减少而比重增加，便秘与腹泻交替出现。病畜体况迅速衰弱、眼球下陷，眼无神，呼吸更加困难，常因窒息而死。急性病程一般在病状明显后经过5~8d，约半数取死亡转归，有些患畜病势趋于静止，全身状态改善，体温下降，逐渐痊愈；有些患畜则转为慢性，整个急性病程为15~60d。

②慢性型：消瘦，多数无明显症状。偶发干性短咳，叩诊胸部可能有实音区。消化功能紊乱，食欲反复无常，此种患畜在良好护理及妥善治疗下，可以逐渐恢复，但常成为带菌者。若病变区域广泛，患畜日益衰弱，则预后不良。

(3) 防控要点　根除传染源、开展疫苗接种是控制和消灭本病的主要措施，即根据疫区的实际情况，捕杀病牛和与病牛有过接触的牛，同时在疫区及受威胁区每年定期接种牛肺疫兔化弱毒疫苗或兔化绵羊化弱毒疫苗，连续3~5年。

5. 梅迪-维斯纳病

梅迪-维斯纳病是由梅迪-维斯纳病毒引起的成年绵羊出现一种不表现发热症状的接触性传染病。梅迪是一种增进性间质性肺炎，维斯纳则是一种脑膜炎。于1966年、1967年，我国从澳大利亚、英国、新西兰进口的边区莱斯特成年羊中出现一种以呼吸道障碍为主的疾病，病羊逐渐消瘦，衰竭死亡。从病羊体内分离到梅迪-维斯纳病毒。

(1) 流行病学　本病多见于2岁以上的成年绵羊，一年四季均可发生。自然感染是吸进了病羊排出的含病毒的飞沫和病羊与健康羊直接接触传染，也可能经胎盘和乳汁而垂直传染。吸血昆虫也可能成为传播者。本病多呈散发，发病率因地域而异。

（2）临床症状　潜伏期为2年或更长。

①梅迪（呼吸道型）：病羊发生进行性肺部损害，然后出现逐渐增重的呼吸道症状。在病的早期，如驱赶羊群，特别是上坡时，病羊落于群后。病羊鼻孔扩张，头高仰，有时张口呼吸。表现消瘦和衰弱，病羊一般保持站立姿势，因为躺卧时压迫横膈膜前移可加重呼吸困难。听诊时在肺的背侧可闻啰音，叩诊时在肺的腹侧发现实音。体温正常。血常规检查，发现轻度的低血红素性贫血，持续性的白细胞增多症。发病率因地区而异，病死率可能高达100%。

②维斯纳（神经型）：病羊经常落群，后肢易失足，发软。同时体重有些减轻，随后距关节不能伸直。休息时经常用跖骨后段着地，四肢麻痹并逐渐发展，出现行走困难。用力后容易疲乏，有时唇和眼睑震颤，头微微偏向一侧，然后出现偏瘫或完全麻痹。

（3）防控要点　主要是防止健康羊接触病羊，同时病羊应隔离和淘汰。病尸和污染物应销毁或用石灰掩埋。圈舍、饲养用具应用2%氢氧化钠或4%碳酸钠消毒。引进种羊应来自无病区，避免与病情不明和有病羊群共同放牧。每6个月作一次血清学试验，淘汰有症状病例和血清学反应阳性羊及其后代，以清除此病。

6. 羊梭菌性疾病

羊梭菌性疾病是由梭状芽孢杆菌属中的微生物引起的一类疾病，包括羊快疫、羊肠毒血症、羊猝殂、羊黑疫、羔羊痢疾等病。这一类疾病在临诊上有不少相似之处，容易混淆。这些疾病都能造成急性死亡，对养羊业危害很大。

（1）羊快疫　羊快疫是腐败梭菌引起的，主要发生于绵羊的一种急性传染病，发病突然，病程极短，其特征为真胃呈出血性、炎性损害。

①流行病学：绵羊发病较为多见，山羊也可感染，但发病较少。发病羊年龄多在6~18个月，腐败梭菌广泛存在于低洼草地、熟耕地、沼泽地以及人畜粪便中，感染途径一般是消化道。

一般消毒剂均能杀死腐败梭菌的繁殖体，但芽孢的抵抗力很强，3%福尔马林能迅速杀死芽孢。亦可应用20%的漂白粉、3%~5%的氢氧化钠进行消毒。

②临床症状：突然发病，病羊往往来不及出现临诊症状就突然死亡。有的病羊死前有疝痛症状，臌气，结膜显著发红，磨牙，最后痉挛而死；有的病羊表现虚弱；还有的病羊排黑色稀便，或黑色软便。一般体温不高，死前呼吸极度困难，体温高到40℃以上，维持时间不久，病羊即死亡。罕有痊愈者。

③防控要点：由于病程短促，往往来不及治疗，病羊即已死亡。因此，必

须加强平时的防疫措施。发生本病时，将病羊隔离，对病程较长的病例试行对症治疗。当本病发生严重时，转移牧地，可收到减少和停止发病的效果。常发地区，每年可定期注射羊快疫、羊猝殂、羊肠毒血症三联疫苗，免疫保护期为1年。或羊快疫、羊猝殂、肠毒血症、羔羊痢疾、羊黑疫五联疫苗，免疫保护期为半年。

（2）羊肠毒血症　羊肠毒血症主要是绵羊的一种急性毒血症，主要是D型魏氏梭菌在羊肠道中大量繁殖，产生毒素所致。死后肾组织易于软化，因此又常称此病为“软肾病”。本病在临诊症状上类似于羊快疫，故又称“类快疫”。

①流行病学：D型魏氏梭菌为土壤常在菌，也存在于污水中，羊群采食被病原菌芽孢污染的饲料与饮水时，芽孢便随之进入羊的消化道，其中大部分被真胃里的酸杀死，一小部分存活者进入肠道。

羊肠毒血症的发生具有明显的季节性和条件性。在牧区，多发于春末夏初青草萌发，和秋季牧草结籽后的一段时期；在农区，则常常在收菜季节。

本病多呈散发，绵羊发生较多，山羊较少。2~12月龄的羊最易发病，发病的羊多为膘情较好的。

②临床症状：本病的特点为突然发作，很少见到症状，往往在出现症状后绵羊便很快死亡。病状可分为两种类型：一类以搐搦为特征，另一类以昏迷和静静地死去为特征。前者在倒毙前，四肢出现强烈的划动，肌肉颤搐，眼球运动，磨牙，口水过多，随后头颈显著抽缩，往往死于2~4h。后者病程较缓，其早期症状为步态不稳，并有感觉过敏，继以昏迷，角膜反射消失。流涎，上下颌“咯咯”作响。有的病羊发生腹泻，通常在3~4h静静地死去。搐搦型和昏迷型在症状上的差别是由于吸收的毒素多少不一。

③防控要点：当羊群中出现本病时，可立即搬圈，转移到高燥的地区放牧。在常发地区，应定期注射羊快疫、羊猝殂、羊肠毒血症三联疫苗或羊快疫、羊猝殂、羊肠毒血症、羔羊痢疾、羊黑疫五联疫苗。

在牧区夏初发病时，应该少抢青，让羊群多在青草萌发较迟的地方放牧，秋末发病时，可尽量到草黄较迟的地方放牧；在农区针对引起发病的原因，减少或暂停抢茬，少喂菜根菜叶等多汁饲料。加强羊群的饲养管理，加强羊群的运动。

（3）羊猝殂　羊猝殂是由C型魏氏梭菌引起的一种毒血症，以急性死亡、腹膜炎或溃疡性肠炎为特征。

①流行病学：发生于成年绵羊，以1~2岁的绵羊发病较多。常见于低洼、沼泽地区，多发生于冬、春季节，常呈地方流行性。

②临床症状：C型魏氏梭菌随污染的饲料和饮水进入羊消化道后，在小肠（特别是十二指肠和空肠）里繁殖，产生β毒素，引起羊发病。病程短促，常

未见到症状即突然死亡。有时发现病羊掉群、卧地、不安、衰弱和痉挛，在数小时内死亡。

③防控要点：参照羊快疫和羊肠毒血症的防治措施进行。

（4）羊黑疫　羊黑疫又名传染性坏死性肝炎，是绵羊和山羊的一种急性高度致死性毒血症，病的特征是肝实质坏死。

①流行病学：本菌分为 A、B、C 三型，能使 1 岁以上的绵羊感染，以 2~4 岁的绵羊发病最多。发病羊多为营养优良的肥胖羊，山羊也可感染，牛偶可感染。本病主要在春夏发生于肝片吸虫流行的低洼潮湿地区，诺维氏梭菌广泛存在于土壤中。本病的发生经常与肝片吸虫的感染密切相关。

②临床症状：本病在临诊上与羊快疫、羊肠毒血症等极其类似。病程十分急促，绝大多数情况是未见有病而突然发生死亡。少数病例病程稍长，可拖延一两天，但不超过 3d。病畜掉群，不食，呼吸困难，体温 41.5℃左右，呈昏睡俯卧状态，并保持在这种状态下毫无痛苦地突然死去。

③防控要点：预防此病首先在于控制肝片吸虫的感染。我国已试制成功羊厌气菌五联疫苗，能同时预防羊快疫、羊猝殂、羊肠毒血症、羔羊痢疾、羊黑疫。

发生本病时，应将羊群移牧于高燥地区。对病羊可用抗诺维氏梭菌血清治疗。

（5）羔羊痢疾　羔羊痢疾是由 B 型魏氏梭菌引起初生羔羊的一种急性毒血症，以剧烈腹泻和小肠发生溃疡为特征。本病常使羔羊发生大批死亡，给养羊业带来重大损失。

①流行病学：羔羊在出生后数日内，魏氏梭菌可通过羔羊吮乳、饲养员的手和羊的粪便进入羔羊消化道。在外界不良诱因的影响下，羔羊抵抗力减弱，细菌在小肠（特别是回肠）里大量繁殖，产生毒素（主要是伊毒素），引起发病。

促进羔羊痢疾发生的不良诱因，主要是母羊怀孕期营养不良，羔羊体质瘦弱；气候寒冷，特别是大风雪后，羔羊受冻；哺乳不当，羔羊饥饱不均。本病主要危害 7 日龄以内的羔羊，其中又以 2~3 日龄的发病最多，7 日龄以上的很少患病。传染途径主要是消化道，也可能通过脐带或创伤传染。

②临床症状：病初精神委顿，低头拱背，不吃乳。不久腹泻，粪便恶臭，有的稠如面糊，有的稀薄如水，后期含有血液，直到成为血便。病羔逐渐虚弱，卧地不起。若不及时治疗，常在 1~2d 死亡，只有少数可能自愈。

有的病羔腹胀而不下痢，或只排少量稀粪（也可能带血或呈血便），但主要表现为神经症状、四肢瘫软、卧地不起、呼吸急促、口流白沫，最后昏迷，头向后仰，体温降至常温以下。病情严重，病程很短，若不加紧救治，常在数小时到十几小时内死亡。

③防控要点：综合实施抓膘保暖、合理哺乳、消毒隔离、预防接种和药物防治等措施，每年秋季注射羔羊痢疾疫苗或羊快疫、羊猝殂、羊肠毒血症、羔羊痢疾、羊黑疫五联疫苗，产前2~3周再接种一次。

（三）马属动物传染病的防控

1. 马传染性贫血

马传染性贫血简称马传贫，是由马传染性贫血病毒引起马、骡、驴的一种慢性传染病。我国将其列为二类动物疫病。特征是持续感染和临床反复发作，主要临床表现为稽留热或间歇热，贫血、出血、黄疸、心衰、浮肿和消瘦等症状。发热期症状明显，无热期症状减轻或消失。

（1）流行病学　本病只感染马属动物，其中，马最易感，骡、驴次之，且无品种、性别、年龄的差异。主要传染源是病马和带毒马，病马特别是发热期的病马血液和肝、脾、骨髓、淋巴结等脏器中含大量病毒，是重要的传染源；慢性和隐性病马能长期带毒，是危险的传染源。主要通过虻、蚊、蠓等吸血昆虫的叮咬传播，也可经被病毒污染的诊疗器材（如注射器）而传播，还可经消化道和交配感染。本病有明显的季节性，多发于吸血昆虫多的7~9月，呈地方流行性或散发。在流行初期多呈急性型经过，致死率较高，以后呈亚急性或慢性经过。

（2）临床症状　本病潜伏期长短不一，一般为20~40d，短的5d，长的可达90d。临诊上分为急性、亚急性、慢性和隐性4种病型。

①急性型：高热稽留。发热初期，可视黏膜潮红，轻度黄染；随病程发展逐渐变为黄白至苍白；在舌底、口腔、鼻腔、阴道黏膜及眼结膜等处，常见鲜红色至暗红色出血点（斑）等。

②亚急性型：呈间歇热。一般发热39℃以上，持续3~5d退热至常温，经3~15d间歇期又复发。有的患病马属动物出现温差倒转现象。

③慢性型：不规则发热，但发热时间短。病程可达数月或数年。

④隐性型：无可见临床症状，体内长期带毒。

（3）防控要点

①检疫：异地调入的马属动物，必须来自非疫区。调出马属动物的单位和个人，应按规定报检，经当地动物防疫监督机构进行检疫（应包括血清学检查），合格后方可调出。马属动物需凭当地动物防疫监督机构出具的检疫证明运输。运输途中发现疑似马传贫病畜时，货主及运输部门应及时向就近的动物防疫监督机构报告，确诊后，由动物防疫监督机构就地监督畜主实施扑杀等处理措施。

调入后必须隔离观察30d以上，并经当地动物防疫监督机构两次临床综合诊断和血清学检查，确认健康无病，方可混群饲养。

②监测和净化

a. 马传贫控制区、稳定控制区：采取“监测、扑杀、消毒、净化”的综合防治措施。每年对全县6~12月龄的幼驹，用血清学方法监测一次。如果检出阳性马属动物，除按规定扑杀处理外，应对疫区内的所有马属动物进行临床检查和血清学检查，每隔3个月检查一次，直至连续2次血清学检查全部阴性为止。

b. 马传贫消灭区：采取“以疫情监测为主”的综合性防治措施，每县每年抽查存栏马属动物的1%（存栏不足10000匹的，抽检数不少于100匹，存栏不足100匹的全检)，做血清学检查，进行疫情监测，及时掌握疫情动态。

③免疫接种：疫区内的马匹每年于蚊虻活动季节前3个月或蚊虻停止活动季节，对马、骡、驴注射马传贫驴白细胞弱毒疫苗，注射后马3个月，驴2个月产生免疫力，免疫保护期1年以上。

2. 鼻疽

鼻疽是由鼻疽假单胞菌引起马、骡、驴的一种传染病。我国将其列为二类动物疫病。特征是在鼻腔和皮肤形成特异性鼻疽结节、溃疡和瘢痕，在肺脏、淋巴结和其他实质脏器内形成鼻疽性结节。人也可感染本病。

（1）流行病学　以马属动物最易感，人和其他动物如骆驼、犬、猫等也可感染。鼻疽病马以及患鼻疽的其他动物均为本病的传染源。自然感染主要通过与病畜接触，经消化道或损伤的皮肤、黏膜及呼吸道传染。本病无季节性，多呈散发或地方性流行。在初发地区，多呈急性、暴发性流行；在常发地区多呈慢性经过。

（2）临床症状　本病的潜伏期为6个月。临床上常分为急性型和慢性型。

①急性型：多见骡和驴，体温升高达39~41℃，呈弛张热，颌下淋巴结肿胀。重症病马在胸腹、四肢下和阴门处出现浮肿。有的病马还伴发关节炎、睾丸炎和胸膜炎等。临床上分为以下几种。

a. 肺鼻疽：以肺部患病为特点。常突发鼻出血或咳出带血黏液，并时常发生干性无力短咳，呼吸加快，听诊肺部有干性或湿性啰音。

b. 鼻腔鼻疽：鼻黏膜潮红肿胀，流浆液性或黏液性鼻液，鼻黏膜上有小米粒至高粱米粒大黄白色突出于黏膜表面的结节，周围绕以红晕，结节坏死崩解，形成底部凹陷、边缘隆起不整的溃疡。溃疡愈合后形成放射状或冰花状瘢痕。如病情恶化，鼻黏膜病变扩大加深，可使鼻中隔穿孔，可造成病马死亡。

c. 皮肤鼻疽：主要发生于四肢、胸侧及腹下，尤以后肢多见。先于局部发生有热有痛的炎性肿胀，继而形成大小不一的硬固结节，结节破溃后，形成边缘不整凹陷的溃疡，如火山口状。结节和溃疡附近及其所在的淋巴管肿胀、硬固，粗如绳索。发生于后肢的皮肤鼻疽，常因病灶扩大蔓迁，皮肤增厚，皮下组织增生，淋巴管肿胀，使后肢变粗俗称“象皮腿”。

②慢性型：临床症状不明显，有的可见一侧或两侧鼻孔流出灰黄色脓性鼻液，在鼻腔黏膜常见有糜烂性溃疡，有的在鼻中隔形成放射状斑痕。

（3）防控要点

①加强饲养管理：定期做好消毒等基础性防疫工作，提高马匹抗病能力。

②检疫：每年在春秋两季对马属动物进行检疫，发现阳性马应及时隔离；对病马一律扑杀，尸体销毁；对病马所污染的环境和用具进行彻底消毒。

异地调运马属动物，必须来自非疫区；出售马属动物的单位和个人，应在出售前按规定报检，经当地动物防疫监督机构检疫，证明马属动物装运之日无马鼻疽症状，装运前6个月内原产地无马鼻疽病例，装运前15天经鼻疽菌素试验或鼻疽补体结合反应试验，结果为阴性，并签发产地检疫证后，方可启运。

调入的马属动物必须在当地隔离观察30d以上，经当地动物防疫监督机构连续两次（间隔5~6d）鼻疽菌素试验检查，确认健康无病，方可混群饲养。

运出县境的马属动物，运输部门要凭当地动物防疫监督机构出具的运输检疫证明承运，证明随畜同行。运输途中发生疑似马鼻疽时，畜主及承运者应及时向就近的动物防疫监督机构报告，经确诊后，动物防疫监督机构就地监督畜主实施扑杀等处理措施。

③监测

a. 稳定控制区：每年每县抽查200匹（不足200匹的全检），进行鼻疽菌素试验检查，如检出阳性反应的，则按控制区标准采取相应措施。

b. 消灭区：每县每年鼻疽菌素试验抽查马属动物100匹（不足100匹的全检）。

（四）猪传染病的防控

1. 猪瘟

猪瘟是由猪瘟病毒引起的猪的一种高度接触性传染性、致死性传染病，其特征为高热、稽留，小血管变性引起广泛出血，梗塞和坏死。

（1）流行病学　猪是本病唯一的自然宿主，病猪是最主要的传染源，易感猪与病猪的直接接触是病毒传播的主要方式。感染猪在发病前即可从口、鼻及泪腺分泌物、尿和粪中排毒，并延续整个病程。康复猪在出现特异抗体后停止排毒。因此，强毒株感染在10~20d大量排出病毒，而低毒株的出生后感染以排毒期短为特征。强毒株比低毒株在猪群中传播快，造成的发病率高。慢性的感染猪不断排毒或间歇排毒。

当低毒株感染妊娠母猪时，起初常不被觉察，但病毒可侵袭子宫中的胎儿。如果这种先天性感染的仔猪在出生时正常，并保持健康几个月，它们可作为病毒散布的持续来源并很难辨认。因此，这种持续的先天性感染对流行病学具有重要意义，尤其在毒力减弱的病毒占优势的地区。

猪群引进外表健康的感染猪是猪瘟暴发最常见的原因。病毒可通过猪肉和猪肉制品传播。未经煮沸消毒的含毒残羹是重要的感染媒介。人和其他动物也能机械地传播病毒。在自然条件下，病毒的感染途径是口、鼻腔，间或通过结膜、生殖道黏膜或皮肤擦伤进入。经口和注射感染后，病毒复制的主要部位是扁桃体，然后经淋巴管进入淋巴结，继续增殖，随即到达外周血液，病毒在脾、骨髓、内脏淋巴结和小肠的淋巴组织繁殖到高滴度，导致高水平的病毒血症。

（2）临床症状　根据临诊症状和其他特征，猪瘟可分为急性型、慢性型和迟发型 3 种类型。

①急性型：病初猪群内仅有少数显示临诊症状，表现呆滞，被驱赶时站立一旁，呈弓背或怕冷状，或低头垂尾；同时食欲减少，进而停食。体温升高至 41℃上下，亦可达 42℃以上。眼结膜炎，两眼有多量黏液-脓性分泌物，严重时眼睑完全被封。体温升高之初便秘，随后下痢，有的发生呕吐，少数病猪可发生惊厥，常在几小时内或至多在几天内死亡。随着病程的发展，群内更多的猪发病，最初出现步态不稳，随后常发生后肢麻痹。病初的皮肤充血到后期变为发绀或出血变化，以腹下、鼻端、耳和四肢内侧等部位为常见。大多数病猪在感染后 10~20d 死亡，症状较缓和的亚急性型病程一般在 30d 之内。

②慢性型：病程分为三期。早期即急性期，表现食欲不振、精神委顿，体温升高和白细胞减少。几周后食欲和一般状况显著改善，体温降至正常或略高于正常，但仍有白细胞减少，此时进入中期。后期出现食欲不振、精神委顿，体温再次升高直至临死前不久才下降。病猪生长迟缓，慢性病猪可存活 100d 以上。

③迟发型：先天性感染猪在出生后几个月可表现正常，随后发生轻度食欲不振、精神沉郁、结膜炎、皮炎、下痢和运动失调，体温正常，大多数能存活 6 个月以上，但最终死亡。先天性感染可导致流产，胎儿木乃伊、畸形，死产，产出有颤抖病状的弱仔或外表健康的感染仔猪。

（3）防控要点

①平时预防措施

a. 平时预防原则上要做到杜绝传染源的传入和传染媒介的传播，提高猪群的抗病力。具体措施主要有严格执行“自繁自养”，必须引进新猪时，应从非疫区引入，及时免疫接种，运回后隔离观察 2~3 周；保持猪场、圈舍清洁卫生，坚持定期消毒；严禁非工作人员、车辆和其他动物进入；加强饲养管理，利用残羹喂饲应充分煮沸；严格对猪市场交易、运输、屠宰和进出口的检疫。

b. 预防接种是预防猪瘟发生的主要措施，目前使用的疫苗有兔化弱毒疫苗和组织培养弱毒疫苗两种类型。接种后 50 日龄的猪 4~6d 产生免疫力，免疫保护期达 18 个月。因此对育肥猪可采取"一猪一针"和种猪"一年一针"的免疫程序进行免疫接种。一月龄左右的哺乳仔猪，由于受母源抗体干扰和产生免疫力低弱，可维持 6 个月，因此，要在断乳后及时补针。我国研制的猪瘟兔化弱毒疫苗，使用方便，保护率高，对成年猪、仔猪、妊娠母猪和体弱猪均无不良反应。

另外，猪瘟、猪肺疫和猪丹毒三联疫苗，一次注射 1.0mL，对上述疾病均产生免疫力。还有猪瘟兔化弱毒疫苗和猪丹毒弱毒疫苗混合的二联疫苗。

②病时紧急防治措施

a. 尽快确诊，及早如实上报疫情，并立即隔离病畜等，用 2%~3%氢氧化钠溶液彻底消毒。

b. 流行地区严禁向疫区外运出活猪、畜产品及饲料等，并停止猪市场交易。

c. 扑杀的病猪和死猪深埋处理。处理病死猪场地、其衣物等都应严格消毒。

d. 对疫区内及周围受威胁区采取紧急免疫接种措施。发生猪瘟的猪群中无症状的猪逐头接种疫苗，剂量可加至 2~5 头份，接种后除了病猪和潜伏期病猪外，都可产生保护力，能迅速扑灭疫情。

2. 非洲猪瘟

非洲猪瘟是由非洲猪瘟病毒引起的猪的一种急性、热性、高度接触性动物传染病，以高热、网状内皮系统出血和高死亡率为特征。世界动物卫生组织将其列为法定报告动物疫病，我国将其列为一类动物疫病。

（1）流行病学

①传染源：感染非洲猪瘟病毒的家猪、野猪（包括病猪、康复猪和隐性感染猪）和钝缘软蜱为主要传染源。

②传播途径：主要通过接触非洲猪瘟病毒感染猪或非洲猪瘟病毒污染物（泔水、饲料、垫草、车辆等）传播，消化道和呼吸道是最主要的感染途径；也可经钝缘软蜱等媒介昆虫叮咬传播。

③易感动物：家猪和欧亚野猪高度易感，无明显的品种、日龄和性别差异。疣猪和薮猪虽可感染，但不表现明显临床症状。

④潜伏期：因毒株、宿主和感染途径的不同而有所差异。《OIE 陆生动物

卫生法典》规定，家猪感染非洲猪瘟病毒的潜伏期为15d。

⑤发病率和病死率：不同毒株致病性有所差异，强毒力毒株可导致猪在4~10d 100%死亡，中等毒力毒株造成的病死率一般为30%~50%，低毒力毒株仅引起少量猪死亡。

⑥季节性：该病季节性不明显。

（2）临床症状

①最急性：无明显临床症状突然死亡。

②急性：体温可高达42℃，沉郁，厌食，耳、四肢、腹部皮肤有出血点，可视黏膜潮红、发绀。眼、鼻有黏液脓性分泌物，呕吐、便秘，粪便表面有血液和黏液覆盖；或腹泻，粪便带血。共济失调或步态僵直，呼吸困难，病程延长则出现其他神经症状。妊娠母猪流产。病死率高达100%。病程4~10d。

③亚急性：症状与急性相同，但病情较轻，病死率较低。体温波动无规律，一般高于40.5℃。仔猪病死率较高。病程5~30d。

④慢性：波状热，呼吸困难，湿咳。消瘦或发育迟缓，体弱，毛色暗淡。关节肿胀，皮肤溃疡。死亡率低。病程2~15个月。

（3）防控要点

①严格人员管理

a. 养殖场实行封闭式管理，禁止外来人员（特别是生猪贩运人员或承运人员、保险理赔人员、兽医、技术顾问、兽药饲料销售人员等）进入养殖场。若必须进场，经同意后按程序严格消毒后进入。

b. 养殖人员不到其他养殖场串门，从高风险场所回来后应隔离（建议2~3d），隔离期间淋浴、更换衣服和鞋、消毒，注意清洗头发、剪指甲，方可进入生产区。养殖人员从生活区进入生产区时，应对手部彻底消毒并更换工作服。

c. 各生产单元的人员应相对独立，不能随意跨区活动，避免交叉。兽医等技术人员跨单元活动时，人员进入养殖场和生产区应走专用通道，严格淋浴、更换衣服鞋、消毒；进入栋舍前应洗手消毒、换栋舍内专用水鞋、脚踏消毒，从栋舍出来时应冲净鞋上粪便，脚踏消毒池后，更换栋舍外专用水鞋。内外专用水鞋不交叉。场外物资、物品按照附表推荐的消毒剂经严格消毒后，方可转移至场内。物品尽量选择浸泡消毒，不可浸泡的物品可选用喷淋、熏蒸、擦拭等方式消毒。

②严格禁止外来的猪肉及其制品进场；禁止养殖人员携带任何食品进养殖区；养殖场内禁止饲养其他动物。

③定期开展消毒灭源，严禁使用餐厨废弃物（泔水）饲喂生猪。

远离野猪，防止被蜱等吸血昆虫叮咬并做好防鼠工作，定期消毒并更换消毒液（剂），禁止使用自家或外购餐厨废弃物（泔水）饲喂生猪。

④严格车辆管理

a. 育肥猪运猪车、淘汰母猪运猪车、饲料运送车、病死猪/猪粪运输车等车辆专车专用，原则上不得交叉使用，养殖场配备的场内、场外活动车辆不混用。交叉使用的，执行上一任务后，需进行全面清洗消毒方可执行下一任务。根据使用情况，养殖场车辆可在每次或每天使用后，进行清洗消毒。

b. 外来车辆、生活车辆禁止进入养殖场，避免本场车辆与外来车辆接触。加强车辆司机管理，尤其是运猪车、病死动物运输车，司机禁止下车操作。

⑤严格养殖生产管理，猪群实行批次化生产管理，按计划全进全出，并确保栋舍有足够时间彻底清洗、空栏、消毒、干燥。

⑥严格售猪管理

a. 禁止生猪贩运人员、承运人员等外来人员，以及外来车辆进入养殖场。

b. 售猪前30min以及售猪后，应立即对出猪间（台）、停车处、装猪通道和装猪区域进行全面清洗消毒。

c. 避免内外人员交叉。养殖场赶猪人员严禁接触出猪间（台）靠近场外生猪车辆的一侧，外来人员禁止接触出猪间（台）靠近场内一侧。

d. 严禁将已转运出场或已进入出猪间（台）的生猪运回养殖场。

e. 外来人员以及本场赶猪人员在整个售猪过程中均应穿着消毒的干净工作服、工作靴。

f. 本场赶猪人员返回养殖区域前应淋浴、更换衣服鞋、进行严格消毒。

g. 减少售猪频次。

⑦一旦发现临床疑似病例，禁止治疗和解剖病死猪，应立即上报并采样进行非洲猪瘟检测。

3. 猪繁殖与呼吸综合征

猪繁殖与呼吸综合征是由猪繁殖与呼吸综合征病毒引起的一种接种性传染病。主要特征为厌食、发热、繁殖功能障碍和呼吸困难，主要危害种公猪和繁殖母猪及其仔猪。

1987年在美国中西部首先发现本病，其后在加拿大、德国、法国、荷兰、英国、西班牙、比利时、澳大利亚、日本、菲律宾等国家发现。开始时命名为“猪神秘病”“猪神秘繁殖综合征”，又因患猪耳部等处发绀变蓝，又命名为“猪蓝耳病”。1991年正式命名为猪繁殖与呼吸综合征。

（1）流行病学　本病为高度接触性传染病，猪是唯一的易感动物，且各种年龄的猪均能感染，种公猪和哺乳猪症状较重。病猪和带毒猪是主要传染源，感染猪带毒时间至少5个月。病毒经粪尿、唾液以及流产的胎儿、胎衣、羊水排出体外，污染饲料、饮水等外界环境，再经消化道、呼吸道使健康猪感染。

感染公猪的精液中含有病毒，经自然交配或人工授精传播本病。

（2）临床症状　不同年龄和性别的猪感染后症状差异很大，常为亚临诊型。母猪感染后的症状是食欲废绝，流产、早产、死产、胎儿木乃伊化、产弱仔，呼吸困难，少数病猪发热，耳部发紫。仔猪感染后死亡率较高，临诊症状与日龄有关。新生仔猪出现呼吸困难，肌肉震颤，后躯瘫痪，共济失调，有时还发生结膜炎和眼周水肿。较大日龄仔猪则较少死亡，但在整个育成期出现生长发育不良现象。育肥猪感染后仅导致一过性食欲下降和轻微的呼吸困难。公猪感染后食欲不振，精神倦怠，精子质量严重下降。病毒主要侵害巨噬细胞系统，使机体的免疫防御功能下降。

（3）防控要点　种猪场或规模化养猪场若从场外引进猪只，应隔离饲养3周，并进行2次血清学检查，阴性者方可入舍混群。

本病流行地区，使用灭活疫苗免疫后备母猪和怀孕猪，对后备母猪和育成猪也可采用弱毒疫苗免疫，免疫保护期可达4个月以上。没有使用疫苗的地区和已感染本病的猪场，可将后备猪提前放到种猪群中，使其获得免疫力，再进行配种。

4. 猪传染性胃肠炎

猪传染性胃肠炎是由猪传染性胃肠炎病毒引起猪的一种高度接触性肠道疾病，以呕吐、严重腹泻和失水为特征。各种年龄的猪都可发病，10日龄以内仔猪病死率几乎100%，5周龄以上的猪病死率很低，成年猪几乎没有死亡。本病于1946年在美国首次报道，目前世界许多国家都报道了本病的发生。

（1）流行病学　本病唯一易感动物是猪。病猪和带毒猪是本病的主要传染源，从粪便、呕吐物、乳汁、鼻分泌物以及呼出的气体中排出病毒，污染饲料、饮水、空气、用具等。通过消化道和呼吸道传染给易感猪。有些架子猪和育肥猪感染后往往发病不严重，排毒时间也不长，但病毒在体内保存时间较长，当机体抵抗力下降时，可重新排毒而导致大批猪感染。

本病流行形式有三种，即流行性、地方流行性、周期性地方流行性。流行性多见于新疫区，所有年龄的猪都可感染，感染猪可发生不同程度厌食、呕吐、腹泻，哺乳猪发生严重脱水，10日龄以内的猪死亡率很高。地方流行性多见于经常有仔猪出生的易感猪，或哺乳仔猪被动免疫力低的猪场。周期性地方流行性中，病毒隐藏在大猪肺脏中而成为仔猪的传染源。

（2）临床症状　潜伏期一般为15～18h，有的可延长2～3d。本病传播迅速，数日内可蔓延全群。仔猪突然发病，呕吐，继而发生水样腹泻，粪便黄色、绿色或白色，常夹有未消化的凝乳块。病猪极度口渴，明显脱水，体重迅速减轻，日龄越小，日程越短，死亡率越高。病愈仔猪生长发育不良，幼猪、肥猪和母猪的症状轻重不一，在一日至数日内出现食欲不振或废绝，个别猪发生呕吐，出现灰褐色呈喷射状水样腹泻，5~8d 腹泻停止而康复，极少死亡。某些哺乳母猪与病仔猪密切接触，反复感染，症状较重，体温升高，泌乳停止，呕吐和腹泻。

（3）防控要点　本病目前尚无特效药物治疗，对症治疗可以减轻失水、纠正酸中毒和防止细菌继发感染。加强护理，做好防寒保温工作，最好在饮水中加有电解质和营养成分，停止哺乳或喂料。

5. 猪水疱病

猪水疱病是由猪水疱病病毒引起的急性传染病。流行性强，发病率高，以蹄部、口部、鼻端和腹部、乳头周围皮肤发生水疱为特征。在症状上与口蹄疫极为相似，但牛、羊等家畜不发病。本病 1966 年首先发现于意大利，1971 年见于中国香港，随后英国、奥地利、法国、波兰、比利时、德国、日本、瑞士、匈牙利和苏联等国家先后报道发生本病。

（1）流行病学　在自然流行中，本病仅发生于猪。而牛、羊等家畜不发病，猪不分年龄、性别、品种均可感染。在猪高度集中或调运频繁的单位和地区，容易造成本病的流行，尤其是在猪集中的地方，集中的数量和密度愈大，发病率就愈高。在分散饲养的情况下，很少引起流行。病猪、潜伏期的猪和病愈带毒猪是本病的主要传染源。通过粪、尿、水疱液、奶排出病毒。感染是通过接触、饲喂含病毒而未经消毒的泔水和屠宰下脚料、生猪交易和被污染的运输工具而引起。健猪与病猪同居 24~45h，虽未出现临诊症状，但体内已含有病毒。

（2）临床症状

①典型的水疱病：其特征性的水疱常见于主趾和附趾的蹄冠上。部分猪的病变部因继发细菌感染而呈化脓性溃疡。水疱也见于鼻盘、舌、唇和母猪乳头上。在一般情况下，如无并发其他疾病者不引起死亡，初生仔猪可造成死亡。

②温和型（亚急性型）：见少数猪只出现水疱，病的传播缓慢，症状轻微。

③亚临床型：病猪不表现症状，但能排出病毒。

（3）防控要点　猪感染水疱病病毒 7d 左右，在猪血清中出现中和抗体，28d 达高峰。因此用猪水疱病高免血清和康复血清进行被动免疫有良好效果，免疫保护期达 1 个月以上，为此在商品猪中大量应用被动免疫，对控制疫情扩散和减少发病率，均起到良好作用。控制猪水疱病很重要的措施是防止病源传到非疫区，应特别注意监督牲畜交易和转运的畜产品。运输时对交通工具应彻底消毒，屠宰下脚料和泔水经煮沸方可喂猪。

6. 猪丹毒

猪丹毒是由猪丹毒杆菌引起猪的一种急性、热性传染病。急性型表现为败血症，亚急性型出现皮肤疹块，而慢性型则表现为关节炎、心内膜炎和皮肤坏死。我国各地均有本病存在，对养猪业危害很大。

（1）流行病学　本病主要发生于猪，老龄猪和哺乳猪虽也有发病，但通常以3~12月龄猪多见。其他家畜如牛、羊、犬、马和禽类包括鸡、鸭、鹅、火鸡、鸽、麻雀、孔雀等也有病例报道。人也可感染本病，称为类丹毒。

病猪和带毒猪是本病的传染病。约有35%~50%健康猪的扁桃体和其他淋巴组织中存在此菌。已知50多种哺乳动物、几乎半数的啮齿动物和30种野鸟中分离到本菌。病猪、带毒猪及其他带菌动物排出的病菌污染饲料、饮水、土壤、用具和场舍等，经消化道传给易感猪。本病也可以通过损伤的皮肤以及蚊、蝇、虱、蜱等吸血昆虫传播。本菌在弱碱性土壤中可存活3~14个月，因此，土壤的污染在本病的流行病学上具有重要意义。

（2）临床症状

①急性败血型：在流行初期有一头或数头猪不表现任何症状而突然死亡，其他猪相继发病。病猪体温升高达42~43℃，稽留热、虚弱、不愿走动、卧地、不食，有时呕吐。严重的呼吸增快，黏膜发绀。部分病猪皮肤出现潮红，继而发紫，以耳、颈、背等部位较多见。病程3~4d，病死率80%左右，不死者转为疹块型或慢性型。哺乳仔猪和刚断乳的小猪，突然发病，表现神经症状、抽搐、倒地而死，病程多不超过1d。

②亚急性疹块型：此型症状比急性型轻，其特征是皮肤表面出现疹块。病初少食、口渴、便秘、有时呕吐，体温升高至41℃以上。发病后2~3d，在胸、腹、背、肩、四肢等部的皮肤上出现疹块，呈方块形、菱形、偶呈圆形，稍突起于皮肤表面。初期疹块充血，指压褪色，后期瘀血，紫蓝色，压之不褪。疹块发生后，体温开始下降，病势减轻，病猪可能康复。若病势较重或长期不愈，则有部分或大部分皮肤坏死，久之变成革样痂皮。也有部分病猪在发病过程中症状恶化，转变为败血型而死。病程约1~2周。

③慢性型：关节炎主要表现四肢关节（腕、蹦关节较膝关节常见）发生炎性肿胀，患腿僵硬、疼痛。之后急性症状消失，而以关节变形为主，引起一肢或两肢的跛行或卧地不起。病猪食欲如常，但生长缓慢、体质虚弱、消瘦。病程数周至数月。心内膜炎时主要表现消瘦、贫血、全身衰弱、喜卧伏、厌走动，强迫行走，则举步缓慢，全身摇晃。听诊心脏有杂音，心跳加快、亢进、心律不齐、呼吸急促，通常因心力衰竭而突然倒地死亡。皮肤坏死常发生于背、肩、耳、蹄和尾等部，局部皮肤肿胀、隆起、坏死、色黑、干硬如皮革，逐渐与其下层新生组织分离，犹如一张甲壳。

（3）防控要点　预防接种是防治本病的有效办法。仔猪免疫可能受到母源抗体的干扰，应在断奶后进行，如在哺乳期免疫，则应于断乳后补免，以后每隔6个月免疫一次。目前国内使用得最多的是二联（猪瘟-猪丹毒）、三联（猪瘟-猪丹毒-猪肺疫）弱毒疫苗。

7. 猪链球菌病

猪链球菌病是由C、D、E、L群链球菌引起的猪多种疾病的总称。急性常为出血性败血症和脑炎，慢性以关节炎、心内膜炎、淋巴结化脓及组织化脓等为特征。本病分布于世界各地，迄今我国已有13个省、自治区报道了本病，给我国的养猪业造成了极大的危害。

（1）流行病学　仔猪、架子猪和怀孕猪发病率高。在自然条件下，牛、犬和禽类不易感。病猪的鼻液、唾液、尿、血液、肌肉、内脏和关节内均可检出病原体。未经无害化处理的病死猪肉、内脏及废弃物是散播本病的主要原因。本病的主要传播途径是呼吸道，其次是伤口感染。本病一年四季均可发生，但以5~11月发病较多，地方性流行，多呈败血型，短期波及全群。

（2）临床症状

①急性败血型：突然死亡，缓者体温升高至41~43℃，震颤，废食，便秘，发绀，浆液性鼻漏，眼结膜潮红、流泪。在耳、颈及腹下皮肤出现紫斑。个别病猪出现多发性关节炎，跛行，爬行或不能站立。有的病猪出现共济失调，空嚼或昏睡等神经症状。病的后期出现呼吸困难，常在1~3d死亡，死前天然孔流出暗红色血液，病死率80%~90%。

②脑膜脑炎型：常发生于仔猪，病初发热（40.5~42.5℃），不食，便秘，有浆性或黏性鼻漏。病猪有神经症状，如共济失调、转圈、空嚼，继而后肢麻痹，前肢爬行，四肢作游泳状或昏迷不醒等。个别猪出现多发性关节炎，关节肿大。最急性者几小时或1~2d死亡。

③亚急性和慢性型：主要表现为关节炎、心内膜炎、化脓性淋巴结炎、脓肿、子宫炎、包皮炎、乳房炎、咽喉炎及皮炎等。其特点为病程长，症状比较缓和。病程3~5周，一般不死亡。

（3）防控要点　目前国内生产的疫苗为猪链球菌弱毒冻干疫苗，专用于预防由兽疫链球菌引起的猪败血性链球菌病，效果良好。同时，要加强生猪市场和畜产品市场的管理，注意宰前、宰后的检查。凡宰前检出病猪应隔离治疗，恢复后2周方能屠宰。宰后发现可疑病变者，应进行高温无害化处理。

8. 猪支原体肺炎

猪支原体肺炎是由猪肺炎支原体引起猪的一种慢性传染病。主要症状为咳嗽和气喘，特征病变是肺的尖叶、心叶、中间叶和膈叶前缘呈“肉样”或“虾肉样”变化。患猪长期生长发育不良，饲料转化率低。一般情况下死亡率不高，但继发性感染也会造成大批死亡，经济损失很大，对养猪业危害严重。1965年确定病原为猪肺炎支原体，在国外成为猪地方性肺炎。

（1）流行病学　自然病例仅见于猪，乳猪和断乳仔猪易感性高，发病率和死亡率较高，其次是怀孕后期和哺乳的母猪，育肥猪发病较少，病情较轻。母猪和成年猪多呈慢性和隐性经过。哺乳仔猪从患病的母猪受到感染。有的猪场连续不断发病是由于病猪在临诊症状消失后，在相当长时间内不断排菌传染健康猪。本病一旦传入后，如不采取严密措施，很难彻底扑灭。

本病一年四季均可发生，但在寒冷、多雨、潮湿或气候骤变的情况下较为多见。饲养管理和卫生条件是影响本病发病率和死亡率的重要因素，尤以饲料的质量，猪舍潮湿和拥挤、通风不良等影响较大。

（2）临床症状　潜伏期 11～16d，最短潜伏期 3～5d，最长可达 1 个月以上。根据病的经过，可分为急性、慢性和隐性三种类型。

①急性型：主要见于新疫区和新感染的猪群，病初精神不振，头下垂，站立一隅或趴在地，呼吸次数剧增至 60～120 次/min。病猪呼吸困难，严重者张口喘气，发出喘鸣声，有明显腹式呼吸。咳嗽次数少而低沉，有时也会发生痉挛性阵咳。体温一般正常，如有继发感染则可升至 40℃以上。病程一般 1～2 周，病死率较高。

②慢性型：由急性型转来，也有部分病猪开始时就取慢性经过，常见于老疫区的架子猪、育肥猪和后备母猪。主要症状为咳嗽，清晨来食和剧烈运动时咳嗽最明显。咳嗽时站立不动，背拱、颈伸直、头下垂、用力咳嗽多次，严重时呈连续的痉挛性咳嗽。常出现不同程度的呼吸困难，呼吸次数增加和腹式呼吸。病程可拖至 2～3 个月，甚至半年以上。病程和预后，视饲养管理和卫生条件的好坏差异很大。

③隐性型：可由急性型或慢性型转变而来，在较好的饲养管理条件下，不显症状，但用 X 射线检查或剖检时可见肺炎病变。在老疫区的猪中此型占相当大的比例。如加强饲养管理，则肺炎病变可逐步消退而康复；反之，饲养管理恶劣，则会出现急性或慢性症状，甚至引起死亡。

（3）防控要点

①建立健康猪群

a. 自然分娩或剖腹取胎，以人工哺乳或健康母猪带仔法培育健康仔猪，配合消毒切断传播途径。

b. 仔猪按窝隔离、防止窜栏。育肥猪、架子猪和断奶仔猪分舍饲养。

c. 利用各种检疫方法清除病猪和可疑病猪，逐步扩大健康猪群。

②未发病地区和猪场的主要措施

a. 坚持自繁自养，尽量不从外地引进猪只，如必须引进时，一定要严格隔离和检疫。

b. 加强饲养管理，做好兽医卫生工作，推广人工授精，避免母猪与种公猪直接接触，保护健康母猪群。

③健康猪群鉴定标准

a. 观察3个月以上，未发现支原体肺炎症状的猪群，放入易感小猪2头同群饲养，也不被感染者。

b. 一年内整个猪群未发现支原体肺炎症状，对所宰杀的肥猪、死亡猪检查肺部，均无支原体肺炎病变者。

c. 母猪连续生产两窝仔猪，从哺乳期、断奶后到架子猪，经观察无支原体肺炎症状，1年内经X射线检查全部哺乳仔猪和架子猪（以1个月的间隔检查），全部无支原体肺炎病变者。

（五）禽传染病的防控

1. 高致病性禽流感

高致病性禽流感是由正黏病毒科流感病毒属A型流感病毒引起的以禽类为主的烈性传染病。世界动物卫生组织将其列为必须报告的动物传染病，我国将其列为一类动物疫病。

（1）流行病学　鸡、火鸡、鸭、鹅、鹌鹑、雉鸡、鹧鸪、鸵鸟、孔雀等多种禽类易感，多种野鸟也可感染发病。

传染源主要为病禽（野鸟）和带毒禽（野鸟）。病毒可长期在污染的粪便、水等环境中存活。

病毒传播主要通过接触感染禽（野鸟）及其分泌物和排泄物、污染的饲料、水、蛋托（箱）、垫草、种蛋、鸡胚和精液等媒介，经呼吸道、消化道感染，也可通过气源性媒介传播。

（2）临床症状　急性发病死亡或不明原因死亡，潜伏期从几小时到数天，最长可达21d；脚鳞出血；鸡冠出血或发绀、头部和面部水肿；鸭、鹅等水禽可见神经和腹泻症状，有时可见角膜炎症，甚至失明；产蛋量突然下降。

（3）防控要点

①增强体质：春季昼夜温差大，温湿度控制不稳定，多发生呼吸道症状，春季防止鸡群出现呼吸道症状是增强鸡群体质的关键，春季通风以“稳”为主，舍内温度不能忽高忽低，要逐步过渡。天气变暖，气温较高时可考虑在白天多开进排风口；天气变冷，气温较低时，可考虑减少进排风量。

在气候多变的情况下，为了使鸡舍的温度保持稳定，使鸡群处于最佳的生长环境，饲养员对每天的天气变化必须保持高度关注。当遇到短时间的高温，可以加大通风量降低舍温，没有必要上调舍内的温度，预防降温时风机不能启动，做到真正的逐步上调温度。

②疫苗接种：由于高致病性禽流感目前尚无有效的治疗方法，目前科学合理地使用疫苗进行免疫接种能有效提高家禽的免疫力、降低感染患病的风险，

也是目前我国预防禽流感最有效的措施。

由于鸡群品种、日龄、代次、场区、季节不同，免疫程序还受到母源抗体、免疫时间、免疫方法、疫苗质量、免疫次数和当地疫病流行情况等因素影响，所以没有一种放之四海皆准的免疫程序，需要根据养殖场的实际情况以及抗体消长规律制定合理的免疫程序。

③切断传播途径：鸟类及其排泄物污染鸡群、水、饲料、器具等是禽流感传播的主要途径。在场区周围架设驱鸟设施，使鸟类远离养殖场，对鸡舍进行密封处理，杜绝鸟类进入鸡舍，是最为有效的手段。

鸟类的排泄物和鸡粪这一传播渠道，往往被忽视，对进入鸡舍的工具、鞋靴消毒，更换进入鸡舍的衣服是切断这一传播途径的有效措施。

④定期抗体检测：为保证疫苗产生的抗体可以有效保护鸡群，需对抗体检测结果建立评估体系，分为优（保护率大于等于80%）、中（保护率在60%~80%）、差（保护率小于等于60%）三级。“优”的结果，正常检测即可；“中”的结果，需要关注，加密检测，每周检测一次；“差”的结果，进行预警，通知相关人员，及时免疫。

2. 新城疫

新城疫是由副黏病毒科副黏病毒亚科腮腺炎病毒属的禽副黏病毒Ⅰ型引起鸡和火鸡的高度接触性烈性传染病，常呈败血症经过。主要特征为呼吸困难、下痢、神经功能紊乱、黏膜和浆膜出血。世界动物卫生组织将其列为必须报告的动物疫病，我国将其列为二类动物疫病。

（1）流行病学　鸡、火鸡、鸽子、鹌鹑及野鸡对本病都有易感性，以鸡最易感。各种年龄的鸡中以幼雏和中雏易感性最高。鸭、鹅对本病有抵抗力，但可从体内分离到新城疫病毒。哺乳动物对本病有很强的抵抗力，但人可感染，表现为结膜炎或类似流感症状。本病的传染源是病鸡以及在流行间歇期的带毒鸡，但对鸟类的带毒作用也不可忽视。

传播途径主要是呼吸道和消化道，鸡蛋也可带毒传播本病，非易感的野禽、外寄生虫、人畜均可机械地传播病原。本病一年四季均可发生，但以春、秋两季较多。近年来免疫鸡群常因免疫失败而发生非典型新城疫。

（2）临床症状　潜伏期一般为3~5d，根据临诊表现和病程的长短，可分为最急性、急性、亚急性或慢性三种类型。

①最急性型：突然发病，常无特征症状而迅速死亡，多见于疾病流行初期和雏鸡。

②急性型：病初体温升高达43~44℃，食欲减退或停食，有渴感，精神萎靡，垂头缩颈或翅膀下垂，眼半开或全闭，似昏睡状，鸡冠及肉髯呈暗红色或暗紫色，母鸡停产或产软壳蛋。随后出现比较典型的症状，病鸡咳嗽，呼吸困

难，有黏液性鼻漏，伸头张口呼吸，并发出“咯咯”的喘鸣声或尖锐的叫声。嗉囊内充满液状内容物，倒提时常有大量酸臭液体从口角流出。拉稀，粪便呈黄绿色或黄白色，有时混有少量血液，后期排出蛋清样的排泄物。有的病鸡还出现神经症状，如翅、腿麻痹等，最后体温下降，昏迷死亡。病程2~5d，1月龄的小鸡病程较短，症状不明显，病死率高。

③亚急性或慢性型（非典型新城疫）：初期症状与急性相似，但同时出现神经症状，患鸡翅腿麻痹，跛行或站立不稳，头颈向后或向一侧扭转，常伏地旋转，反复发作，瘫痪或半瘫痪，10~20d死亡。此型常发生于流行后期的成年鸡，病死率较低。产蛋鸡常表现产蛋量下降。个别患鸡可以康复，部分不死的病鸡遗留特有的神经症状，表现腿翅麻痹或头颈歪斜。有的鸡状似健康，但若受惊、刺激或抢食时，突然后仰倒地，全身抽搐就地旋转，数分钟后恢复正常。

由于母源抗体或基础抗体高，接种新城疫疫苗后不能获得较强免疫力，当有新城疫病毒侵入时，免疫鸡群可发生非典型新城疫，仅表现呼吸道和神经症状，其发病率和病死率较低。

鸽感染新城疫病毒时，其临诊症状是腹泻、神经症状和呼吸道症状；幼龄鹌鹑感染新城疫病毒，表现神经症状，死亡率较高，成年鹌鹑多为隐性感染；火鸡和珠鸡感染新城疫病毒后，一般与鸡相同，但成年火鸡症状不明显或无症状。

（3）防控要点　目前对本病尚无有效的治疗方法，加之发生后传播迅速、病死率高，往往给鸡群以毁灭性的打击，因此对于养鸡业来说，预防本病乃是防疫工作的重点。

①一般措施：建立和健全并执行严格的卫生防疫制度，防止一切带毒动物和污染物品进入鸡群；进出的人员和车辆应严格消毒；饲料来源要安全；不从疫区引进种蛋和苗鸡；新购进的鸡须接种新城疫疫苗，并隔离观察2周以上，证明健康者方可合群。

②预防接种：合理做好预防接种，增强鸡的特异免疫力。对此应注意以下几个问题。

a. 疫苗的性质、使用对象及方法：目前我国使用的鸡新城疫活疫苗有五种，即Ⅰ系疫苗（又称Mukteswar株）、Ⅱ系疫苗（又称HB1株）、Ⅲ系疫苗（又称F株）、Ⅳ系疫苗（又称Lasota株）、V4弱毒疫苗。

Ⅰ系疫苗为中等毒力的活疫苗，用于经2次弱毒力的疫苗免疫后的鸡或2月龄以上的鸡，多采用肌肉注射或刺种的方法接种。幼龄鸡使用后会引起较重的接种反应或发病。Ⅰ系疫苗产生免疫力快（3~4d），免疫保护期长（6个月以上）。

Ⅱ系、Ⅲ系、Ⅳ系疫苗都属于弱毒力的活疫苗，最常用的是Ⅳ系及其克隆株，大小鸡均可使用，多采用滴鼻、点眼等方法接种。对于大群雏鸡可用Ⅲ系或Ⅳ系疫苗作饮水免疫，要求倍量使用或复饮一次，如作气雾免疫，最好在2月龄以后来用，以减少诱发呼吸道疾病。

V4弱毒疫苗为嗜肠道型且耐热性较好，适用于热带地区的农村养鸡，多采用饮水免疫，与Ⅳ系疫苗联合使用效果较好。

在新城疫病毒污染的鸡场，采用弱毒疫苗和灭活疫苗同时免疫接种，能获得高的HI抗体水平，鸡群得到良好保护力。

b. 母源抗体对免疫应答的影响：母鸡经过鸡新城疫苗接种后，可将其抗体通过卵黄传递给雏鸡，雏鸡在3日龄抗体滴度最高，以后逐渐下降，每日大约下降13%。具有母源抗体的雏鸡既有一定的免疫力，可抵抗强毒的侵袭，又对疫苗的接种有干扰作用，因此建议在7日龄作第一次疫苗接种，在25~30日龄时作第二次接种，或在第一次免疫活疫苗同时接种灭活疫苗。

c. 局部免疫应答：在鸡新城疫的免疫中，除了产生循环抗体外，还有局部免疫应答。弱毒疫苗经滴鼻、点眼和气雾免疫时，上呼吸道和肠道黏膜以及眼哈德氏腺出现分泌型抗体IgA和IgM，可获得有效局部免疫，能抵抗经眼的强毒攻击，但确切保护功能尚不清楚，所以弱毒疫苗免疫时应尽量采用滴鼻、点眼的接种方法。

d. 建立免疫监测：根据HI抗体水平确定初免和再次免疫时间。HI效价高于$5\log_2$时，进行首免几乎不产生免疫应答，因此可以以$4\log_2$作为免疫接种的界线。为此要定期对免疫鸡群抽样采血做HI试验，既可以作为制定程序的理论依据，又可以了解疫苗免疫接种的效果。

e. 免疫抑制：疫苗免疫接种后，抗体产生受到抑制，其保护能力受到影响。如感染传染性法氏囊病病毒、传染性贫血病毒、网状内皮增生症病毒等均会导致免疫抑制，传染性支气管炎疫苗与新城疫疫苗同时使用也会干扰新城疫的免疫。营养缺乏、应激均会导致新城疫免疫抑制，因此在进行新城疫疫苗免疫接种时，应注意其他病的防疫工作及饲养管理。

③发生新城疫时防治：鸡群一旦发病，应封锁鸡场，紧急消毒，分群隔离，将病鸡和接触过病鸡的可疑鸡分群，对全场鸡群用Ⅰ系或Ⅱ系疫苗进行紧急接种。在病初用新城疫高免血清进行紧急注射，也能减少死亡。应做好病鸡和死亡鸡的无害化处理。当疫区最后一个病例处理后2周，经严格的终末消毒后，方可解除封锁。

3. 鸡马立克氏病

鸡马立克氏病是由马立克氏病病毒引起的鸡淋巴组织增生性疾病，以外周神经、性腺、虹膜、各种脏器、肌肉和皮肤的单核细胞浸润为特征。

（1）流行病学　鸡是最重要的自然宿主，不同品种或品系的鸡均能感染马立克氏病病毒，但对发生的马立克氏病的抵抗力差异很大。伊莎、罗曼、海赛等蛋鸡品种和国内的北京油鸡、狼山鸡和乌骨鸡均对马立克氏病高度易感。感染时鸡的年龄对发病的影响很大，特别是出雏和育雏室的早期感染可导致很高的发病率和死亡率。病鸡和带毒鸡是主要的传染源，经呼吸道传播。在羽囊上皮细胞复制的传染性病毒，随羽毛、皮屑排出，使污染鸡舍的灰尘成年累月保持传染性。很多外表健康鸡可长期持续带毒排毒。

鸡群所感染的马立克氏病病毒的毒力对发病率和死亡率影响很大。马立克氏病病毒分为温和毒、强毒和超强毒。病毒随疫苗的使用出现毒力不断增强的趋势，应激等环境因素也可影响马立克氏病的发病率。

（2）临床症状　本病的潜伏期较长且难以确定，受病毒的毒力、剂量、感染途径和鸡的遗传品系、年龄、性别的影响。马立克氏病急性暴发时病情严重，有一些鸡群仅表现急性的早期死亡。

①神经型：病毒主要侵害周围神经。神经受害程度的顺序如下：坐骨神经最常发生病变，其主要表现为一肢或两肢发生不全麻痹或完全麻痹，病鸡一只脚向前，另一脚向后，呈“劈叉”姿势（此为本病特征姿态，主要由单侧性不全麻痹或完全麻痹所致），轻者步态不稳，重者蹲伏或躺地不能站立；当颈神经受害时，头部下垂或可能出现颈部歪斜；迷走神经受害时，可引起失声、嗉囊麻痹或扩张以及呼吸困难；腹神经受害时，常有拉稀症状。由于运动障碍易被发现，因此病鸡运动失调，步态异常是最早看到的症状。

②眼型：一侧或两侧眼球虹膜受害，丧失对光线的调节能力，虹膜正常色素消失，呈同心环状或斑点状至弥漫的灰白色，有鱼眼、灰眼、珍珠眼及白眼病之称。瞳孔收缩，边缘不整齐呈锯齿状，整个瞳孔仅仅留下一个针头大小的小孔。

③皮肤型：最初见于颈部及两翅，随后遍及局部的皮肤，常见到毛囊形成小结节或瘤状物，特别是在脱毛的鸡体上最易看出。

④内脏型：即急性型。常见于50~70日龄的鸡，对肉用鸡威胁严重。神经症状往往不显，主要表现精神沉郁，不食，突然死亡。

除上述症状外，尚可见到如体重减轻、极度消瘦、贫血、苍白及腹泻等非特异症状。

（3）防控要点　疫苗接种是防治本病的关键，以防止出雏室和育雏室早期感染为中心的综合性防治措施，对提高免疫效果和减少损失亦起重要作用。

用于制造疫苗的病毒有三种：人工致弱的Ⅰ型马立克氏病病毒（如CV1988）、自然不致瘤的Ⅱ型马立克氏病病毒（如SB1、Z4）和Ⅲ型马立克氏病病毒（FCl26）。多价疫苗主要是Ⅱ型、Ⅲ型毒组成双价疫苗或Ⅰ型、Ⅱ型、

Ⅲ型毒组成3价疫苗，为细胞结合疫苗，需在液氮条件下保存，对由超强毒株引起的马立克氏病有较好的免疫保护作用。影响疫苗的免疫效果因素很多，如母源抗体干扰、早期感染、应激、免疫抑制病等。针对每个环节，必须制定相应措施，才能有效提高疫苗保护率。选育生产性能好的抗病品系商品鸡，是未来防治马立克氏病的一个重要方面。

4. 传染性法氏囊病

传染性法氏囊病是由传染性法氏囊病病毒引起幼鸡的一种急性、高度接触性传染病。以腹泻，颤抖，极度虚弱，法氏囊、腿肌和胸肌、腺胃和肌胃交界处出血为特征。幼鸡感染后发病率高、病程短、死亡率高，导致免疫抑制，并可诱发多种疫病或使多种疫苗免疫失败。

（1）流行病学　自然感染仅发生于鸡，各种品种的鸡都能感染，主要发生于2~15周龄的鸡，3~6周龄的鸡最易感，成年鸡一般呈隐性经过。病鸡是主要传染源，其粪便中含有大量的病毒，可污染饲料、饮水、垫料、用具、人员等，通过直接和间接接触传播。本病往往突然发生，传播迅速，通常在感染后第3天开始死亡，5~7d达到高峰，之后很快停息，表现为高峰死亡和迅速康复的曲线。本病常与大肠杆菌、新城疫、鸡支原体病混合感染。

（2）临床症状　潜伏期为2~3d，最初发现有鸡自啄泄殖腔。病鸡羽毛松乱，采食减少，畏寒，常聚堆。随后出现腹泻，排出白色黏稠和水样稀粪，泄殖腔周围的羽毛被粪便污染。在后期体温低于正常，严重脱水，极度虚弱，最后死亡。由传染性法氏囊病病毒的亚型毒株或变异株感染的鸡，表现为亚临诊症状，炎症反应弱，法氏囊萎缩，死亡率低，但免疫抑制严重，造成更大危害。

（3）防控要点　鸡感染传染性法氏囊病病毒后，或用疫苗免疫后，都能刺激机体产生免疫应答，体液免疫是该病保护性免疫应答的主要机制。目前发现应用血清I型的疫苗毒株，对雏鸡免疫后所产生的免疫应答不能抵抗亚型或变异毒株的感染。为此，防治本病不能仅用疫苗，需采取综合措施。

①严格执行卫生措施：病毒在外界环境中极为稳定，能在鸡舍内长期存活。因此，应注意对环境的消毒，特别是育雏室。将有效消毒剂对环境、鸡舍、用具、笼具进行喷洒，经4~6h后，进行彻底清扫和冲洗，重复2~3次消毒后再引进雏鸡，以防传染性法氏囊病病毒的早期感染。

②提高种鸡的母源抗体水平：种鸡群在18~20周龄和40~42周龄经2次接种传染性法氏囊病油佐剂灭活疫苗后，可产生高水平的抗体并传递给子代，使雏鸡获得较整齐和较高母源抗体，在2~3周龄内得到较好的保护，防止雏鸡早期感染。

③雏鸡的免疫接种：目前我国常用的活疫苗一是弱毒疫苗，对法氏囊无任

何损害，受母源抗体干扰严重，免疫保护率较低；二是中等毒力疫苗，接种后对法氏囊有轻度损伤，对血清Ⅰ型强毒的保护率高，一般推荐在14~18日龄进行免疫。灭活疫苗是由鸡胚细胞毒、鸡胚毒、病死鸡的法氏囊组织制备的。变异株病毒制成弱毒疫苗或灭活疫苗，既可预防变异株引起的感染，又可对血清Ⅰ型传染性法氏囊病病毒产生保护性免疫应答。

④发病时的防治：除对鸡舍和环境进行严格消毒外，发病早期用传染性法氏囊病高免血清或康复血清进行注射，也可用高免鸡所产蛋制备卵黄抗体进行注射，对鸡群有较好的疗效。治愈后应对鸡群进行主动免疫。

5. 鸡传染性支气管炎

鸡传染性支气管炎是由鸡传染性支气管炎病毒引起鸡的一种急性、高度接触传染性的呼吸道疾病。其特征是病鸡咳嗽、喷嚏和气管发生啰音。在雏鸡还可出现流涕，蛋鸡产蛋量减少和质量恶劣，肾病变型肾肿大，有尿酸盐沉积。

（1）流行病学　本病仅发生于鸡，但小雉可感染发病，其他家禽均不感染。各种年龄的鸡都可发病，但雏鸡最为严重。有母源抗体的雏鸡有一定的抵抗力（约4周）。过热、严寒、拥挤、通风不良以及维生素、矿物质和其他营养缺乏以及疫苗接种等均可促进本病的发生。本病的主要传播方式是病鸡从呼吸道排病毒，经空气飞沫传染给易感鸡。此外，通过饲料、饮水等，也可经消化道传染。病鸡康复后可带毒49d，在35d内具有传染性。本病无季节性，传染迅速，几乎在同一时间内有接触史的易感鸡都发病。

（2）临床症状

①雏鸡：表现精神沉郁、嗜睡、喜蹲伏，食欲减退或不食，常挤在一起或在热源下面，呈特征性呼吸困难，半开嘴而频发喘息，咳嗽，气管啰音，淌鼻涕、流眼泪，眶下窦肿胀，以2周龄以内的雏鸡，表现特别明显。6周龄以上的鸡，鼻腔症状退居次要地位。

②成年鸡：突然发生，呼吸困难，有啰音，叫声沙哑，打喷嚏，咳嗽，特别吃食时打呛，一般不见有分泌物。产蛋鸡产蛋量下降，并产软壳蛋、畸形蛋或粗壳蛋。蛋的品质变差，如蛋黄与蛋白分离，蛋白稀薄如水，蛋白黏着在壳膜表面等。部分病鸡经常归巢而不产蛋，即所谓“伪产蛋鸡”，出现生“假蛋”现象（输卵管发炎所致），此种情况见于早在孵出后头几天内受感染的鸡。

③本病一般不引起下痢，若被侵害肾脏的毒株感染，可引起肾炎、肠炎，常见急剧下痢。病程一般为1~2周，有的拖至3周，雏鸡死亡率为25%；6周龄以上的鸡，死亡率很低。

（3）防控要点　常用M41型的弱毒疫苗如H120株、H52株及其灭活油佐剂疫苗。一般认为M41型对其他型病毒株有交叉免疫作用。H120株毒力较弱，对雏鸡安全；H52株毒力较强，适用于20日龄以上鸡；油佐剂疫苗各种日龄均可使用。一般免疫程序为 5~7 日龄首免，用 H120 株；25~30 日龄二免用 H52 株；种鸡于 120~140 日龄用油佐剂疫苗作三免。使用弱毒疫苗应与鸡传染性支气管炎病毒弱毒疫苗同时或间隔 10d 再进行鸡传染性支气管炎病毒弱毒疫苗免疫，以免发生干扰作用。弱毒疫苗可采用点眼（鼻）、饮水和气雾免疫，油佐剂疫苗可作皮下注射。

本病尚无特效疗法，发病鸡群注意保暖、通风换气和鸡舍带鸡消毒，增加多维素饲用量。为了补充钠、钾损失和消除肾脏炎症，可以给予复方口服补液盐或含有柠檬酸盐或碳酸氢盐的复方制剂。有继发感染可使用抗生素等。

6. 鸡传染性喉气管炎

鸡传染性喉气管炎是由传染性喉气管炎病毒引起鸡的一种急性呼吸道传染病，以呼吸困难、咳嗽、咳出含有血液的渗出物、喉和气管黏膜肿胀、出血并形成糜烂为特征。该病传播快，死亡率较高。

（1）流行病学　主要侵害鸡，不同年龄的鸡均易感，但以成年鸡的症状最为特征。野鸡、孔雀、幼火鸡也可感染。病毒存在于气管和上呼吸道分泌物中，通过咳出血液和黏液经呼吸道传播。康复鸡可带毒长达 2 年，接种活疫苗的鸡可在较长时间排毒，若与易感鸡长时间接触，可使后者感染发病。污染的垫料、饲料和饮水，可成为传播媒介。本病在易感鸡群内传播迅速，感染率可达 90%，病死率为 5%~70%。

（2）临床症状　急性型通常有 4~5d 的潜伏期，其主要症状表现为鼻漏，呼吸困难，抬头伸颈，喘鸣，咳嗽或摇头时咳出带血的黏液，此为本病特征性症状。由于喉头、气管和嗉囊中积有渗出液和血液，多在 4~5d 后因窒息而死。检查口腔可见喉部黏膜上有淡黄色凝固物附着，不易擦去。病鸡迅速消瘦、鸡冠发紫、有时排绿色稀粪。

较轻型的患鸡，表现精神沉郁，体重及产蛋量下降。流泪，结膜炎，眶下窦肿胀，持续性鼻漏和结膜炎，呼吸困难，喘鸣间或咳嗽等。该型症状于 7~8d 达到高峰，很少持续 21~27d 以上。病程随病变的轻重而异，大多数病鸡一般在 10~14d 内症状消除。

（3）防控要点　坚持严格隔离、消毒措施是防止本病流行的有效方法。因此，易感鸡不能与病愈鸡接触，新购进鸡群可放入少数易感鸡混合饲养，观察 2 周易感鸡不发病，此时方可与原来鸡合群。药物治疗仅是防止继发感染和使呼吸困难的症状缓解。目前有两种疫苗可用于免疫接种。一是弱毒疫苗，经点眼、滴鼻免疫，一般较安全。另一种是强毒疫苗，可涂擦于泄殖腔黏膜，4~5d 后，黏膜出现水肿和出血性炎症，表示接种有效，但排毒的危险性很大。

7. J-亚群禽白血病

J-亚群禽白血病，是由反转录病毒 J-亚群禽白血病病毒引起的主要侵害骨髓细胞，导致骨髓细胞瘤和其他不同细胞类型恶性肿瘤为特征的禽的肿瘤性传染性疾病。我国将其列为二类动物疫病。

(1) 流行病学　所有品系的肉用型鸡都易感。蛋用型鸡较少发病。

病鸡或病毒携带鸡为主要传染源，特别是病毒血症期的鸡。与经典的禽白血病病毒相似，J-亚群禽白血病病毒主要通过种蛋（存在于蛋清及胚体中）垂直传播，也可通过与感染鸡或污染的环境接触而水平传播。垂直传播而导致的先天性感染的鸡常可产生对病毒的免疫耐受，雏鸡表现为持续性病毒血症，体内无抗体并向外排毒。

(2) 临床症状　潜伏期较长，因毒株不同、鸡群的遗传背景差异等而不同。

最早可见5周龄鸡发病，但主要发生于18~25周龄的性成熟前后鸡群。总死亡率一般为2%~8%，但有时可超过10%。

(3) 防控要点　实行净化种群为主的综合性防治措施。

①加强饲养管理，提高环境控制水平：饲养、生产、经营等场所必须符合《动物防疫条件审核管理办法》的要求，并须取得动物防疫合格证。饲养场实行全进全出饲养方式，控制人员出入，严格执行清洁和消毒程序。

②加强消毒管理，做好基础防疫工作：各饲养场、屠宰厂（场）、动物防疫监督检查站等要建立严格的卫生（消毒）管理制度。

③监测：养禽场应做好死亡鸡肿瘤发生情况的记录，并接受动物防疫监督机构监督。

④引种检疫：国内异地引入种禽时，应经引入地动物防疫监督机构审核批准，并取得原产地动物防疫监督机构出具的无J-亚群禽白血病证明和检疫合格证明。

（六）犬、猫、兔传染病的防控

1. 犬瘟热

犬瘟热是由犬瘟热病毒引起犬科、鼬科和浣熊科动物的一种急性传染病。特征是双相热，鼻炎、支气管炎、卡他性肺炎、严重的胃肠炎及神经症状。本病传染性强，病死率高，是危害犬及某些经济动物生产的重要疾病。

(1) 流行病学

①传染源：病犬和带毒犬是本病主要传染源。病毒随其鼻液、唾液、眼泪及尿排出，污染周围环境。

②传播途径：主要通过健康犬与病犬直接接触，通过气溶胶经呼吸道感染。也可因食入污染的饲料、饮水而经消化道感染，还可经交配感染。

③易感动物：不同年龄、性别和品种的犬都可感染，但主要侵害幼犬，尤

其是3~12月龄的幼犬易感性最强，2月龄以内的仔犬和2岁以上的犬有一定的抵抗力。自然条件下，本病也可感染狼、狐、貍、水貂、鼬鼠、浣熊、熊猫等。

④流行特点：本病多发生于养犬和貂比较集中的地区，一旦发病，幼犬及幼貂发病率可达90%以上。本病没有季节性，但以寒冷季节（10月至翌年2月）多见。

（2）临床症状　自然感染的潜伏期为3~6d。病初病犬精神不振，食欲减少，眼、鼻流浆液性分泌物，打喷嚏，于股内侧、下腹部皮肤发疹，体温升高达39.5~40℃，持续2~3d后降至常温，病犬似有好转，有食欲，2~3d后再次发热并持续数天，呈典型的双相热。此时病犬拒食，呕吐，眼、鼻流黏液性或脓性分泌物，鼻镜、眼睑干燥甚至龟裂。腹痛，排出混有黏液或血液的水样便。咳嗽，呼吸困难。约有10%~30%的病犬于第二次发热后出现神经症状，表现为精神委顿，肌肉阵发性痉挛，共济失调，转圈，惊厥，抽搐和昏迷等。出现惊厥症状者多以死亡转归。有些病例在其他症状消失后还遗留舞蹈和麻痹等症状。

7日龄以内仔犬感染时常出现心肌炎，双目失明。妊娠母犬可发生流产、死胎等症。

本病病程一般为2周或稍长，如混合感染犬传染性肝炎或继发感染某些病菌，可使病程延长，症状复杂。

（3）防控要点　预防接种是防治犬瘟热的有效办法。目前使用的疫苗主要有犬二联疫苗（犬瘟热、犬细小病毒病）、犬四联疫苗（犬瘟热、犬细小病毒病、犬传染性肝炎、犬副流感）等。

2. 犬细小病毒病

犬细小病毒病是由犬细小病毒引起犬的一种急性传染病。临诊特征是呕吐、出血性肠炎、严重脱水和心肌炎。

（1）流行病学　病犬通过粪便、尿、唾液和呕吐物排毒。康复犬的粪便可能长期带毒。本病主要通过直接或间接接触经消化道而感染。不同年龄、性别和品种的犬均易感，幼龄犬易感性强，2~8月龄犬发病率高达91%~100%，狼、狐、浣熊等也可自然感染。

本病无明显季节性，但以春、夏发生较多。在自然条件下呈散发，比较集中的犬场，呈地方性流行。犬群中一旦发生本病，环境被污染后则很难彻底清除。

（2）临床症状　自然感染潜伏期为5~7d。临诊上分为两种病型。

①肠炎型：可在各种年龄犬中发生，但多见于3~4月龄犬。病犬先突发呕吐，而后出现腹泻，粪便呈黄色或灰黄色，混有多量黏液和伪膜。病后2~3d，

粪便呈番茄汁样，含有血液并有恶臭味。此时病犬精神沉郁，食欲废绝，体温升高到40℃以上，迅速脱水，衰弱而死。病程短者4~5d，长者7d以上。成年犬发病一般无热。

②心肌炎型：多发于4~6周龄仔犬。常为突然发病，呼吸困难，可视黏膜苍白，轻度腹泻、呕吐。心悸亢进，节律不齐，心电图异常。最后因心力衰竭而死亡。病死率60%~100%。

（3）防控要点　预防本病主要依靠预防接种和严格犬的检疫制度。目前国内使用的疫苗有犬二联疫苗（犬瘟热、犬细小病毒病）、犬四联疫苗（犬瘟热、犬细小病毒病、犬传染性肝炎、犬副流感）等。

3. 犬传染性肝炎

犬传染性肝炎是由犬传染性肝炎病毒引起的犬的一种急性、高度接触性败血性的传染病。该病的特征是循环障碍、肝小叶中心坏死、肝实质细胞和内皮细胞的核内出现包涵体。

（1）流行病学　病犬是本病的主要传染源，其呕吐物、唾液、鼻液、粪便和尿液中都带有病毒，康复犬可经尿长期排毒。在自然条件下，除犬外，狐也易感染，发生狐脑炎。不满周岁的幼犬感染率和致死率均较高。

（2）临床症状

①犬肝炎型：自然发病潜伏期为6~9d。病犬食欲不振，饮欲增加。常见呕吐、腹泻、眼和鼻流浆液性黏液性分泌物。右腹有压痛、呻吟，某些病例头颈和下腹部水肿。一般没有神经症状和黄疸。病犬凝血不良，一旦出血，往往流血不止。在急性症状消失后7~10d，约有20%的康复。犬一眼或两眼呈现暂时性角膜浑浊，称之为“肝炎性蓝眼病”。

②狐脑炎型：发生于狐狸和黑熊等野生动物，潜伏期6~7d。常突然发生，呈急性经过。病初发热，流鼻涕、食欲废绝、腹泻、眼球震颤。之后出现神经症状，动物过度兴奋、肌肉痉挛、共济失调，最后麻痹、昏迷死亡。有的病例有截瘫和偏瘫。

（3）防控要点　发现病犬应立即隔离饲养和护理，消毒污染的环境和用具等。治疗多采用综合性治疗措施，早期应用高免血清或丙种球蛋白，2~3mL/kg体重，以抑制病毒繁殖和扩散；静脉输入5%葡萄糖生理盐水或复方生理盐水，纠正水及电解质紊乱；利用抗菌药物防止并发或继发细菌感染，使用复方大青叶注射液、板蓝根、抗病毒口服液、利巴韦林等抗病毒药物以及维生素C、维生素B_1和维生素B_{12}等药物。同时加强饲养管理，饲料中添加足够的维生素A、维生素D和维生素E。对于成年犬眼炎或角膜浑浊的病例可用疱疹净滴眼剂进行治疗。

预防本病的根本措施在于定期进行免疫接种和实施一般的兽医卫生措施。

目前多用犬传染性肝炎Ⅰ型弱毒活疫苗，一般于6周龄初免，8周龄二免，以后每半年加强一次免疫，也可用犬腺病毒Ⅱ型弱毒疫苗或福尔马林组织灭活疫苗进行免疫接种。

4. 猫泛白细胞减少症

猫泛白细胞减少症又称猫传染性肠炎或猫瘟，是由细小病毒科细小病毒属中的猫泛白细胞减少症病毒引起的猫科动物的一种高度接触性急性传染病。

（1）流行病学　病猫和带毒猫是主要传染源，病猫在患病初期可随粪便、尿、鼻和眼分泌物以及唾液排出病毒，污染环境造成本病的扩散、传播。康复后的猫带毒时间可达1年以上。

猫科动物均易感，其中以幼猫尤为易感。此外野猫、山猫、虎、豹、狮、浣熊等也可感染并可引起死亡。易感动物感染本病主要经消化道和呼吸道，妊娠母猫可通过胎盘垂直传播给胎猫。

本病多发生于冬末春初，发病突然、传播迅速、流行猛烈，具地方流行特点。发病率和病死率高是本病的特点之一。

（2）临床症状　本病潜伏期2~9d，平均4d。最急性病例，病猫不见任何先兆症状而突然死亡。急性病例，病猫精神沉郁，体温升高可达40℃，持续24h后经恢复至常温，食欲减退以至废绝。经2~3d后体温第二次上升，呈明显的双相热。顽固性剧烈呕吐是本病的主要特征。每天呕吐数十次。有时伴有水样血样下痢。因此常因严重脱水而衰竭致死。病猫眼球震颤。妊娠母猫有时流产。病猫多于病后72h内死亡。幼猫病死率为90%以上，成年猫约50%。

（3）防控要点　目前使用的疫苗有灭活疫苗和弱毒疫苗，效果可靠。一般在7~10周龄第1次接种，第2次是在12周龄，16周龄时进行第3次注射。对病猫污染的环境可用3%福尔马林、0.5%过氧乙酸或4%火碱水进行彻底地消毒。

5. 兔病毒性出血症

兔病毒性出血症俗称兔瘟，是由兔出血症病毒引起兔的一种急性高度接触性传染病。以呼吸系统出血、肝坏死、实质器官水肿、瘀血及出血性变化为特征。

（1）流行病学　病兔、隐性感染兔及病愈带毒兔是本病主要传染源。主要通过直接接触而感染，也可通过被病毒污染的饲料、饮水、器具、尘埃及人员的往来等媒介传播经消化道、呼吸道、损伤的皮肤黏膜及配种而感染。各种年龄、品种的兔都有易感性，但以长毛兔最为易感。3月龄以上的兔，特别是膘肥体壮的青年兔发病率和病死率可高达100%，2月龄以下的仔兔较少发病。

本病一年四季均可发生，但北方多发于冬春寒冷季节。在老疫区一般散发，在新疫区多呈暴发性流行。

（2）临床症状　潜伏期自然感染为2~3d。

①最急性型：仅见于新疫区及流行初期。病兔突然发病，倒地抽搐，惨叫死亡。

②急性型：病兔体温升高达40.9~41℃，精神委顿，食欲减少或废绝，而后体温下降，呼吸急促，短时间的兴奋、挣扎、狂奔、抽搐，尖叫后死亡。死后呈角弓反张状，鼻孔流出带泡沫的血样液体。孕兔可发生流产。病程1~2d。

③慢性型：多见于老疫区和流行后期，病程长。病兔体温升高达41℃左右，委顿消瘦，最后衰弱而死。耐过兔生长发育迟缓。

（3）防控要点　预防接种是防治本病的主要措施。兔出血症组织灭活疫苗用于断乳后的家兔，皮下注射1mL，7d左右产生免疫力，免疫保护期为6个月。

任务二　常见动物寄生虫病的防控技术

任务概况

本任务主要介绍了常见人兽共患、牛、羊、马属动物、猪、禽、犬、猫、兔寄生虫病的流行病学、临床症状和防控要点。

必备知识

（一）人兽共患寄生虫病的防控

1. 日本血吸虫病

日本血吸虫病是由日本血吸虫（也称日本分体吸虫）寄生于人和牛、羊、猪等动物的门静脉系统的小血管内引起的一种危害严重的人兽共患吸虫病。该病以急性或慢性肠炎、肝硬化、严重的腹泻、贫血、消瘦为特征。

（1）流行病学　日本血吸虫分布于中国、日本和菲律宾、印度尼西亚等东南亚国家。我国血吸虫病在长江流域及以南的13个省（贵州省除外）、自治区、直辖市的372个县市流行。

日本血吸虫病终末宿主包括人和多种家畜及野生动物，其中，病人和病牛是最重要的传染源。中国台湾的日本血吸虫系一动物株，主要感染犬，尾蚴侵入人体后不能发育为成虫。在我国，日本血吸虫的中间宿主为湖北钉螺，螺壳上有6~8个螺旋（右旋），以7个为典型。

人和动物的感染与接触含有尾蚴的疫水有关。感染多在夏、秋季节。感染的途径主要为经皮肤感染，也可吞食含有尾蚴的水、草经口腔和消化道黏膜感染，还可经胎盘感染。该病的流行必须具备三个条件：虫卵能落入水中并孵化出毛蚴；毛蚴感染钉螺；在钉螺体内发育逸出的尾蚴能接触并感染终末宿主。一般钉螺阳性率高的地区，人、畜的感染率也高；凡有病人及阳性钉螺的地区，就一定有病牛。钉螺的分布与当地水系的分布是一致的，病人、病畜的分布与当地钉螺的分布是一致的，具有地区性特点。

（2）临床症状　该病以犊牛和犬的症状较重，羊和猪较轻，马几乎没有症状。黄牛症状比水牛明显，成年水牛很少有临床症状而成为带虫者。

犊牛大量感染时，症状明显，往往呈急性经过。主要表现为食欲不振，精神沉郁，体温升高达 40~41℃，可视黏膜苍白，水肿，行动迟缓，日渐消瘦，因衰竭而死亡。慢性病例表现消化不良，发育迟缓，食欲不振，下痢，粪便含黏液和血液，甚至块状黏膜。患病母牛发生不孕、流产等。

人感染后初期表现为畏寒、发热、多汗、淋巴结及肝肿大，常伴有肝区压痛，食欲减退，恶心、呕吐，腹痛、腹泻、黏液血便或脓血便等。后期肝、脾肿大而致肝硬化，腹水增多，俗称大肚子病，逐渐消瘦、贫血，常因衰竭而死亡。幸存者体质极度衰弱，成人丧失劳动能力，妇女不孕或流产，儿童发育不良。

（3）防控要点　血吸虫病的防治是一个复杂的过程，单一的防治措施很难奏效。目前我国防治日本血吸虫病的基本方针是“积极防治、综合措施、因时因地制宜”。

①控制感染来源：在疾病难以控制的湖沼地区和大山区，选用吡喹酮对病人、病畜同步进行药物治疗，驱除体内虫体，减少粪便虫卵对环境的污染，是阻断血吸虫病的有效途径之一。

②消灭中间宿主钉螺：消灭钉螺是切断血吸虫病传播的关键环节。主要措施是结合农田水利建设，改变钉螺滋生地的环境和局部地区配合使用氯硝柳胺等化学灭螺药。

③加强水、粪便管理：在疫区挖水井或安装自来水，避免人、畜接触或饮用含血吸虫尾蚴的疫水。加强终末宿主粪便管理，对粪便进行发酵处理，严防粪便污染水源。

④加强宣传教育：加强健康教育，引导人们改变自己的行为和生产、生活方式，提高农民、渔民的预防常识和自我保护意识，对预防血吸虫感染具有十分重要的作用。

2. 弓形虫病

弓形虫病又称弓形体病、弓浆虫病，是由刚地弓形虫寄生于动物和人的有核细胞引起的一种人兽共患原虫病。弓形虫病对人畜的危害极大，孕妇感染后导致早产、流产、胎儿发育畸形。动物普遍感染，多数呈隐性，但猪可大批发病，出现高热、呼吸困难、流产、神经症状和实质器官灶性坏死，间质性肺炎等，死亡率较高。

（1）流行病学　弓形虫病呈世界性分布，易感动物包括人、动物、鸟类、爬行类等。弓形虫病的感染来源很广，猫是弓形虫病的最主要的传染源，猪及人等中间宿主也是本病的主要传染源，在它们体内及排泄物（唾液、粪、尿、眼分泌物、乳汁）、肉、内脏淋巴结、腹水内带有大量的速殖子和假包囊。

虫体的不同阶段，如卵囊、速殖子和包囊均可引起感染。在动物中，猪对弓形虫最敏感，从哺乳仔猪到成年母猪均可感染发病，但对哺乳仔猪、保育猪和怀孕母猪危害最严重。猫、猪、牛、羊等哺乳动物及人除食入被卵囊、包囊污染的饲料、食物和饮水等感染外，也可发生胎内感染。弓形虫病的流行没有严格的季节性，但夏季多发，可能与温度有关。

（2）临床症状　猪对弓形虫极易感，尤其仔猪发病严重，其临床表现与猪瘟相似。表现高热（40~41℃）稽留。精神沉郁，食欲减退或废绝，下痢或便秘，仔猪以下痢为主，成年猪则便秘。头、耳、下腹部有瘀血斑或发绀。呼吸困难，有时咳嗽，有浆液性或脓性鼻液，呈腹式或犬坐式呼吸，甚至口流泡沫窒息死亡。后期出现后躯麻痹、癫痫样等神经症状。怀孕母猪流产。

人的弓形虫病主要危害儿童和免疫功能障碍的人，其症状分为先天性和后天性。先天性的发生于妇女妊娠期间，除危害妇女本人外，还引起胎儿流产、死亡或通过胎盘等使婴儿出现弓形虫病。婴儿常见的症状有脑积水、无脑儿、小头畸形、癫痫、视网膜缺陷。后天性的症状有浅表淋巴结肿大、视力下降甚至失明、脑炎、脑膜脑炎、癫痫和精神异常等。有免疫损伤和免疫抑制的病人，弓形虫感染最为危险，常常是致死性的。

（3）防控要点　加强猪的饲养管理。禁止在猪场内养猫，防止饲料、饮水被猫粪污染，同时做好灭鼠工作。禁止用屠宰废弃物作饲料。病死和可疑感染弓形虫的畜尸、流产的胎儿及排出物应烧毁或深埋。加强检疫，定期对猪群进行血清学检查，对检出阳性种猪隔离饲养或有计划淘汰。在流行地区，可采用磺胺类药物预防。

孕妇做好孕前、孕中检查。操作过肉类的手、菜板、刀具等，以及接触过生肉的物品要用肥皂水和清水冲洗。家猫最好用干饲料和烧煮过的食物喂养，定期清扫猫窝，但孕妇不要参与清扫。做好水、粪等两管五改工作，要特别注意防止可能带有弓形体卵囊的猫粪污染水源、食物和饲料等。

3. 猪囊尾蚴病

猪囊尾蚴病是由带科带属的猪带绦虫的幼虫——猪囊尾蚴寄生于猪和人的肌肉和其他器官中引起的一种寄生虫病，俗称囊虫病，其成虫寄生于人的小肠，是一种严重的人兽共患寄生虫病。

（1）流行病学　猪囊尾蚴病呈世界性分布，在我国有 26 个省、自治区、直辖市曾有报道，除东北、华北和西北地区及云南、广西与四川部分地区常发外，其余省份均为散发，长江以南地区较少，东北地区感染率较高。猪带绦虫的患者是猪囊尾蚴病的唯一传染源，患者可持续数年甚至是 20 余年向外界排出孕卵节片和虫卵，造成环境的严重污染。猪散养或采用“连茅圈”饲养，接触人粪机会增多，可造成本病的流行。生食猪肉、烹调时间过短，肉品卫生检验制度不健全易引起人的感染与发病。猪囊尾蚴病危害十分严重，不仅影响养猪业的发展，造成重大经济损失，而且给人体健康带来严重威胁，是肉品卫生检验的重点项目之一。

（2）临床症状　轻度感染的猪一般无明显症状，感染严重的猪可造成营养不良、生长受阻、贫血和肌肉水肿等。整个猪体从背面观呈哑铃或葫芦形，前面看呈狮子头形体形。由于病猪不同部位的肌肉水肿，两肩显著外展，臀部异常肥胖宽阔，头部呈大胖脸形，或前胸、后躯及四肢异常肥大。病猪走路前肢僵硬，后肢不灵活，左右摇摆，似醉酒状。某些器官严重感染时可出现相应的症状，如呼吸困难，声音嘶哑与吞咽困难，视力消失及一些神经症状，有时产生急性脑炎而突然死亡。

人感染猪囊尾蚴时，轻则躯体各部皮下发生黄豆大至蚕豆大的结节，感到胀痛，四肢无力；重则由于虫体在眼睛或大脑等部位，可引起视力减退、失明，头痛、记忆力减退以及癫痫，甚至危及患者的生命。人感染猪带绦虫后，引起食欲异常、消化不良、腹部隐痛、腹胀、恶心、呕吐等消化道症状。

（3）防控要点　大力开展宣传教育工作，人医、兽医和食品卫生部门紧密配合，开展群众性的防治活动，抓好“查、驱、检、管、改”五个环节，可使该病得到良好的控制。具体措施如下：积极普查猪带绦虫病患者，杜绝传染源；对患者进行驱虫；加强肉品卫生检验工作，严格按国家有关规程处理有病猪肉，严禁未经检验的猪肉供应市场或自行处理；管好厕所，管好猪，防止猪吃人粪便。做到人有厕所猪有圈，不使用连茅圈。人粪需经无害化处理后方可作肥料；改变饮食习惯，人不吃生的或未煮熟的猪肉。

4. 肝片吸虫病

肝片吸虫病又称肝蛭病，是由片形科片形属的肝片吸虫寄生于牛、羊等反刍动物及人肝胆管引起的疾病。该病常呈地方性流行，能引起急性或慢性肝炎和胆管炎，并伴发全身性中毒现象和营养障碍，危害相当严重，特别对幼畜和绵羊，可以引起大批死亡。其慢性病程中，常使牛、羊消瘦、发育障碍，生产力下降，病肝成为废弃物。

（1）流行病学　肝片吸虫病分布于全国各地，在华南、华中和西南地区较常见。主要寄生于各种反刍动物的肝胆管中，猪、马属动物及人也可被感染。本病呈地方性流行，多发生在低洼和沼泽地带的放牧畜群内。常年均可感染，但以夏、秋两季最为严重。牛、羊等动物因食入含囊蚴的饲草和饮水而经口感染。

(2) 临床症状　急性型主要发生在夏末和秋季，多发于绵羊，是由于短时间内随草吃进大量囊蚴（2000 个以上）后 2~6 周发病。病初食欲大减或废绝，精神沉郁，可视黏膜苍白，红细胞数和血红蛋白显著降低，体温升高，偶尔有腹泻，通常在出现症状后 3~5d 死亡。

慢性型多发于冬、春季。吞食中等量囊蚴（200~500 个）4~5 个月后发生。主要表现为渐进性消瘦，贫血，食欲不振，被毛粗乱，眼睑、颌下水肿，有时也发生胸、腹下水肿。后期可能卧地不起，最后死亡。

牛多呈慢性经过，犊牛症状较成年牛明显。除上述羊的症状外，常表现顽固性前胃弛缓与腹泻，周期性瘤胃臌胀，严重感染者亦可引起死亡。

人感染后多表现为高热及胃肠道症状，如恶心、呕吐、腹胀、腹痛、腹泻及便秘，多数病人有肝肿大，少数病人出现脾肿大及腹水等。

(3) 防控要点

①预防性驱虫：驱虫的时间和次数可根据流行区的具体情况而定。针对急性病例，可在夏、秋季选用肝蛭净等对童虫效果好的药物。针对慢性病例，北方全年可进行两次驱虫，第一次在冬末春初，由舍饲转为放牧之前进行；第二次在秋末冬初，由放牧转为舍饲之前进行。南方终年放牧，每年可进行 3 次驱虫。

②生物发酵处理粪便：可应用堆积发酵法处理家畜粪便，杀死其中的病原，以免污染环境。

③消灭中间宿主小土埚螺：可采用改造低洼地、养殖水禽或使用化学灭螺药等方法，以减少螺的滋生。

④合理放牧：不要在低洼、潮湿、多囊蚴的地方放牧。在牧区有条件的地方，实行划地轮牧，降低牛、羊感染的机会。

⑤保证饮水和饲草卫生：最好饮用井水或质量好的流水，将低洼潮湿地的牧草割后晒干再喂牛、羊。

5. 利什曼原虫病

利什曼原虫病是由利什曼原虫寄生在人和犬、野生动物、爬行类动物中的一种常见的人兽共患原虫病。该病能引起皮肤或内脏器官的严重损害甚至坏死。

(1) 流行病学　本病主要在亚洲、非洲、欧洲以及中南美洲的部分国家和地区流行。其中，在印度和地中海地区流行最盛。近几年，世界范围内利什曼原虫病的发病率呈上升趋势。

利什曼原虫病又称黑热病，在中华人民共和国成立前和初期，本病在我国长江以北各省、自治区、直辖市的流行十分广泛。自20世纪50年代以来，我国该病的防治取得了显著的成果，大部分地区已基本消灭。近年来，在新疆、甘肃、内蒙古、四川、陕西和山西等省、自治区有疫情报道。

传染源为病人和病犬。我国犬利什曼原虫病分布与病人传播关系各地不一致，说明本病的传播与自然环境关系密切。

世界报道的利什曼原虫病传播媒介白蛉有10余种。我国已发现有4种白蛉可传播利什曼原虫病，其中主要媒介是中华白蛉。

（2）临床症状　犬利什曼原虫病的症状表现多样，幼犬有中度体温波动，并呈现渐进性贫血和消瘦。可自然康复，也可衰竭而死。有些因脾肿大出现腹水，淋巴结肿大和腹痛，后期在耳、鼻、眼的周围有脱毛，皮脂外溢，生有结节并出现溃疡。

人感染利什曼原虫病，患者主要表现食欲不振，体重减轻，周身不适，疲倦和衰弱，全身淋巴结肿大，头痛、不规则或间歇发热，伴有大汗，贫血。严重感染病人的面部、四肢及躯干皮肤出现结节，并可有某种程度的逐渐变黑。80%~90%有临床症状而未经治疗的病人因衰竭而死亡。

（3）防控要点　捕杀病犬，犬为山丘疫区的主要传染源，捕杀病犬对这些地区利什曼原虫病的预防具有重要意义。防止白蛉的叮咬是预防本病的重要环节。针对白蛉的生态习性采取溴氰菊酯喷洒等措施，可达到对其杀灭的目的。

6. 旋毛虫病

旋毛虫病是由毛尾目、毛形科、毛形属的旋毛虫寄生于多种动物和人所引起的一种人兽共患寄生虫病。成虫寄生于小肠，称肠旋毛虫；幼虫寄生于肌肉，称肌旋毛虫。该病是肉品卫生检验的重要项目之一，在公共卫生上意义十分重要。

（1）流行病学　旋毛虫分布于世界各地，宿主包括人、猪、鼠、犬、猫等150多种动物。

我国已在20多个省、自治区、直辖市发现动物和人感染旋毛虫，其中尤以黑龙江、西藏、云南、湖北、河南等省、自治区动物及人的旋毛虫感染尤为严重。

一般认为猪感染旋毛虫主要是吞食了病死的老鼠。用生的废肉屑、洗肉水和含有生肉屑的垃圾喂猪都可以引起旋毛虫病流行。

人感染旋毛虫的主要途径是生食或食入未煮熟的各种肉类及其制品，或被旋毛虫幼虫污染的食品。

（2）临床症状　旋毛虫对猪和其他动物的致病力轻微，几乎无任何可见症状。重度感染时，临床上有疼痛或麻痹，运动障碍，声音嘶哑，呼吸和咀嚼障碍及消瘦等症状，有时眼睑和四肢水肿，极少有死亡。

旋毛虫主要危害人，不仅可导致患者发热、肌肉酸痛、腹痛、腹泻，吞咽和咀嚼障碍，行走和呼吸困难，眼睑水肿，食欲不振，显著消瘦。严重感染时也导致死亡。

（3）防控要点　加强卫生宣传，改变饮食习惯，提倡各种肉品熟食，生熟分开，防止旋毛虫幼虫对食品及餐具的污染。在旋毛虫病流行严重的地区，猪只不可放牧饲养，不用生的废肉屑和泔水喂猪。同时做好灭鼠工作，防止饲料污染。

加大对各种肉品卫生检疫力度，对检出的旋毛虫肉品及内脏，严格按照相关流程进行生物安全处理，即检疫中一经发现有旋毛虫包囊和钙化虫体者，头、胴体和心脏作工业用、干性化制或销毁。

7. 棘球蚴病

棘球蚴病，又名包虫病，是由带科棘球绦虫的中绦期——棘球蚴寄生于牛、羊、猪、马、骆驼等动物和人的肝、肺及其他器官内引起的一种严重的人兽共患寄生虫病。由于蚴体呈囊泡状，不仅压迫周围组织使之萎缩和功能障碍，还易造成继发感染；如果蚴体囊泡破裂，可引起过敏反应，导致休克，甚至死亡。

（1）流行病学　本病通常呈慢性经过，危害严重；同时呈世界性分布，尤以牧区最为多见。在我国 20 个省份报道有此病发生，其中以新疆、西藏、青海、四川西北部牧区发病率最高。在牧区，牧羊犬和野犬是人和动物棘球蚴的主要传染源。犬粪便中排出的虫卵及孕卵节片污染牧地及饮水而引起牛、羊等家畜的感染，而牧羊犬常吃到带棘球蚴的动物内脏，造成该病在家畜与犬之间的循环感染。人常因直接接触犬，致使虫卵粘在手上或误食了被虫卵污染的瓜果、蔬菜而经口感染。

（2）临床症状　寄生数量少时，牛、羊表现消瘦、被毛粗糙逆立、咳嗽等症状。多量虫体寄生时，肝、肺高度萎缩，患畜逐渐消瘦，呼吸困难或轻度咳嗽，剧烈运动时症状加剧。肋下出现肿胀和疼痛，最终因恶病质或窒息而死亡。猪的症状不如牛、羊明显。

人感染棘球蚴时可出现食欲减退、消瘦、贫血、儿童发育不良，肝区疼痛，咳嗽、呼吸急促等症状，严重者导致呼吸困难。如棘球蚴破裂，引起过敏性休克，甚至猝死。

（3）防控要点　对犬定期驱虫，粪便进行无害化处理，避免饲料、水源被犬粪污染。严格执行屠宰牛、羊的兽医卫生检验及屠宰场的卫生管理，发现棘球蚴应销毁，严禁喂犬。常与犬接触的人员应注意清洁卫生，防止从犬的被毛等处沾染虫卵而误食。

8. 姜片吸虫病

姜片吸虫病是由布氏姜片吸虫寄生在猪小肠引起的吸虫病。可引起猪贫血、腹痛、腹泻等症状，甚至引起死亡。主要流行于以水生植物为饲料的亚洲温带和亚热带地区，我国南方和中部地区常见。该病是影响仔猪生长发育和儿童健康的一种重要人兽共患寄生虫病。偶见于犬和野兔。

(1) 流行病学　姜片吸虫病主要传染源是病猪和人。该病往往呈地方性流行，主要发生在以水生植物为饲料喂猪的地区。人常因生食菱角等水生植物而感染。每年 5~7 月开始流行，6~9 月是感染的最高峰，5~10 月是该病的流行季节。猪一般在秋季发病较多，也有延至冬季。本病主要危害幼猪，以 5~8 月龄感染率最高，之后随着年龄增长感染率下降。

(2) 临床症状　幼猪发育不良，被毛稀疏无光泽；精神沉郁、低头、流涎、眼黏膜苍白水肿，尤其以眼睑和腹部较为明显。食欲减退、消化不良。有腹泻症状，粪便稀薄，混有黏液。初期无体温变化，到后期体温微高，最后虚脱致死。

(3) 防控要点　根据姜片吸虫的生活史和本病的流行病学特点，采取综合性的防治措施。

①定期驱虫，每年温度到达 26~36℃的季节是该病的感染季节，驱虫 1~2 次，可以选吡喹酮、硝硫氰胺等多种药物交替使用。

②在流行区，人粪与猪粪应同样加以管理，粪便堆积发酵处理。

③不要采摘水生植物喂猪，流行地区的青饲料应加热或经青贮发酵后喂猪。

④消灭中间宿主扁卷螺，在每年秋末冬初比较干燥的季节，挖塘泥积肥，晒干塘泥，以杀灭螺。低洼地区，塘水不易排净时，则以化学药品灭螺，如用 0.0002%~0.001%的硫酸铜、0.1%的生石灰、0.01%茶籽饼等。

⑤防止病原传入，从外地买回的猪只应隔离检查，证明无虫或经驱虫后，再合群饲养。

9. 猪肉孢子虫病

猪肉孢子虫病是由肉孢子虫属的一些原虫寄生于猪及人体的肌肉所引起的以肌肉病变为主的一种寄生虫病。1865 年 Kuhn 氏首次在猪的舌肌和心肌中发现猪肉孢子虫。猪肉孢子虫病在猪体内感染比较严重，胴体大量虫体寄生导致肌肉变性、变色不能食用。

(1) 流行病学

①猪肉孢子虫病流行于世界各地。各种年龄和品种的猪均可感染。

②传染源是终末宿主粪便中的孢子囊和卵囊。

③猪肉孢子虫感染情况与人们的生活方式和动物的饲养管理模式有关。另外，感染率也随年龄增长而有增高的趋势，成年动物的感染率明显高于幼龄动物。

④孢子囊和卵囊对外界环境的抵抗力极强，在4℃下可存活1年以上，-18℃可存活8周。包囊内的慢殖子在适宜的温度下可存活1个月以上，但对高温和冷冻敏感，60~70℃，10min灭活；-20℃存放3d即可灭活。

（2）临床症状　临床症状不明显。由猪猫肉孢子虫引起的，可发生腹泻、肌炎、跛行、衰弱等。由米氏和猪肉孢子虫引起的，则出现急性症状，高热、贫血、全身出血、母猪流产等。

（3）防控要点　预防的关键是切断猪肉孢子虫的传染途径。

①各屠宰场和动物卫生监督机构均应做好肉品的卫生检验工作，对带虫肉品必须进行无害化处理。

②防止终末宿主感染。严禁用生肉喂犬、猫等终末宿主；因人也可能感染猪肉孢子虫病，应注意个人的饮食卫生，不吃生的或未煮熟的肉品。

③严禁犬、猫及其他肉食动物接近猪场，避免其粪便污染饲料和水源。

（二）牛、羊寄生虫病的防控

1. 莫尼茨绦虫病

莫尼茨绦虫病是由裸头科莫尼茨属的扩展莫尼茨绦虫和贝氏莫尼茨绦虫寄生于牛、羊等反刍动物的小肠内引起的。该病是反刍动物最主要的寄生虫病之一，分布非常广泛，多呈地方性流行。对羔羊和犊牛的危害尤为严重，可以造成大批死亡。

（1）流行病学　莫尼茨绦虫病呈世界性分布，我国各地均有报道，我国北方，尤其是广大牧区严重流行，每年都有大批羊死于该病。该病主要危害羔羊。随着年龄的增加，羊的感染率和感染强度逐渐下降。

本病目前已报道的中间宿主——地螨的种类有30余种。大量的地螨分布在潮湿、肥沃的土壤里，耕种3~5年的土壤里地螨数量很少。在下雨后的牧场上，地螨的数量显著增加。地螨耐寒，可以越冬，春天气温回升后，地螨开始活动，但对干燥和热很敏感，气温在30℃以上、地面干燥或日光照射时，地螨多从草上钻入地面下。一般认为，地螨在早晨和黄昏时活动较多；晴天少，阴天多。本病流行有明显的季节性，这与地螨的分布、习性有密切的关系，各地的主要感染期有所不同。南方气温回升早，当年生羔羊的感染高峰一般在4~6月。北方气温回升晚，其感染高峰一般在5~8月。

（2）临床症状　莫尼茨绦虫生长速度快，夺取了大量的营养，导致病畜消瘦。虫体大，寄生数量多时可造成肠阻塞，甚至肠破裂。虫体的毒素作用可以引起幼畜的神经症状，如回旋运动、痉挛、抽搐、空口咀嚼等。

莫尼茨绦虫主要危害羔羊、犊牛等幼龄反刍动物。其主要临床表现为食欲减退、饮欲增加、消瘦、贫血、精神不振、腹泻，粪便中有时可见孕节。症状逐渐加剧，后期有明显的神经症状，最后卧地不起，衰竭死亡。

(3) 防控要点　应根据当地的流行病学因素和生活史特点来制定预防措施。

①定期驱虫：由于莫尼茨绦虫病主要危害羔羊和犊牛，对幼畜应在春季放牧后 4~5 周时进行成虫期前驱虫，间隔 2~3 周后，进行第 2 次驱虫。成年动物是重要的传染源，因此，在流行区，应有计划地驱虫。

②粪便处理：驱虫后的粪便要集中处理，杀死其中的虫卵，以免污染草场。圈养的羊所排粪便要及时清扫，并进行集中发酵处理。

③避开中间宿主，安全放牧：根据当地特点，应采取措施，尽量减少地螨的污染程度，如实行轮牧轮种，土地经过几年耕种后，地螨可大大减少。提高放牧技术，尽量避免在阴湿牧地或清晨、黄昏等地螨活动高峰时放牧。经常检测草场阳性地螨的情况，防止牛、羊的严重感染。

2. 多头蚴病

多头蚴又称脑包虫，是多头带绦虫的中绦期，寄生于牛、羊、骆驼等动物的大脑内，有时也能在延脑或脊髓中发现；人也能偶尔感染。它是危害绵羊和犊牛的严重的寄生虫病。成虫寄生于犬、狼、狐狸的小肠。

(1) 流行病学　多头蚴病的主要传染源是牧羊犬。该病分布极其广泛，全国各地均有报道，在西北、东北及内蒙古等牧区多呈地方性流行。两岁前的羔羊多发，全年都可见到因本病而死亡的动物。全价饲料饲养的羔羊和犊牛，对本病的抵抗力强，很少发生该病。

(2) 临床症状　当脑多头蚴寄生于羊时，有典型的神经症状和视力障碍，全过程可分为前期与后期两个阶段。

前期为急性期。由于感染初期六钩蚴移行到脑组织，引起脑部的炎性反应。病羊（尤其羔羊）体温升高，脉搏、呼吸加快，甚至有的强烈兴奋，患羊作回旋、前冲或后退运动。有些羔羊可在 5~7d 因急性脑炎而死亡。

后期为慢性期，患羊耐过急性期后即转入慢性期。在一定时间内，动物不表现临床症状。随着脑多头蚴的发育增大，逐渐产生明显症状，症状取决于虫体的寄生部位。由于虫体寄生在大脑半球表面的概率最高，其典型症状为转圈运动。因此，通常又将脑多头蚴病称为回旋病。其转圈运动的方向与寄生部位是一致的，即头偏向病侧，并且向病侧作转圈运动。脑多头蚴包囊越小，转圈越大，包囊越大，圈转得越小。寄生于大脑额骨区时，头下垂，向前直线奔跑或呆立不动，常将头抵在任何物体上；寄生于枕骨区时，头高举，后腿可能倒地不起，颈部肌肉强直性痉挛或角弓反张，对侧眼失明；寄生于小脑时，表现知觉过敏，容易悸恐，行走时出现急促步样或步样蹒跚，磨牙，流涎，平衡失调，痉挛；寄生于腰部脊髓时，引起渐进性后躯及盆腔脏器麻痹。

(3) 防控要点　防止犬吃到含脑多头蚴的牛、羊等动物的脑及脊髓；对饲养的犬进行定期驱虫，排出的粪便应深埋、烧毁或利用堆积发酵等方法杀死其中的虫卵，避免虫卵污染环境。

3. 捻转血矛线虫病

捻转血矛线虫属于毛圆科线虫，寄生于牛、羊和其他反刍动物的胃和小肠，是危害家畜较严重的一种线虫病，由于虫体刺破胃黏膜吮血，引起黏膜损伤、发炎、出血，最终导致患畜消瘦、贫血，甚至死亡。

(1) 流行病学　捻转血矛线虫成虫寿命大约1年。雌虫产卵多，每天可产卵5000~10000个。第3期幼虫对外界因素的抵抗力较强。在干燥环境中可生存活1年半，在潮湿的土壤中可存活3~4个月，且耐低温，可在牧地上越冬，等到春季到来的时候，一旦牛、羊由舍饲转到牧场上，就会大量感染。故我国许多地区，尤其西北牧区存在着明显的捻转血矛线虫“春季高潮”。

牛、羊粪和土是幼虫的隐蔽场所。感染性幼虫有背地性和向光性反应，在温度、相对湿度和光照适宜时，幼虫就从羊粪或土壤中爬到草上，环境不利时，又回到土壤中隐蔽，幼虫受土壤的庇护，得以延长其生活时间，故牧草受幼虫污染，土壤为其来源。

羊捻转血矛线虫病有一个重要的特点是自愈现象，这是初次感染产生的抗体和再感染时的抗原物质相结合而引起的一种过敏反应。羊只表现为真胃黏膜水肿，这种水肿造成对虫体不利的生活环境，导致原有的虫体被排除和不再发生感染。这种自愈反应没有特异性，既可以引起真胃其他线虫的自愈，还可以引起肠道线虫的自愈，可能是由于它们有共同的抗原。

(2) 临床症状　虫体吸血时或幼虫在胃肠黏膜内寄生时，都可使胃肠组织的完整性受到损害，引发局部炎症，使胃肠的消化、吸收功能降低。寄生虫的毒素作用也可干扰宿主的造血功能，使贫血更加严重。因此本病最重要的特征是贫血和衰弱。

急性型的以肥羔羊突然死亡为特征，死亡多发生在春季，与春季高潮和春乏有关。病死羊眼结膜苍白、高度贫血。亚急性型的特征是显著的贫血，患羊眼结膜苍白，下颌及腹下水肿，腹泻或顽固性下痢，有时便中带血，有时便秘与腹泻交替，精神沉郁，食欲不振，被毛粗乱，放牧时落群，甚至卧地不起；可因衰竭而死亡。轻度感染时，呈带虫现象，但污染牧地，成为传染源。

(3) 防控要点

①加强饲养管理：提高营养水平，尤其在冬春季节应合理地补充精料和矿

物质，提高畜体自身的抵抗力。注意饲料、饮水的清洁卫生，放牧牛、羊应尽可能避开潮湿地带，尽量避开幼虫活跃的时间，以减少感染机会。

②应进行计划性驱虫：对全群牛、羊计划性驱虫，传统的方法是在春、秋各进行一次。但针对北方牧区的冬季幼虫高潮，在每年的春节前后驱虫一次，可以有效地防止春季高潮（成虫高潮）的到来，避免春乏的羊大批死亡，减少经济损失。

③定期粪检：在流行区的流行季节，通过粪便检查，经常检测牛、羊群的带虫情况，防治结合，减少传染源，同时应对计划性或治疗性驱虫后的粪便集中管理，采用生物热发酵的方法杀死其中的病原，以免污染环境。

④轮牧：有条件的地方，可以实行划地轮牧或不同种畜间进行轮牧等，以减少羊感染机会。

⑤免疫预防：利用 X 射线或紫外线等，将幼虫致弱后接种牛、羊，在国外已获成功。

4. 仰口线虫病

仰口线虫病又称钩虫病，是由钩口科仰口属的牛仰口线虫和羊仰口线虫引起的一类线虫病，以贫血为主要特征的寄生虫病，寄生于牛、羊的小肠。该病广泛流行于我国各地，对牛、羊的危害很大，并可以引起死亡。

（1）流行病学　仰口线虫分布于全国各地，在比较潮湿的草场放牧的牛、羊流行更严重。虫卵和幼虫在外界环境中的发育与温度、相对湿度有密切的关系。最适宜的是潮湿的环境和 1～14℃的温度，温度低于 8℃，幼虫不能发育，35～38℃时，仅能发育成 1 期幼虫，感染性幼虫在夏季牧场上可以存活 2～3 个月，在春、秋季生活时间较长，严寒的冬季气候条件对幼虫有杀灭作用。

牛、羊可以对仰口线虫产生一定的免疫力，产生免疫后，粪便中的虫卵数减少，即使放牧于严重污染的牧场，虫卵数亦不增高。

（2）临床症状　仰口线虫的致病作用主要有吸食血液、毒素作用及移行引起的损伤。仰口线虫以其强大的口囊吸附在小肠壁上，用切板和齿刺破黏膜，大量吸血。成虫在吸血时频繁移位，同时分泌抗凝血酶，使损伤局部血液流失。其毒素作用可以抑制红细胞的生成，使牛、羊出现再生障碍性贫血。

因此，临床可见患病牛、羊进行性贫血，严重消瘦，下颌水肿，顽固性下痢，粪便带血。幼畜发育受阻，有时出现神经症状，如后躯无力或麻痹，最后陷入恶病质而死亡。

（3）防控要点　定期驱虫，舍饲时应保持厩舍清洁干燥、严防粪便污染饲料和饮水，避免牛、羊在低湿地放牧或休息等。其他措施可参考捻转血矛线虫病。

5. 食道口线虫病

食道口线虫病是由盅口科食道口属的几种线虫寄生于羊等反刍动物的大肠所引起的。由于食道口线虫的幼虫可在寄生部位的肠壁上形成结节，故该病又称为结节虫病。该病在我国各地的牛、羊中普遍存在，可使有病变的肠管因不能制作肠衣而降低其经济价值，严重感染时，亦可降低牛、羊的生产力，给畜牧业经济造成较大的损失。

（1）流行病学　牛、羊食道口线虫虫卵在相对湿度48%~50%，平均温度为11~12℃时，可生存60d以上，在低于9℃时，虫卵不能发育。第1、第2期幼虫对干燥敏感，极易死亡。第3期幼虫有鞘，抵抗力较强，在适宜条件下可存活几个月，但冰冻可致死。温度在35℃以上时，所有的幼虫均迅速死亡。感染性幼虫适宜于潮湿的环境，尤其是在有露水或小雨时，幼虫便爬到青草上。因此，牛、羊的感染主要发生在春、秋季，且主要侵害羔羊和犊牛。

（2）临床症状　临床症状的有无及严重程度与感染虫体的数量和机体的抵抗力有关。如1岁以内的羊寄生80~90条，年龄较大的羊寄生200~300条虫体时，即为严重感染。患羊、仔猪初期表现为持续性腹泻，粪便呈暗绿色，有很多黏液，有时带血。慢性病例患畜则表现为便秘和腹泻交替发生，渐进性消瘦，下颌水肿，最后可因机体衰竭而死亡。

（3）防控要点　定期驱虫，加强营养。及时清理粪便，保持饲草和饮水卫生，改善牧场环境。提高放牧技术，避免牛、羊在感染季节到污染严重的牧场放牧等。

6. 羊鼻蝇蛆病

羊鼻蝇蛆病是由羊狂蝇的幼虫寄生于羊的鼻腔及其附近的腔窦中引起的，呈现慢性鼻炎症状。

（1）流行病学　该病在我国北方广大地区较为常见，流行严重的地区感染率可高达80%。本虫在北方较冷地方每年仅繁殖一代；而在温暖地区，每年可繁殖两代。绵羊的感染率比山羊高。

（2）临床症状　成虫在侵袭羊群产幼虫时，羊只不安，互相拥挤，频频摇头、喷鼻，或以鼻孔抵于地面，或以头部埋于另一羊的腹下或腿间，严重扰乱羊的正常生活和采食，羊生长发育不良且消瘦。当幼虫在羊鼻腔内固着或移动时，以口前钩和体表小刺机械地刺激和损伤鼻黏膜，引起黏膜发炎和肿胀，有浆液性分泌，后转为脓性黏液，间或出血，鼻腔流出浆液性或脓性鼻液，鼻液在鼻孔周围干涸，形成鼻痂，并使鼻孔堵塞，呼吸困难。患羊表现为打喷嚏、摇头、甩鼻子、磨牙、磨鼻、眼睑浮肿、流泪、食欲减退、日益消瘦。数月后症状逐步减轻，但到发育为第3期幼虫，虫体变硬，增大，并逐步向鼻孔移行，症状又有所加剧。少数第1期幼虫可能进入鼻窦，虫体在鼻窦中长大后，不能返回鼻腔，而致鼻窦发炎，甚或病害累及脑膜，此时可出现神经症状，最终死亡。

(3) 防控要点　每年蚊虫活动季节结束时，用伊维菌素或爱比菌素，按每千克体重 0.2mg，一次皮下注射，可有效地预防羊鼻蝇蛆病。

在流行地区，最好每年夏秋季节进行有计划的驱虫工作，药物可用敌百虫，配成1%~2%的水溶液，向每一侧鼻孔内注入 5~10mL。注药可用注射器，前端装一胶管，给药时将羊头抬高，使下颌与地面平行，或使羊仰卧，使头与地面成45°，再将胶管插入鼻孔，徐徐注入药液，注完后，使羊保持原姿势片刻，然后放开。

7. 阔盘吸虫病

阔盘吸虫病是由双腔科阔盘属的胰阔盘吸虫、腔阔盘吸虫、支睾阔盘吸虫等寄生于牛、羊等反刍动物胰管引起的疾病。偶尔寄生于胆管和十二指肠。主要特征为严重感染时表现营养障碍、腹泻、消瘦、贫血、水肿。

(1) 流行病学　传染源为患病或带虫牛、羊等反刍动物。以胰阔盘吸虫和腔阔盘吸虫流行最广，与陆地螺和草螽的分布广泛有关。7~10 月草螽最为活跃，被感染后活动能力降低，故很容易被放牧牛、羊随草一起吞食。多在冬、春季节发病。

(2) 临床症状　阔盘吸虫病的症状取决于虫体寄生的数量和动物的体质。寄生数量少时，不表现临床症状。严重感染的牛、羊，常发生代谢失调和营养障碍，表现为消化不良、精神沉郁、消瘦、贫血、颌下及胸前水肿、腹泻、粪便中带有黏液，最终可因恶病质而死亡。

(3) 防控要点　应根据当地情况采取综合措施。定期驱虫、消灭病原体；消灭中间宿主，切断其生活史；有条件的地方，实行划地轮牧，以净化草场；加强饲养管理，防止牛、羊感染等。

8. 巴贝斯虫病

牛巴贝斯虫病是由巴贝斯属的双芽巴贝斯虫和牛巴贝斯虫等寄生于牛的红细胞内所引起的血液原虫病。该病经蜱传播，故又称为蜱热。临床上常出现血红蛋白尿，又称红尿热。主要特征为高热、贫血、黄疸、血红蛋白尿。该病对牛的危害很大，各种牛均易感染，尤其是从非疫区引入的易感牛，如果得不到及时治疗，死亡率很高。

(1) 流行病学　传染源为患病或带虫牛，虫体存在于血液中。经皮肤感染。双芽巴贝斯虫可经胎盘传播给胎儿。传播蜱主要为微小牛蜱。

凡有传播蜱存在的地区均有本病流行。由于传播蜱的分布具有地区性，活动具有季节性，因此，本病的发生与流行也具有明显的地区性和季节性，每年春末至秋季均可发病。由于主要传播蜱在野外发育繁殖，所以本病多发生于放牧时期，舍饲牛则发病较少。

两岁以内的犊牛发病率高，但症状较轻，死亡率低。成年牛发病率低，但症状较重，死亡率高，尤其是老、弱及使役过度的牛发病更加严重。纯种牛及外地引进牛易发病，发病较重且死亡率高，而当地牛具有一定的抵抗力。

（2）临床症状　潜伏期为8~15d。病初表现高热稽留，体温可达40~42℃，脉搏和呼吸加快，精神沉郁，食欲减退甚至废绝，反刍迟缓或停止，便秘或腹泻，乳牛泌乳减少或停止，妊娠母牛常发生流产。病牛迅速消瘦，贫血，黏膜苍白或黄染。由于红细胞被大量破坏而出现血红蛋白尿，治疗不及时的重症病牛可在4~8d死亡，死亡率可达50%~80%。慢性病例，体温在40℃上下持续数周，食欲减退，渐进性贫血和消瘦，需经数周或数月才能恢复健康。幼龄病牛中度发热仅数日，轻度贫血或黄染，退热后可康复。

在出现血红蛋白尿时进行实验室检查，可见血液稀薄，红细胞数降至200万/mm^3以下，血沉加快，红细胞着色淡，大小不均，血红蛋白减少到25%左右。白细胞在病初变化不明显，随后数量可增加3~4倍，淋巴细胞增加，中性粒细胞减少，嗜酸性粒细胞降至1%以下或消失。

（3）防控要点　做好灭蜱工作，实行科学轮牧。在蜱流行季节，牛尽量不到蜱大量滋生的草场放牧，必要时可改为舍饲；加强检疫，对外地调进的牛，特别是从疫区调进时，一定要检疫后隔离观察，患病或带虫者应进行隔离治疗；在发病季节，可用咪唑苯脲进行预防，对双芽巴贝斯虫和牛巴贝斯虫可分别产生60d和21d的保护作用。

9. 泰勒虫病

泰勒虫病是由泰勒科泰勒属的原虫寄生于牛、羊等动物的巨噬细胞、淋巴细胞和红细胞内引起的疾病。主要特征为高热稽留、贫血、黄染、体表淋巴结肿大，发病率和死亡率都很高。

（1）流行病学　传染源为患病或带虫牛，虫体存在于血液中。经皮肤感染。一种泰勒虫可以由多种蜱传播。本病随着传播蜱的季节性消长而呈明显的季节性变化。环形泰勒虫病主要流行于5~8月，6~7月为发病高峰期，因其传播蜱（璃眼蜱）为圈舍蜱，故多发生于舍饲牛。瑟氏泰勒虫病主要流行于5~10月，6~7月为发病高峰期，传播蜱（血蜱）为野外蜱，故本病多发生于放牧牛。

（2）临床症状　潜伏期14~20d，多呈现急性经过。病初表现高热稽留，体温高达40~42℃，体表淋巴结（肩前、腹股沟浅淋巴结）肿大，有痛感，眼结膜初充血、肿胀，后贫血黄染；心跳加快，呼吸增快；食欲大减或废绝，有的出现啃土等异嗜现象，个别出现磨牙；颌下、胸腹下水肿。中后期在可视黏膜、肛门、阴门、尾根及阴囊等处出现出血点或出血斑；病牛迅速消瘦，严重贫血，红细胞数减少至 300 万/mm^3 以下，血红蛋白降至 20%~30%，血沉加快；肌肉震颤，卧地不起。多在发病后 1~2 周死亡。濒死前体温降至常温以下。耐过病牛成为带虫者。

（3）防控要点　我国已成功研制出环形泰勒虫裂殖体胶冻细胞疫苗，接种 20d 后产生免疫力，免疫保护期在 1 年以上，但对瑟氏泰勒虫和羊泰勒虫无交叉免疫保护作用。在流行区内，根据发病季节，在发病前使用磷酸伯氨喹啉或三氮脒，预防期约 1 个月，亦有较好的效果。注意圈舍灭蜱，可向墙缝喷洒药物。在发病季节应尽量避开山地、次生林地等蜱滋生地放牧；在引进牛时，应进行体表蜱及血液寄生虫学检查。

（三）马属动物寄生虫病的防控

1. 裸头绦虫病

裸头绦虫病是由裸头属和副裸头属绦虫寄生于马属动物的小肠及盲肠所引起的一类寄生虫病。我国各地均有发生，对幼驹危害严重，可导致高度消瘦，甚至因肠破裂而引起死亡。

（1）流行病学　该病在我国西北和内蒙古牧区常呈地方性流行，东北牧区发生较少，以两岁以下的幼驹感染率最高。马匹多在夏末秋初感染，至冬季和次年春季出现症状。

（2）临床症状　主要表现为慢性消耗性的症候群，如消化不良，间歇性疝痛和下痢等。

（3）防控要点　改变放牧习惯，如日出前、日落后不放牧，雨天尽可能改为舍饲，减少马匹感染的机会。对马匹进行预防性驱虫，驱虫后的粪便应集中堆积发酵，杀灭虫卵。

2. 尖尾线虫病

马尖尾线虫病又称马蛲虫病，是由马尖尾线虫寄生于马属动物的盲肠和结肠内所引起，分布于世界各地。

（1）流行病学　本病多见于 1 岁以下的幼驹和老龄马。虫卵在适宜环境中可存活数周，干燥时不超过 12h，冰冻时不超过 20h。

（2）临床症状　患马肛门部剧痒，常以臀部抵于其他物体上擦痒，引起尾根部和坐骨部脱毛，剧烈肛痒，会阴部发炎，进而发生湿疹。如果虫体过多，可引起肠黏膜损伤，有时发生溃疡，或大肠发炎。

（3）防控要点　搞好厩舍、饲养工具、饲料、饮水及马体等卫生；发现病马应迅速隔离治疗。

3. 马胃蝇蛆病

马胃蝇蛆病是胃蝇属各种幼虫寄生于马、驴、骡的胃肠道中引起的一种慢性寄生虫病。马胃蝇幼虫（蛆）除寄生于马等单蹄动物外，偶尔也寄生于兔、犬、猪和人的胃内。

（1）流行病学　本病在我国各地普遍存在，尤其是东北、西北、内蒙古等地感染率最高。

干旱、炎热和饲养管理不良有利于本病流行。多雨、阴天不利于马胃蝇发育。成蝇活动季节多在5~9月，以8~9月最盛。

（2）临床症状　发病初期，幼虫引起口腔、舌部和咽喉部水肿、炎症甚至溃疡。病马表现咀嚼、吞咽困难，咳嗽、流涎、打喷嚏，有时饮水从鼻孔流出。感染严重时，病马食欲减退、消化不良、贫血、消瘦、腹痛等，甚至逐渐衰竭死亡。

（3）防控要点　预防措施应在当地虫体生态及流行病学基础上大范围进行。加强饲养管理，秋冬定期驱虫。驱出的成熟虫体，有的仍有化蛹的可能，要注意收集，深埋或焚烧。

4. 马媾疫

马媾疫是由锥虫属的马媾疫锥虫寄生于马属动物的生殖器官而引起的慢性原虫病。世界上许多国家和地区均有流行。我国的内蒙古、陕西、河南、安徽、河北等省、自治区也有发生。

（1）流行病学　自然情况下，仅马属动物对媾疫锥虫有易感性。本病主要是健马与病马交配时发生感染，有时也可通过未经严格消毒的人工授精器械和用具等感染，故本病多发于配种季节之后。马媾疫锥虫进入马体后，如果马匹抵抗力强，则不出现明显临床症状，而成为带虫马。带虫马是马媾疫的主要传染源。

（2）临床症状　本病的潜伏期一般为8~28d，少数长达3个月。病马胸腹和臀部等处的皮肤上出现无热、无痛的扁平丘疹，直径为5~15cm，呈圆形或马蹄形，中央凹陷，周边隆起，界限明显。其特点是突然出现，迅速消失（数小时到一昼夜），然后再出现；出现腰神经与后肢神经麻痹，表现步样强拘，后躯摇晃和跛行等，症状时轻时重，反复发作，容易误诊为风湿病。少数病马有面神经麻痹，如唇歪斜，一侧耳及眼睑下垂。

（3）防控要点　预防应抓住下面几个环节。

①在疫区，配种季节前对公马和繁殖母马进行一次检疫，包括临床检查和血清学试验。对阳性或可疑母马进行治疗。发病公马一律阉割。对健康马和采精用的公马，在配种前用安锥塞预防盐进行注射。

②对新调入的种公马或繁殖母马，须进行严格的隔离检疫，每隔1个月1次，共3次。

③大力开展人工授精，用具和工作人员的手及手套应注意消毒。

④1 岁以上或阉割不久的公马，应与母马分开饲养。没有种用价值的公马，应早日阉割。

（四）猪寄生虫病的防控

1. 猪蛔虫病

猪蛔虫病是由猪蛔虫寄生在猪的小肠引起的一种线虫病，在养猪场感染普遍，分布广泛，对养猪业危害极大。特别是在不卫生的猪场和营养不良的猪群中，感染率很高，一般都在 50%以上。

（1）流行病学　猪蛔虫病流行广泛，仔猪尤其易感，严重影响仔猪的生长发育。猪主要是采食了感染性虫卵污染的饲料和饮水而感染，放牧时也可以在野外感染。母猪的乳房容易沾染虫卵，使仔猪在哺乳时受到感染。

猪蛔虫病的流行与饲养管理和环境卫生关系密切。饲养管理不良，卫生条件恶劣和猪只过于拥挤的猪场，在营养缺乏，特别是饲料中缺少维生素和必需矿物质的情况下，3~5 月龄的仔猪容易大批感染蛔虫，症状也较严重，且常发生死亡。

猪蛔虫病流行广泛的主要原因有以下几点。

①蛔虫生活史简单。

②蛔虫繁殖力强，产卵数量多，每条雌虫每天平均可产卵 10 万~20 万个。产卵旺盛时期每天可排 100 万~200 万个，每条雌虫一生可产卵 3000 万个。

③虫卵对各种外界环境的抵抗力强，在一般消毒剂内均可正常发育。只有 10%克辽林、5%~10%石炭酸、2%~5%热碱液（60℃）及新鲜石灰乳等才能杀死虫卵。因为虫卵具有 4 层卵膜，可保护胚胎不受外界各种化学物质的侵蚀。因此，虫卵在外界环境中长期存活，大大增加了感染性幼虫在自然界的积累。据报道，猪蛔虫能在疏松湿润的耕地或土壤中生存长达 3~5 年。虫卵还具有黏性，容易借助粪甲虫、鞋靴等传播。

温度对虫卵的发育影响较大。28~30℃时，只需 10d 左右即可发育成为第 1 期幼虫。高过 40℃或低于-2℃时，虫卵停止发育。45~50℃时虫卵在 30min 内死亡；55℃时，15min 死亡；在低温环境中，如在-27~-20℃时，感染性虫卵须经 3 周才全部死亡。

干燥对虫卵的寿命影响较大。在热带砂土表层 3cm 范围内，夏季阳光直射下，一至数日内死亡。氧为虫卵发育的必要因素，如在较深的水中经过一个月以上的培养，仍不能发育到感染期。但虫卵在缺氧环境可以保持存活，所以，粪堆深部虫卵以及污水中虫卵可以生存相当长的时间。

（2）临床症状　一般 3~6 月龄的仔猪临床症状比较严重，成年猪往往具有较强的免疫力，而不呈现明显症状。仔猪生长发育不良，增重情况往往比同样管理条件下的健康猪降低30%。严重者发育停滞，甚至造成死亡。临诊表现为咳嗽、呼吸加快、体温升高、食欲减退和精神沉郁。病猪伏卧在地，不愿走动。有的病猪生长发育长期受阻，变成僵猪。感染严重时，呼吸困难，常伴发声音沉重而粗粝的咳嗽，并有呕吐、流涎和腹泻等症状。可能经过1~2周好转，或渐渐虚弱，趋于死亡。

蛔虫过多会阻塞肠道，病猪表现疝痛，有的可能发生肠破裂而死亡。胆道蛔虫症也经常发生，开始时腹泻、体温升高、食欲废绝、腹部剧痛，多经6~8天死亡。6月龄以上的猪，如寄生数量不多，营养良好，可不引起明显症状。但大多数因胃肠功能遭受破坏，常有食欲不振、磨牙和生长缓慢等现象。

（3）防控要点

①定期驱虫：在规模化猪场，要对全群猪驱虫。公猪每年驱虫2~3次；母猪配种前、产仔前1~2周各驱虫1次；仔猪2月龄前驱虫1次；新引进的猪需驱虫后再和其他猪合群。产房和猪舍在进猪前应彻底清洗和消毒。母猪转入产房前要用肥皂清洗全身。

在散养的育肥猪场，对断奶仔猪进行第一次驱虫，4~6周后再驱一次虫。在农村散养的猪群，建议在3月龄和5月龄各驱虫一次。

②保持猪舍、运动场的清洁卫生：及时清除粪便，保持饲料和饮水清洁，避免虫卵污染。对饲槽、用具及圈舍定期（每日1次）用20%~30%热草木灰水或3%~5%热碱水进行杀灭虫卵。

2. 猪毛首线虫病

猪毛首线虫病是由猪毛首线虫寄生于猪的大肠（主要是盲肠）引起的一种寄生虫病。主要危害仔猪，严重感染时可导致死亡。呈世界性分布，我国各地均有报道。野猪、猴、鹿和人也能寄生。

（1）流行病学　本病多为夏季感染，秋、冬季出现临床症状；本病常发于不卫生的猪场，一年四季均能感染，但夏季的感染率最高。猪毛首线虫主要感染仔猪，而成年猪很少发生感染。消化道是主要传播途径，病猪是重要的传染源。据报道，在本病流行的地区，生后一个半月的仔猪即可检出虫卵。4月龄的仔猪，虫卵数和感染率均急剧增高，以后逐渐减少。14月龄的猪极少感染。由于卵壳厚，抵抗力强，故感染性虫卵可在土壤中存活5年。近年来研究者多认为人毛首线虫和猪毛首线虫为同种，故有一定的公共卫生方面的重要性。

（2）临床症状　轻度感染不显症状，有时有间歇性腹泻。严重感染时，虫体布满盲肠黏膜，引起消瘦和贫血。虫体吸血而损伤肠黏膜，使粪便带血和肠黏膜脱落，出现顽固性下痢。

（3）防控要点

①注意保持环境卫生，猪舍定期消毒，更换垫草，减少虫卵污染的机会。

②粪便要及时清扫并发酵，进行生物安全处理，以杀灭虫卵。

③对本病常发地区，每年春秋应给猪群两次驱虫，并对猪舍周围的表层土进行换新或用生石灰进行彻底消毒。

④从外地引进猪时，应进行本病虫卵的检查，确定无本病时方可放入猪舍。

⑤加强饲养管理，提高猪体的抵抗力也是预防本病的重要措施。

3. 猪冠尾线虫病

猪冠尾线虫病又称肾虫病，由有齿冠尾线虫寄生于猪的肾盂、肾周围脂肪和输尿管而引起的寄生虫病。有齿冠尾线虫偶尔也寄生于肺、肝、腹腔及膀胱等处。患病仔猪生长迟缓，母猪不孕或流产，甚至造成大批死亡，严重影响养猪业的发展，尤其对种猪场危害极大，常常呈地方性流行，是热带和亚热带地区猪主要的寄生虫病。

（1）流行病学

①病猪和带虫猪是主要的传染源，其粪便中含有的虫卵可污染猪场并引发该病流行。传染途径包括经口感染或经皮肤感染。除猪外，冠尾线虫还能寄生于黄牛、马、驴和豚鼠等动物。

②成虫的繁殖能力强，生活史简单，虫卵和幼虫对干燥和直射阳光的抵抗力弱，对化学药物的抵抗力很强。因此本病流行广泛。

③猪肾虫病常呈地方性流行，是热带、亚热带地区猪的常见寄生虫病。其发病的严重程度随各地气候条件的不同而异。一般温暖多雨的季节适宜幼虫发育，感染的机会也较多；而炎热干旱季节不适宜幼虫发育，感染机会也随之减少。在我国南方各省流行较为严重，多发于3~5月和9~11月。近年来我国北方也有病例报道。

④猪舍设备简陋、饲养管理粗放、密度过高的猪场流行严重，而空气流通、阳光充足、清洁干燥、设备条件好、精心饲养的猪场很少发生。集约化猪场流行严重，而散养猪则较轻。

（2）临床症状　患病猪初期均表现为皮肤炎症，有丘疹和红色小结节，体表局部淋巴结肿大。食欲不振、精神萎靡、逐渐消瘦、贫血、被毛粗乱。随着病程的发展，病猪出现后肢无力，跛行，走路时后躯左右摇摆；尿液中常有白色黏稠的絮状物或脓液；有时可继发后躯麻痹或后肢僵硬，不能站立，拖地爬行。仔猪发育停滞，母猪不孕或流产，公猪性欲减低或失去交配能力。严重的病猪多因极度衰弱而死。

（3）防控要点

①猪舍的修建应选择干燥及阳光充足的位置，要便于排水和排尿，不使尿液积留在圈内，调教猪只在固定地点排尿。

②经常保持圈内外清洁、干燥，墙根、墙脚大小便的地方，每隔 3~4d 用沸水冲洗，或用 1%漂白粉（或 1%烧碱液）或 10%新鲜石灰乳进行消毒。

③对猪群进行全面普查，5 月龄以后的猪要经常尿检，如发现阳性猪，应立即隔离治疗，药物可采用左旋咪唑、丙硫咪唑、氟苯咪唑和伊维菌素等。病猪舍要彻底消毒，淘汰严重病猪。

④新购入的猪只或外运猪只应进行检疫，防止本病的传播。

（五）禽寄生虫病的防控

1. 前殖吸虫病

前殖吸虫病是由前殖科前殖属的多种吸虫寄生于鸡、鸭、鹅及其他鸟类的直肠、输卵管、法氏囊和泄殖腔所引起的一种吸虫病。常引起输卵管发炎，患鸡产无壳蛋或软壳蛋，有时继发腹膜炎而死亡。

（1）流行病学　前殖吸虫主要危害鸡，特别是产蛋鸡；除鸡外，火鸡、鸭、鹅等也可感染，常呈地方性流行，全国各地均有发生。各种年龄的家禽均可感染，多发生于春、夏两季。第一中间宿主为淡水螺，第二中间宿主为蜻蜓和其稚虫。家禽多因吃入蜻蜓成虫和稚虫而感染本病。本病发生与饲养模式有很大关系，多发于散养家禽。

（2）临床症状　患禽初期症状不明显，食欲减退，产蛋仍正常，有时产薄壳蛋，易破。继而产蛋量下降，逐渐产出畸形蛋或排出石灰样液体。食欲减退，消瘦，羽毛蓬乱、脱落。腹部膨大、下垂、压痛。泄殖腔突出，肛门边缘潮红。重症鸡可发生死亡。

（3）防控要点　本病常于 5~7 月开始流行，可春末夏初进行本病的普查，及时隔离和治疗病禽，并将粪便进行发酵处理，防止病原散布。笼养或圈养家禽时，防止家禽啄食第二中间宿主蜻蜓或蜻蜓稚虫。

2. 异刺线虫病

异刺线虫病是由异刺科异刺属的鸡异刺线虫寄生于鸡、火鸡等禽鸟类的盲肠内引起的，又称盲肠线虫病。本病常见多发，分布广泛，患鸡表现下痢、生长缓慢、产蛋率下降。

（1）流行病学　鸡因吞食感染性虫卵而感染。各种年龄均有易感性，但营养不良和饲料中缺乏矿物质（尤其是磷和钙）的幼鸡最易感。蚯蚓和鼠妇可作为贮藏宿主，分布广，当鸡吞食了这些动物亦可感染。主要感染季节在 6~9 月。虫卵对外界抵抗力较强，在阴暗潮湿处可保持活力达 10 个月；0℃时存活 67~172d；温度升高后能继续发育；阳光直射下易死亡；在 10%硫酸及 0.1%升汞溶液中均可正常发育。

（2）临床症状　鸡异刺线虫寄生数量多时可损伤肠黏膜，引起出血。代谢产物可使鸡中毒。幼虫寄生时，在盲肠壁上形成结节。轻度感染时，一般无明显症状。严重感染时，病鸡表现食欲不振或废绝、贫血，消瘦、下痢。成鸡产蛋率下降，雏鸡生长发育不良，逐渐衰弱而死亡。异刺线虫是火鸡组织滴虫的传播者。当鸡盲肠内同时有异刺线虫和火鸡组织滴虫寄生时，后者可进入异刺线虫虫卵内，并随之排出体外。当鸡摄入这种虫卵时，就可同时感染异刺线虫和火鸡组织滴虫，这种病鸡极易死亡。

（3）防控要点　加强饲养管理，做好鸡舍及运动场的卫生及清扫消毒，集中粪便堆积发酵处理，杀灭虫卵。不同日龄的鸡分开饲养。在异刺线虫病流行的鸡场，每年进行 2~3 次定期驱虫。还应注意防止鸡摄入蚯蚓和鼠妇等贮藏宿主，运动场采用沙土，保持干燥。

3. 禽毛细线虫病

禽毛细线虫病是由毛细科毛细属的多种线虫寄生于禽类食道、嗉囊、肠道内引起的疾病。

（1）流行病学　禽毛细线虫病可感染鸡、鹅和鸽子等禽类，我国各地都有分布，严重感染时，可引起家禽死亡。成虫的寿命为 9~10 个月。毛细线虫虫卵耐低温，发育慢，在外界可存活很长时间。如膨尾毛细线虫卵在普通冰箱中可存活 344d。虫卵在外界发育成感染性虫卵的时间：有轮毛细线虫在 28~32℃，需 24~32d；鹅毛细线虫在 22~27℃，需 8d。

（2）临床症状　轻度感染时，局部出现轻微炎症和增生；感染严重时，炎症加剧，并出现黏液或脓性分泌物，局部黏膜溶解、坏死或脱落。剖检可见寄生部位消化道出血，黏膜上有大量虫体。患禽食欲不振、下痢、贫血、消瘦。严重感染时，雏鸡和成年鸡均可发生死亡。

（3）防控要点　严重感染的地区应有计划地进行预防性驱虫。定期清洁禽舍，粪便堆积发酵，杀灭虫卵。禽舍应建在通风干燥的地方，以抑制虫卵的发育和中间宿主蚯蚓的滋生。

4. 鸡螨病

鸡螨病是由膝螨、皮刺螨、鸡新勋恙螨等多种螨寄生于鸡体及其他鸟类所引起的一类外寄生虫病。患鸡表现日渐消瘦、贫血、产蛋率下降等。

（1）流行病学　鸡膝螨的传播主要经健康鸡与病鸡和带螨鸡直接接触，也可经接触被螨污染了的笼舍、用具、衣物等而遭受感染。鸡感染突变膝螨与鸡的饲养方式及品种、年龄有关。据湖南调查，感染鸡主要为农户散养的蛋鸡和抱窝鸡，舍内笼养及平养的蛋鸡和肉鸡极少见发生。本病在春、夏季多发。

鸡新勋恙螨传播快，一旦发生很快就蔓延至全群。由于螨的分布主要靠宿主携带，故病鸡是本病的主要传染源，野生飞禽是本病的重要传播者。幼螨在自然界分布范围很广，比较潮湿的生态环境，特别是杂草丛生处、低洼湿热地以及遮阴的灌丛或林中草地分布尤多，常爬于小石块或草的尖端，当宿主经过时即爬至其体上。因此，鸡群在这些地方放牧时最易遭受感染。每年夏秋两季的感染率较高。幼螨无严格寄生的部位。在成鸡主要是皮肤细嫩、湿润之处如翅膀内侧、胸肌两侧和腿的内侧；在雏鸡则常为全身性的，腿、腹、胸侧、翅膀内侧、头、颈、背等处都可以发现虫体。

（2）临床症状　鸡膝螨寄生于鸡的羽毛根部，引起皮肤发红，羽毛脱落，病灶常见于背部、翅膀、臀部、腹部等处。其隧道通常侵入羽毛的根部，以致诱发炎症，羽毛变脆、脱落，体表形成明显的斑点，皮肤发红，上覆鳞片。抚摸时觉有脓疱。因其寄生部剧痒，病鸡啄拔羽毛，使羽毛脱落，故通常称脱羽痒症。

鸡皮刺螨寄生于体表，夜间活动，刺吸血液为食，引起鸡只贫血，尤以雏鸡和老年鸡最为严重。严重侵袭时，患鸡皮肤发炎、剧痒，日渐消瘦，贫血，羽毛杂乱和脱落，产蛋减少，可致死亡。人受侵袭时，患病皮肤剧痒，出现针尖至指头大小的红色丘疹，中央有一小孔。

鸡新勋恙螨寄生于鸡及其他鸟类翅内侧、胸两侧和腿内侧体表，幼虫成群附在鸡的皮肤上。患部奇痒，出现痘疹状病灶，周围隆起，中间凹陷，呈痘脐形，中央可见一小红点，即恙螨幼虫。严重时消瘦、贫血、不食，如不及时治疗会引起死亡。

（3）防控要点　搞好环境卫生，定期清理粪便，集中堆肥发酵，清除杂草、污物。应避免在潮湿的草地上放养，以防感染。定期在运动场、鸡舍用蝇毒磷、溴氰菊酯等杀虫药物喷洒杀虫，对栖架、墙壁和缝隙等尤应做得彻底。房舍消毒，可用石灰水粉刷。产蛋箱要清洗干净，用沸水浇烫后，在阳光下暴晒，以彻底杀灭虫体。鸡群出栏后使用辛硫磷对圈舍和运动场地全面喷洒，间隔10d左右再作喷洒杀虫。鸡舍进苗前10d，用溴氰菊酯喷洒。

5. 鸡球虫病

鸡球虫病是由艾美耳科艾美耳属的多种球虫寄生于鸡肠道上皮细胞引起的一种对养鸡业危害十分严重的原虫病。该病呈世界性分布，15~50日龄的鸡发病率高，死亡率高达80%，以出血性肠炎和雏鸡高死亡率为主要特征。病愈的雏鸡生长发育受阻，长期不能康复，成年鸡多为带虫者，但增重和产蛋都受到影响。

（1）流行病学　鸡球虫病是对养鸡业危害最严重的疾病之一，常呈暴发性流行。15~50日龄的鸡发病率和致死率都较高，其次为2~3月龄幼鸡，成年鸡对球虫有一定的抵抗力，多为带虫者。病鸡、耐过鸡和带虫鸡均为传染源，它们排出的卵囊污染了饲料、饮水、土壤和用具等，卵囊在外界孢子化后，鸡只食入了感染性卵囊而感染球虫。苍蝇、甲虫、鼠类、人及其衣服等都可成为机械传播者。

南方各地及北方的密闭式现代化鸡场，一年四季均可发生，北方以4~9月为流行季节，7~8月为高峰期，但以温暖，潮湿的季节多发。鸡舍潮湿、拥挤，通风不良，饲料品质差，以及缺乏维生素A和维生素K均能促使本病的发生和流行。

鸡球虫卵囊对恶劣环境和消毒剂具有很强的抵抗力。在土壤中可存活4~9个月，在阴湿的土壤中，卵囊可存活15~18个月。一般消毒剂无效，只有蒸汽、水烫或火焰烧燎才可有效杀灭孢子化卵囊。温暖潮湿的地区有利于卵囊的发育，但低温、高温和干燥均会延迟卵囊的孢子化过程，有时会杀死卵囊。

（2）临床症状　50日龄以内雏鸡发病时，不同的虫种引起的临床症状相似，区别在于粪便的颜色不同。病鸡精神沉郁，食欲减退，嗉囊内充满液体，羽毛蓬松，头蜷缩，喜卧。鸡冠可视黏膜贫血、苍白，运动失调，翅膀轻瘫。寄生于盲肠内的球虫腹泻严重，水样，常有血便，开始时粪便为咖啡色，之后变为完全的血粪，且血液不凝固；寄生于直肠中的球虫会使鸡只排出黑色水样便，血便不如盲肠球虫严重，只是稀软的粪便上有血性条纹；寄生于小肠中的毒害艾美耳球虫则会使鸡只排出稀软、黏稠有明显腥臭味的暗红色血便，稀软的粪便上有血性条纹。死亡率可达50%~80%。

2个月以上的鸡，症状较轻，病程可达数周至数月。表现为嗉囊积液，间歇性下痢，逐渐消瘦，足、翅常发生轻瘫，产蛋减少，肉鸡生长缓慢，死亡率较低。

（3）防控要点　目前，鸡球虫病的主要防治手段是通过加强饲养管理、药物防治和疫苗预防来实现。

①加强饲养管理：保持舍内干燥，定期清粪，防止鸡粪污染饲料和饮水，饲养人员进出场舍以及用具都要严格消毒，栏内和运动场地应做到清洁、干燥。雏鸡、青年鸡、成年鸡应分开饲养，并避免鸡群太拥挤。喂给雏鸡富含维生素的配合饲料，补充适量的青绿饲料，增强雏鸡的抗病能力。

②药物预防：在雏鸡出壳后第1天即开始使用抗球虫药，尤其在球虫病易感染时期抓好药物预防对球虫病的控制至关重要。即从2~3周龄开始，在饲料或饮水过程中按时、按量投喂药物，进行预防。

几十年来，使用抗球虫药物预防球虫病，一直是防治球虫病第一重要的手段，几乎每个国家在鸡球虫病的防治上，都执行从1日龄起在饲料中“强制性”添加抗球虫药的方法，以至于有人认为“鸡场使用抗球虫药进行球虫病预防是一种化学保险”。从1936年首次出现专用抗球虫药以来，已报道的抗球虫药达40余种，现今广泛使用的约有20种。抗球虫药大致分为两大类：一类是聚醚类离子载体抗生素，另一类是化学合成的抗球虫药。

在生产中，任何一种抗球虫药连续使用一定时间后，都会产生不同程度的耐药性。通过合理使用抗球虫药，可以避免或减缓耐药性的产生，并可以提高防治效果。通常对肉鸡采用下列几种用药方案。

a. 轮换用药：轮换用药是季节性或定期地变换用药，即每隔 3 个月、半年或一年改换一种抗球虫药，或将药效已下降的某种抗球虫药替换下来。但要注意不要改用属于同一化学结构类型的抗球虫药，也不要改用作用峰期相同的药物，以免产生交叉抗药性或变换用药后效果不能明显提高。

b. 穿梭用药：在同一个饲养期内，换用两种或三种不同性质的抗球虫药，即开始时使用一种药物，至生长期时使用另一种药物。一般是将化学药品和离子载体类药物穿梭应用。缺点是往往非但没有阻止抗药虫株的产生，反而比轮换用药更容易产生多药抗性虫株。

c. 联合用药：在同一个饲养期内并用两种或两种以上抗球虫药，通过药物间的协同作用既可延缓抗药虫株的产生，又可增强药效和减少用量。需注意的是联合用药时要掌握各种药物的作用性质，防止使用相互拮抗的药物。

目前，基本采取轮换用药的方式，一般是每 3~6 个月换用在化学上无相关的各类球虫药。在执行轮换用药方案时，最好能在一年的轮换方案中不要将同种药物使用 2 次或 2 次以上。

③疫苗预防：为了避免药物残留对人类健康的危害和球虫的抗药性问题，在欧盟，使用球虫疫苗已成为控制鸡群球虫病的主要技术手段。目前已有 4 种疫苗普遍使用，在生产中具有较好的预防效果。主要分为活毒虫苗和早熟弱毒虫苗两类。

6. 组织滴虫病

鸡组织滴虫病是由组织滴虫属的火鸡组织滴虫寄生于鸡、火鸡等禽（鸟）类的盲肠和肝中引起的一种急性原虫病。本病以引起盲肠炎症和肝表面产生一种特征性的坏死溃疡病灶为特征，故又称盲肠肝炎。火鸡发病时头颈部瘀血而呈黑色，也称为黑头病。

（1）流行病学　鸡的组织滴虫病死亡率较低，多与肠道细菌协同作用而致病，单一感染时多不显致病性。鸡异刺线虫的感染性虫卵可携带鸡组织滴虫，组织滴虫能在异刺线虫虫卵及其幼虫中长期存活，所以鸡异刺线虫是其保护者。当鸡感染异刺线虫时，同时感染组织滴虫。带有组织滴虫的异刺线虫卵被蚯蚓、蚱蜢、土鳖虫及蟋蟀等节肢动物食入，亦能充当传播媒介，当鸡采食这些节肢动物时也能感染本病。

（2）临床症状　潜伏期 7~12d，以火鸡最易感。精神沉郁、食欲缺乏、翅下垂、呆立、步态蹒跚、眼半闭、头下垂贴近身体、畏寒、下痢。末期，因血液循环障碍，鸡冠、肉髯发绀，呈暗黑色，故又称黑头病。粪便呈淡黄色或淡绿色，有时带血。幼龄火鸡的发病率和死亡率都很高。成年火鸡常为慢性经过，呈进行性消瘦，产蛋显著减少。病愈鸡的体内仍有组织滴虫，带虫可长达数周或数月。

（3）防控要点

①加强饲养管理：鸡舍要经常打扫、定期消毒，搞好清洁卫生。雏鸡和成鸡要分开饲养，防止密度过大。

②定期驱虫：按每千克饲料混入200mg甲硝唑预防；或按每千克饲料混入卡巴胂150~200mg，对预防该病有良效。同时要注意要定期驱除异刺线虫。

7. 住白细胞虫病

鸡住白细胞虫病俗称白冠病，是由住白细胞虫科住白细胞虫属的卡氏住白细胞虫和沙氏住白细胞虫寄生于鸡的白细胞和红细胞内引起的一种血液原虫病。其主要特征是下痢、贫血、鸡冠苍白、内脏器官和肌肉广泛性出血以及形成灰白色裂殖体结节。

（1）流行病学　我国南方及河南、河北、山东、北京比较多，常呈地方性流行。各种年龄的鸡都易感，但以3~6周龄的雏鸡发病率较高。而8~12月龄以上鸡，感染率高，发病率低，大多数呈无病的带虫者。卡氏住白细胞虫和沙氏住白细胞虫的传播媒介分别是库蠓和蚋，因此本病多发生于吸血昆虫蚋和库蠓活动的季节。在北方，多发生于6~11月，以7、8、9月及10月中旬前发病率最高。在南方省区较普遍，呈地方性流行，多发于4~10月，严重发病见于4~6月，最高峰为5月。

（2）临床症状　本病潜伏期为6~10d。雏鸡和仔鸡的临床症状明显。病鸡食欲不振，精神沉郁，流涎、羽毛松乱，下痢，粪便呈青绿色。病鸡呈现消瘦、贫血、鸡冠和肉垂苍白。感染12~14d后，突然因咯血、呼吸困难而死亡，死前口流鲜血是特征性的症状。中鸡和大鸡感染后一般死亡率不高。排水样的白色或绿色稀粪。中鸡和成年鸡病情较轻，死亡率较低，主要表现是中鸡发育受阻，成年鸡产蛋率下降80%~100%。

（3）防控要点

①加强饲养管理：消灭吸血昆虫库蠓和蚋是控制本病的重要方法之一。净化鸡舍周围环境，经常清除鸡舍附近的杂草和灌木丛，处理附近的水沟、池沼、水井等这些库蠓滋生、繁殖的场所。在流行季节，对鸡舍内外，每隔6~7d用0.1%除虫菊酯或蝇毒磷乳剂喷洒，以减少库蠓和蚋的侵袭。同时，鸡舍的门、窗、风机口、通风口等要用100目纱窗，以防库蠓和蚋进入。

②药物预防：在流行季节到来之前可使用药物预防。泰灭净，按0.0025%~0.0075%混入饲料，连用5d停2d，为1个疗程；磺胺二甲氧嘧啶（SDM），按0.0025%~0.0075%混入饲料或饮水；乙胺嘧啶，按0.00025%混入

饲料；磺胺喹啉，按0.005%混入饲料。

（六）犬、猫、兔寄生虫病的防控

1. 复孔绦虫病

复孔绦虫病是由囊宫科、复孔属的犬复孔绦虫成虫寄生于犬、猫的小肠中引起的一种寄生虫病。本病呈世界性分布，在我国各地均有报道。人偶尔感染。

（1）流行病学　本病广泛分布于世界各地，感染无明显季节性。犬、猫的感染率较高，狐和狼等野生动物也可感染；人主要是儿童感染。

（2）临床症状　犬、猫轻度感染时一般无症状。幼犬严重感染时，可引起食欲不振、消化不良、腹痛、腹泻或便秘、肛门瘙痒等症状。

儿童感染后，有时有腹痛、肛门瘙痒、轻度消化障碍以及中毒性神经症状。

（3）防控要点

①对犬、猫进行定期驱虫，驱虫以后的粪便要及时清除，堆积发酵，防止虫卵污染环境。

②定期驱除犬、猫舍和体表寄生虫，杀灭中间宿——蚤类和虱，切断流行链。

2. 钩虫病

钩虫病是由钩口科的钩口属、弯口属和板口属的线虫在犬和猫的小肠、主要是十二指肠内寄生所引起的一种寄生虫病。狐狸、獾、浣熊等肉食动物也可被感染发病。本病临床上以贫血、消化紊乱及营养不良为主要特征。

（1）流行病学　钩虫病是世界上分布极为广泛的寄生虫病之一，本病的流行取决于传染源的多少、气温是否能达到25℃左右、粪便污染食物的程度等因素。在亚洲、欧洲、美洲、非洲均有流行。尤其是在热带和亚热带地区，感染较为普遍。由于地理位置的原因，一般在流行区常以一种钩虫流行为主，但亦常有混合感染的现象。我国地处温带及亚热带地区，在淮河及黄河以南、平均海拔高度800m以下的丘陵地和平坝地是钩虫的主要流行区，但主要流行于气候温暖的长江流域及华南地区，其中以四川、广东、广西、福建、江苏、江西、浙江、湖南、安徽、云南、海南及台湾等地较为严重。

（2）临床症状

①急性型：幼犬或幼猫在短时间内被大量幼虫感染所引起，表现为机体消瘦、黏膜苍白、被毛粗糙无光泽、易脱落，食欲减退、异嗜、呕吐、消化障碍、下痢和便秘交替发作，粪便带血或呈黑色，严重时如柏油状，并带有腐臭气味。经胎盘或初乳感染犬钩虫的3周龄内的仔犬，可表现严重贫血，并因继

发感染其他疾病而死亡。

②慢性型：成年犬感染少量虫体时，由于感染程度不严重，加之自身免疫功能较强，一般只出现轻度贫血、营养不良和胃肠功能紊乱的症状。

③钩虫性皮炎：由感染性幼虫大量侵入皮肤时引起。多发于四肢，出现瘙痒、脱毛、肿胀和角质化等，有的四肢浮肿，之后破溃或出现口角糜烂等。

（3）防控要点

①及时治疗病犬、病猫和带虫者；饲喂的食物要清洁卫生，不喂生食。

②犬钩虫病多发于夏季，尤其是狭小、潮湿的犬舍内更易发生。因此，必须保持犬舍的干燥；粪便要及时清除，定点堆放，并进行无害化处理；对木制笼舍可用开水浇烫，铁制部分或地面可用喷灯喷烧；能搬动的用具可移到室外在阳光下曝晒，以杀死虫卵。

③在气候较温暖的季节，应对犬、猫定期检查，做到及时驱虫。可采用如下驱虫程序：幼犬出生20~25d即可进行第一次驱虫，1~6月龄每月1次；6~24月龄每季度1次；24月龄以上每半年1次。

④同时要灭鼠，控制贮藏宿主。实验表明，鼠类经口或皮肤感染钩虫后，钩虫可经血流进入鼠的头部，并存活达18个月之久。犬可因捕食鼠类而感染本病。

3. 犬心丝虫病

犬心丝虫病是由双瓣科、恶丝属中的犬心丝虫，寄生于犬的右心室和肺动脉（少见于胸腔、支气管、皮下结缔组织）而引起循环障碍、呼吸困难及贫血等症状的一种丝虫病，又称犬恶丝虫病，在我国分布很广。免疫力低的人偶被感染，第3期幼虫导致患者肺部和皮下出现结节，胸痛与咳嗽。

（1）流行病学　犬心丝虫病在我国分布较广，各地犬的感染率很高。除犬外，猫和其他野生肉食动物亦可作为终末宿主。人偶被感染，在肺部及皮下形成结节，病人出现胸痛和咳嗽。患犬是重要的感染来源，中华按蚊、白纹伊蚊、淡色库蚊等蚊子均可作为传播媒介。感染季节一般为蚊最活跃的6~10月，感染高峰期为7~9月。犬的感染率与年龄成正比，年龄越大则感染率越高。

（2）临床症状　感染少量虫体时，一般不出现临床症状；重度感染犬主要表现为咳嗽、心悸、脉细而弱、心内有杂音、腹围增大、呼吸困难，运动后尤为显著，末期贫血明显，逐渐消瘦衰竭至死。患心丝虫病的犬常伴有结节性皮肤病，以瘙痒和倾向破溃的多发性结节为特征。皮肤结节显示血管中心的化脓性肉芽肿，在化脓性肉芽肿周围的血管内常见有微丝蚴，经治疗后，皮肤病变亦随之消失。由于虫体的寄生活动和分泌物刺激，患犬常出现心内膜炎和增生性动脉炎，死亡虫体还可引起肺动脉栓塞；另外，由于肺动脉压过高造成右心室肥大，导致充血性心力衰竭，伴发水肿和腹水增多，患犬精神倦怠、衰弱。

（3）防控要点　搞好犬舍的环境卫生，创造无蚊虫滋生的环境尤其重要。对流行区的犬，应定期进行血检，有微丝蚴的应及时治疗。药物预防可选用以下几种。

①枸橼酸乙胺嗪（海群生）：每年在蚊虫活动季节开始到蚊虫活动季节结束后 2 个月内用海群生，按每千克体重 2. 5~3mg，每日或隔日给药。

②左旋咪唑：按每千克体重 10mg，每天分 3 次口服，连用 5d 为一个疗程。隔 2 个月重复用药 1 次。

③伊维菌素：按每千克体重 0. 06mg，在蚊虫出现季节，每月 1 次，皮下注射。

在蚊虫常年活动的地方要全年给药。如果某些犬不能耐受海群生，可用硫乙砷胺钠进行预防，一年用药 2 次，这样可以在临床症状出现前把心脏内虫体驱除。

4. 螨病

螨病包括由疥螨科的犬疥螨、猫背肛螨寄生于犬、猫皮肤内所引起的疥螨病，俗称“癞皮狗病”，和由痒螨科的犬耳痒螨寄生于犬、猫的外耳道内所引起的耳痒螨病，以及由蠕形螨科的犬蠕形螨和猫蠕形螨寄生于犬、猫的毛囊和皮脂腺内所引起的蠕形螨病。

（1）流行病学

①疥螨病：一种高度接触性传染病，通过患病动物或带虫动物与健康犬、猫直接接触而传播。也可通过患病动物在擦痒时将幼虫或若虫等散布到周围物体，如被褥、用具、栏舍的墙壁等处，这些幼虫和若虫可在外界存活 2~3 周，健康动物通过与之接触而发生感染。疥螨病的传播速度很快，从初期感染到群体出现临床症状，犬只需要 1~2 周。疥螨病多发于家养的舍饲小动物，尤其是在卫生条件差的情况下，以冬季和春初寒冷季节多发。对大多数临床病例，皮肤内感染疥螨的数量较少，而大量疥螨的出现常常发生于免疫抑制犬或长期使用糖皮质激素治疗的犬、猫。

②耳痒螨病：犬、猫普遍存在的一种外寄生虫病，呈世界性分布。动物之间主要是通过直接接触传播，特别是在哺乳期，幼年犬、猫与母犬和母猫频繁接触很容易发生感染。相对湿度较高时，耳痒螨的存活时间较长。据报道，在体外相对湿度为 80%，温度为 35℃的条件下，耳痒螨可存活数月。因此，动物通过间接接触周围环境中存活的耳痒螨也可造成感染的发生。

③犬、猫蠕形螨病：一种世界性分布寄生虫病，正常犬、猫的皮肤常带有少量的蠕形螨，但不表现出临床症状。动物营养状况差、应激、其他外寄生虫或免疫抑制性疾病感染、肿瘤、衰竭性疾病等可诱发蠕形螨病发生。

感染蠕形螨的动物是本病的传染源，动物之间通过直接或间接接触而相互传播。刚出生的幼犬在哺乳期间可通过与感染蠕形螨母犬的腹部皮肤接触而获得感染，这种感染发生在出生后几天内，是犬感染的主要方式。

（2）临床症状

①犬疥螨病：多起始于口、鼻梁、颊部、耳根及腋间等处，后遍及全身。病初皮肤发红，出现丘疹，进而形成水疱，破溃后流出黏稠黄色油状渗出物，干燥后形成鱼鳞状黄痂。患部皮肤可出现增厚、变硬、龟裂等。病犬奇痒，常搔抓，啃咬或在地面及各种物体上摩擦患部，引起严重的脱毛。随着病情的发展，病犬出现体重减轻和厌食等症状。

②猫背肛螨病：主要临床表现为耳部、面部、眼睑、颈部、肘部、会阴部和脚部皮肤出现剧烈瘙痒，形成丘疹、黄痂、脱毛并产生革样硬结、增厚、龟裂。仔猫症状严重，常可引起死亡。

③犬耳痒螨：通常是双侧性的，在耳道内有灰白色的沉积物。猫轻度感染会引起耳道内出现褐色蜡样渗出物，随后形成痂皮，覆盖在贴附皮肤采食的螨虫表面。随着刺激的加剧，痒觉越来越明显，动物因痒感而不断摇头、抓耳、在器物上摩擦耳部，引起耳朵血肿和耳道溃疡。有的动物可能出现痉挛或转圈运动。当发生细菌的继发感染时，可引起化脓性外耳炎。有超过50%的犬外耳炎病例和85%的猫外耳炎病例都与耳痒螨的感染有关。

④犬蠕形螨病：幼年犬的蠕形螨病以3~15月龄的犬多发，常表现为局部型，初发病部位往往在眼上部、头部、前肢和躯干部出现局灶性脱毛、红斑、脱屑，但不表现瘙痒。这种局部型的蠕形螨病具有自限性，不需治疗常可自行消退。但如果使用糖皮质激素类药物、严重感染治疗不当或不予治疗，可造成全身性蠕形螨病。脓疱型蠕形螨病常伴随化脓性葡萄球菌感染，表现出皮肤脱毛、红斑、形成脓疱和结痂，不同程度的瘙痒，有些病例会出现淋巴结病。

成年犬的蠕形螨病多见于5岁以上犬，常伴随一些引起免疫抑制的疾病，如肾上腺皮质功能亢进，表现为皮肤脱毛、出现鳞屑和结痂。其发病可能是局部型，也可能是全身型，但局部型多发生在头部和腿部。一些慢性病例常表现为局部皮肤色素过度沉着。

⑤猫蠕形螨病：较少发生，发病部位多在头部和耳道。

（3）防控要点　根据螨的生活史和本病的流行病学特点，采取综合性的防治措施。

①加强犬、猫的饲养管理和栏舍清洁卫生工作，保持动物栏舍宽敞、干燥和通风，避免潮湿和拥挤，以减少动物相互感染的机会。

②搞好栏舍及用具的消毒和杀虫工作，可用杀螨剂定期喷洒栏舍及用具，以消灭犬生活环境中的螨虫。由于疥螨偶尔可感染人，因此也要注意个人防护。

③新进的犬、猫要注意观察，无螨者方可合群饲养。对患病和带螨的犬要及时隔离治疗，防止病原蔓延。

④作好平时预防工作，避免与带虫动物或有脱毛和瘙痒症状的动物接触。给犬、猫戴除虫项圈有助于减少犬、猫感染疥螨等外寄生虫的机会。

5. 蚤病

蚤病是由蚤目、蚤科、栉首蚤属的蚤寄生于犬、猫体表所致。成蚤以血液为食，在吸血时能引起过敏和强烈瘙痒，而且蚤还可传播多种疾病。

（1）流行病学　犬栉首蚤寄生于犬科动物，以及犬科以外少数肉食动物。猫栉首蚤为广布种，具广宿主性，主要宿主有猫、犬、兔和人，亦见于多种野生肉食动物及鼠类。由于蚤活动性很强，对宿主的选择性比较广泛，因此成为某些自然疫源性疾病和传染病的媒介及病原体的储存宿主，如腺鼠疫、地方性斑疹伤寒、土拉菌病等。它们也是某些绦虫的中间宿主，如犬复孔绦虫、缩小膜壳绦虫和微小膜壳绦虫等。

（2）临床症状　由于成蚤叮咬吸血，刺激皮肤，引起过敏反应。常见患畜出现痘疹、红斑和强烈的瘙痒，表现为不安，常啃咬患处。有时发生过敏性皮炎，出现脱毛，落屑，形成痂皮，皮肤增厚及形成有色素沉着的皱装，严重者出现贫血和衰竭。

（3）防控要点　对犬、猫舍、窝巢和用具用药物喷洒灭蚤。平常应保持犬、猫舍的清洁干燥和犬体卫生，做好定期消毒工作。当兽医工作者进行犬、猫防疫注射和诊疗工作时，应当在鞋子、裤子外面及袖口等处撒布鱼藤酮粉以保护不受跳蚤的侵袭。

预防犬、猫虱病可给犬、猫戴含杀虫药物的颈圈。

6. 虱病

虱病是由虱目的虱和食毛目的虱寄生于犬、猫的体表所引起的外寄生虫病，前者以血液、淋巴为食，后者以毛、皮屑等为食。犬和猫的毛虱还可作为犬复孔绦虫的中间宿主。

（1）流行病学　犬、猫通过接触患畜或被虱污染的房舍用具、垫草等物体而被感染。圈舍拥挤、卫生条件差、营养不良及身体衰弱的犬、猫易患虱病。冬春季节犬、猫的体表环境更有利于虱的生存、繁殖而易于流行本病。

（2）临床症状　犬、猫剧烈瘙痒，引起不安，常啃咬、搔抓痒处而出现脱毛或创伤，可继发湿疹、丘疹等。由于剧痒，影响食欲和正常休息，常表现消瘦、被毛脱落、皮肤落屑等。时间稍长，病犬则呈现精神不振，体质衰退。严重时幼犬和仔猫的生长发育受阻。

（3）防控要点　保持犬舍、猫舍干燥及清洁卫生，并定期搞好消毒工作；经常给犬、猫梳刷洗澡；做好检疫工作，无虱者方可混群；发现带虱犬、猫，及时隔离治疗。

7. 兔豆状囊尾蚴病

兔豆状囊尾蚴病是由豆状带绦虫的幼虫——豆状囊尾蚴寄生于兔、野兔等啮齿动物的肝、肠系膜和腹腔引起的一种寄生虫病。本病呈世界性分布，我国各地都有发生。

（1）流行病学　我国兔豆状囊尾蚴病流行范围大，全国各地均有发生。犬感染豆状带绦虫是兔类感染豆状囊尾蚴的传染源，而大量感染豆状囊尾蚴的家兔内脏没有处理又成为犬感染豆状带绦虫的传染源。

（2）临床症状　家兔轻度感染豆状囊尾蚴后一般没有明显的症状，仅表现为生长发育缓慢；大量感染时则出现肝炎症状，急性发作时可骤然死亡。

（3）防控要点　商品兔场应避免野犬进入，护场犬每年应进行 4 次预防性驱虫，可用吡喹酮，按每千克体重 5mg，拌入饲料中喂服。不用含豆状囊尾蚴的兔内脏喂犬。防止犬、猫的粪便污染兔的饲料及饮水。保持兔场卫生清洁，兔场及用具经常消毒。

任务思考

（1）牛感染炭疽的临床表现有哪些？
（2）简述布鲁氏菌病的传播途径。
（3）简述狂犬病的流行特点。
（4）马感染日本脑炎的临床表现有哪些？
（5）简述结核病的防控要点。
（6）牛恶性卡他热的流行特点有哪些？
（7）牛传染性胸膜肺炎如何防控？
（8）简述羊肠毒血症的临床症状。
（9）马传染性贫血的流行病学特点有哪些？
（10）马感染皮肤鼻疽的临床症状有哪些？
（11）简述非洲猪瘟的防控要点。
（12）猪繁殖与呼吸综合征的临床症状有哪些？
（13）简述高致病性禽流感的流行病学特点。
（14）发生新城疫时如何防治？
（15）简述犬瘟热的临床表现。
（16）日本血吸虫病是如何防控的？
（17）简述肝片吸虫病的流行病学特点。
（18）人感染旋毛虫的临床症状有哪些？

（19）试述莫尼茨绦虫病的防控要点。
（20）羔羊感染捻转血矛线虫病有哪些临床表现？
（21）牛、羊食道口线虫的流行病学特点有哪些？
（22）简述牛巴贝斯虫病的流行病学特点。
（23）兔豆状囊尾蚴病的临床症状有哪些？
（24）试述马胃蝇蛆病的防控要点。
（25）如何防控犬心丝虫病？

参考文献

[1] 中国兽医协会．执业兽医资格考试应试指南［M］．北京：中国农业出版社，2022.

[2] 中国动物疾病预防控制中心组．村级动物防疫员技能培训教材［M］．北京：中国农业出版社，2008.

[3] 贾林军，许建国．动物药理学［M］．北京：中国轻工业出版社，2017.

[4] 胡新岗，韩祥林．村级动物防疫员手册［M］．北京：中国农业出版社，2022.

[5] 乔松林．村级动物防疫员实用技术［M］．北京：中国农业科学技术出版社，2010.

[6] 许建国，邓双义，蒋晓新．畜牧兽医法律法规与职业道德［M］．2 版．北京：中国轻工业出版社，2021.

[7] 唐桂芬，崔耀明．村级动物防疫员［M］．郑州：中原农民出版社，2013.

[8] 唐桂芬，崔耀明．一本书明白当好村级动物防疫员［M］．郑州：中原农民出版社，2018.

[9] 蒋晓新，许建国，董林生．马属动物普通病［M］．北京：中国轻工业出版社，2023.

[10] 张立萍，贾云中，刘咏慧．村级动物防疫员［M］．北京：中国农业科学技术出版社，2014.

[11] 刘耀兴．村级动物防疫员手册［M］．南京：江苏科学技术出版社，2009.

[12] 游佳音．村级动物防疫员必备技能（兽医篇）［M］．北京：中国农业出版社，2009.

[13] 商展榕，杨雪松．村级动物防疫员实用技术［M］．北京：中国农业科学技术出版社，2014.

[14] 胡永灵．动物临床诊疗技术［M］．北京：中国林业出版社，2019.

[15] 王可，王忠坤．村级动物防疫员［M］．北京：中国农业出版社，2014.

[16] 罗满林．动物传染病学［M］．2 版．北京：中国林业出版社，2021.

[17] 姜平．兽医生物制品学［M］．3 版．北京：中国农业出版社，2015.

[18] 陈溥言．兽医传染病学［M］．6 版．北京：中国农业出版社，2000.

[19] 张宏伟，匡存林．动物寄生虫病［M］．2 版．北京：中国农业出版社，2015.

[20] 杨光友．兽医寄生虫病学［M］．北京：中国农业出版社，2017.